电气控制与S7-1200PLC实验实训教程

主编 王攀攀 徐瑞东 王 军 耿乙文 张 勇

中国矿业大学出版社

· 徐州 ·

内容提要

本书是为高等学校理工科电气类、自动化类和机电类专业“电气控制与PLC技术”课程编写的实验实训教程。全书分为三部分——电气控制实验、S7-1200PLC实验和电气自动化项目综合实训。具体如下：第一部分内容包括常用低压电器、电气控制线路和西门子MM440变频器等基础知识，设计了5个常规电气控制实验和7个变频器电气控制实验；第二部分包括S7-1200PLC硬件基础和TIA博图软件基础知识，设计了16个S7-1200PLC实验；第三部分包括西门子触摸屏硬/软件基础知识和5个综合实训项目。

本书可作为高等学校理工科电气类、自动化类和机电类专业本、专科电气控制与PLC技术实践教程，也可供有关专业的工程技术人员和科研人员参考。

图书在版编目(CIP)数据

电气控制与S7-1200PLC实验实训教程 / 王攀攀等主编.
—徐州：中国矿业大学出版社，2019.11

ISBN 978-7-5646-2593-1

Ⅰ.①电… Ⅱ.①王… Ⅲ.①电气控制—实验—教材
②PLC技术—实验—教材 Ⅳ.①TM571.2-33
②TM571.61-33

中国版本图书馆CIP数据核字(2019)第238599号

书　　名　电气控制与S7-1200PLC实验实训教程
主　　编　王攀攀　徐瑞东　王　军　耿乙文　张　勇
责任编辑　仓小金
出版发行　中国矿业大学出版社有限责任公司
　　　　　　(江苏省徐州市解放南路　邮编 221008)
营销热线　(0516)83884103　83885105
出版服务　(0516)83995789　83884920
网　　址　http://www.cumtp.com　**E-mail**:cumtpvip@cumtp.com
印　　刷　江苏凤凰数码印务有限公司
开　　本　787 mm×1092 mm　1/16　**印张** 14　**字数** 349千字
版次印次　2019年11月第1版　2019年11月第1次印刷
定　　价　36.00元
(图书出现印装质量问题，本社负责调换)

前　言

“电气控制与PLC技术”是电气类、自动化类和机电类专业中应用性、实践性较强的专业课程，这门课必须有一定的实践教学环节才能巩固和加深理解理论知识，培养独立工作能力和创新能力。随着科学技术的发展，传统电气控制技术的内容发生了很大变化，有些技术已被淘汰，但其最基础的部分对掌握任何先进的控制系统来说仍是必不可少的。可编程控制器(PLC)基于继电器逻辑控制系统发展而来，综合了计算机技术、自动控制技术和通信技术，具有可靠性高、操作方便、面向用户、可扩展性强等优点，被广泛应用于工业生产和科学研究等自动控制领域。

基于上述背景，本书以PLC控制器为核心，融合低压电器、电气控制线路、变频器、触摸屏和网络等基础知识，共设计了28个实验项目和5个PLC综合实训项目。全书分为三部分——电气控制实验、S7-1200PLC实验和电气自动化项目综合实训。整体内容从基础知识和基础实验到应用实验，再到综合项目，内容循序渐进，便于锻炼学生自主构建知识的能力，增强学生分析问题的能力和提高工程实践的能力。本书的结构与内容安排可有效避免学生丧失学习信心和学习动力不足的问题。第一部分内容包括常用低压电器、电气控制线路和西门子MM440变频器等基础知识，共设计了5个常规电气控制实验和7个变频器电气控制实验；第二部分包括S7-1200PLC硬件基础和TIA博图软件基础知识，共设计了16个S7-1200PLC实验；第三部分包括西门子触摸屏硬/软件基础知识和5个综合实训项目。这些实验实训项目可以有效地培养学生PLC控制型设计、安装与调试的综合能力。

本书具体内容共分为10章。第1章～第9章的全部内容(基础知识和实验)由王攀攀编写和设计；第10章的5个综合实训项目由徐瑞东、王军、耿乙文和张勇设计完成；全书由王攀攀统稿。

本书的出版得到了多方面的帮助和支持，中国矿业大学电力学院的许多领导和同事给予了大力支持，提供了宝贵的建议。此外，本书参考了一些已出版的论著、教材和相关厂家的技术资料，作者在此一并表示感谢！

由于时间及作者水平所限，书中难免有疏漏和不足之处，恳请读者批评指正。

编者

2019.7

目　录

第一部分　电气控制实验

第二部分 S7-1200PLC实验

第三部分 电气自动化项目综合实训

第一部分

电气控制实验

第1章 常用低压电器

1.1 低压断路器

低压断路器又称空气开关，是低压配电网络和电力拖动系统中常用的开关和保护电器，它集控制和多种保护功能于一身。除了能完成电路接通和电路分断外，还能对电路或电气设备的短路、严重过载及欠电压等进行保护。此外，还可以与漏电器、测量、远程操作等模块配合，完成更高级别的保护和控制。低压断路器具有操作安全、使用方便、工作可靠、安装简单、动作后无须更换元件等优点，因此，它在电气控制、自动化系统以及日常生活中得到了广泛应用。

低压断路器按结构形式可分为：框架式、塑壳式、模块式 3 种类型，实物如图 1-1 所示。

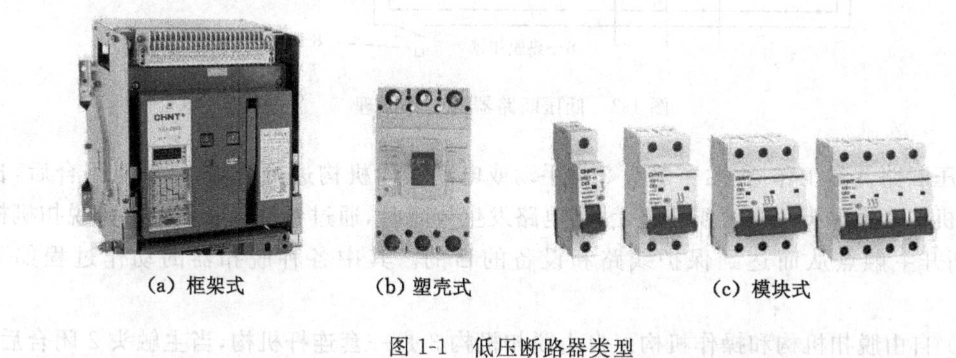

(a) 框架式　(b) 塑壳式　(c) 模块式

图 1-1　低压断路器类型

低压配电网主要采用塑壳式和模块式断路器，本节主要针对它们进行介绍。

塑壳式低压断路器的主要特征是有一个模压聚酯绝缘材料制成的外壳，在其中组装了操作机构、触头和灭弧系统、脱扣器和附件等部件。常用作配电网络的保护开关以及电动机、照明、电热器等电路的控制开关。

与塑壳式低压断路器相比，在日常生活中，小型模块式断路器更为常见。它由操作机构、热脱扣器、电磁脱扣器、触头系统、灭弧室等部件组成，所有部件都置于一个绝缘壳中。在结构上具有外形尺寸模块化和安装形式导轨化的特点，即单极断路器的模块宽度为 18 mm，凸颈高度为 45 mm。可直接安装在标准的 35 mm 导轨上，利用断路器背面的安装槽及带弹簧的夹紧卡子定位，安装与拆卸十分方便。模块式断路器常作为线路和交流电动机的电源分配控制开关，同时具有过载、短路等保护功能，广泛应用于工矿企业、民用建筑。

1.1.1 低压断路器的结构及工作原理

本小节以塑壳式低压断路器为例说明低压断路器的结构和工作原理。低压断路器的多种功能是由脱扣器和附件实现，根据用途不同，可选用不同的脱扣器和附件组成不同功能的低压断路器。脱扣器的种类较多，主要包括过电流脱扣器、失压（欠电压）脱扣器、热脱扣器、分励脱扣器和自由脱扣器。

图 1-2 是一种具有 4 种脱扣保护的断路器，主要由反力弹簧、主触头、自由脱扣机构、过电流脱扣器、分励脱扣器、热脱扣器、失压脱扣器、分励按钮等 8 部分构成。

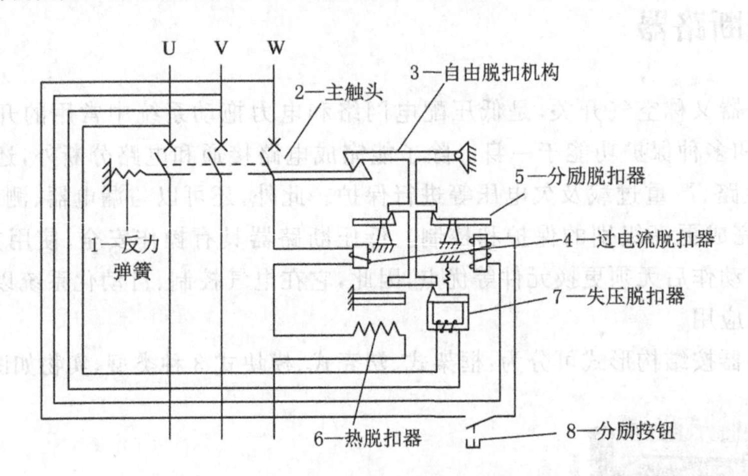

图 1-2 低压断路器的工作原理

低压断路器的工作原理：主触头 2 靠手动或电动操作机构进行合闸，待触点闭合后，自由脱扣机构 3 将触头锁在合闸位置上；当电路发生故障时，通过各种脱扣器使自由脱扣机构动作，断开主触点从而达到保护线路和设备的目的。其中各种脱扣器的动作过程如下所述：

(1) 自由脱扣机构和操作机构。自由脱扣机构 3 是一套连杆机构，当主触头 2 闭合后，自由脱扣机构将主触头锁在合闸位置上。如果电路中发生故障，自由脱扣机构在相关脱扣器的操动下动作，使脱钩脱开。自由脱扣器联系触头系统和传动机构两部分的中间传递部件，其功能是实现各种脱扣器、传动机构和触头系统之间的联系。

(2) 过电流脱扣器。过电流脱扣器 4，又称电磁脱扣器，其线圈与主电路串联，当流过断路器的电流在整定值以内时，在脱扣器中所产生的吸力不足以吸动衔铁。当电流超过整定值时，强磁场的吸力克服了弹簧的拉力拉动衔铁，使自由脱扣机构动作，从而带动主触点断开主电路，实现过流保护，其动作具有瞬动特性或定时限特性。低压断路器的过电流脱扣器分为瞬时脱扣器和复式脱扣器两种，也可是复式脱扣器及瞬时脱扣器和热脱扣器的组合。一般断路器都有短路锁定功能，用来防止因短路故障而动作的断路器在短路故障排除前发生再合闸现象。

(3) 分励脱扣器。分励脱扣器 5 用于远距离分闸断路器，特别是在应急状态下对断路器进行远距离分闸操作或作为漏电继电器等保护电器的执行元件。在正常工作时，其线圈是断电的；在需要远程操作时，按下按钮使线圈通电，衔铁带动自由脱扣机构动作，使主触头断开。大功率低压断路器可配电动操作机构对断路器进行远距离操作。

(4) 热脱扣器。热脱扣器的热元件与主电路串联，正常情况下热元件的发热量只能够使双金属片发生轻微弯曲，不足以推动自由脱扣机构；当电路过载时，电流增加，热元件发出更多的热量使双金属片进一步向上弯曲，从而推动自由脱扣机构动作，动作特性具有反时限特性。热脱扣器在给定电流范围内是可调的，调节方式一般为旋钮式或螺杆式。热脱扣器的动作特性和整定电流对应，一般用整定电流的倍数来表示。当低压断路器过载而断开后，一般应等待 2～3 min 才能重新合闸，使热脱扣器恢复原位，这也是低压断路器不能连续频繁地进行通断操作的原因之一。过电流脱扣器和热脱扣器互相配合，热脱扣器担负主电路的过载保护功能，过电流脱扣器担负主电路的短路和严重过载保护功能。

(5) 失压脱扣器。失压脱扣器 7 的线圈与电源并联，当电源电压在额定值时，失压脱扣器产生的磁力足以将衔铁吸合，使断路器保持在合闸状态。当电源电压下降到额定电压的 70%～35%时，在弹簧的作用下衔铁释放，自由脱扣机构动作，电源被切断；当电源电压低于额定电压的 35%时，失压脱扣器能保证断路器不合闸；当电源电压高于额定电压的 85%时，失压脱扣器能保证断路器正常工作。

注意：上述介绍的是断路器可以实现的功能，但并不是说每一个断路器都具有全部功能，比如有的自动开关没有分励脱扣器，一些没有欠压保护等。但大部分自动开关都具备过电流(短路)保护和热保护等功能。

1.1.2　低压断路器的符号、参数和选型

1. 低压断路器的文字符号

低压断路器的图形符号和文字符号如图 1-3 所示。

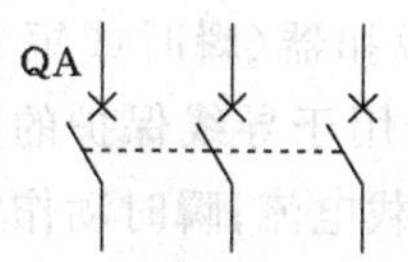

图 1-3　低压断路器的图形和文字符号

2. 低压断路器的主要参数

(1) 额定电压：是指断路器在长期工作时的允许电压，通常等于或大于电路的额定电压。

(2) 额定电流：是指断路器在长期工作时的允许持续电流。

(3) 通断能力：是指断路器在规定的电压、频率以及规定的线路参数(交流电路为功率因数，直流电路为时间常数)下，所能接通和分断的短路电流值。

(4) 分断时间：是指断路器切断故障电流所需的时间。

3. 低压断路器的选择

(1) 低压断路器的额定工作电压应大于等于线路额定电压；低压断路器的额定电流应大于等于线路、设备的正常工作电流。

(2) 低压断路器的额定短路通断能力应大于等于线路中可能出现的按有效值计算的最大短路电流。所选低压断路器的额定短路分断能力和额定短路接通能力应不低于其安装

位置上的预期短路电流。

(3) 低压断路器的短路脱扣器(瞬时或短延时脱扣器)整定电流 I_z 应大于线路的最大负载电流。配电用断路器可按不低于尖峰电流1.35倍的原则确定;电动机保护用断路器当动作时间大于0.02 s时,可按不低于1.35倍电动机启动电流原则确定,如果动作时间小于0.02 s,则应增加到不低于启动电流的1.7～2倍。这些安全系数 k 是考虑到整定误差和电动机启动电流可能变化等因素而增加的。对于多台电动机来说,可按下式计算短路脱扣器整定电流

$$I_z = kI_{qmax} + \sum I_{er} \tag{1-1}$$

式中 k——安全系数;

I_{qmax}——最大一台电动机的启动电流;

$\sum I_{er}$——其他电动机的额定电流之和。

(4) 低压断路器的热脱扣器(长延时脱扣器)整定电流应大于等于线路计算的负载电流,可按计算负载电流的1～1.1倍确定;同时应不大于线路导体长期允许电流的0.8～1倍。配电用低压断路器的长延时动作过载电流整定值应小于等于导线容许的载流量。对于采用电线电缆的情况,整定电流可取电线电缆容许载流量的80%。电动机保护用低压断路器的长延时过载电流整定值通常等于电动机额定电流。

(5) 低压断路器与熔断器应相互配合,如果在安装点的预期短路电流小于断路器的额定分断能力,可采用熔断器作后备保护。线路短路时,熔断器的分断时间比低压断路器要短,可确保断路器的安全,可选择熔断器的分断能力在断路器的额定短路分断能力的80%处。熔断器应装在低压断路器电源侧,以保证使用安全。

(6) 欠电压脱扣器的额定电压应等于线路的额定电压。

(7) 模块化小型断路器的短路脱扣器(瞬时或短延时脱扣器)的整定电流应小于等于0.8倍线路末端单相对地短路电流。用于导线保护的模块化小型断路器热脱扣器(长延时脱扣器)整定电流应小于等于线路负载电流;瞬时动作整定值应小于等于6～20倍线路计算负载电流。用于电动机保护的模块化小型断路器的长延时电流整定值等于电动机额定电流;当保护笼形三相异步电动机时,瞬时动作整定值应等于8～15倍的电动机额定电流;当保护绕线式电机时,瞬时整定值应等于3～6倍电动机额定电流。

1.2 接触器

接触器是一种适用于在低压配电系统中远距离控制、频繁操作交直流主回路及大容量控制电路的自动控制电气设备。由于其体积小、价格低、寿命长、维护方便,得到了十分广泛的应用。

1.2.1 接触器的分类、结构、原理和符号

1. 接触器的分类

接触器种类很多,按驱动力大小不同可分为电磁式、气动式和液压式,其中以电磁式应用最为广泛。按接触器主触点控制电路的电流类型分可分为交流接触器和直流接触器。

按其主触点的极数来分，有单极、双极、三极、四极和五极等多种。本节主要介绍电磁式接触器，图 1-4 为一些常见的电磁式接触器。

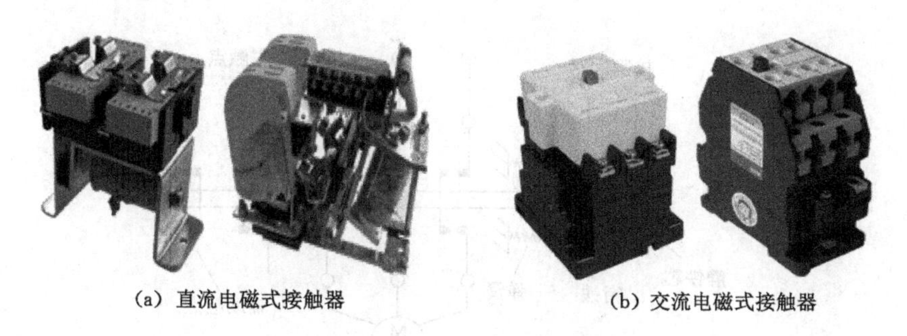

(a) 直流电磁式接触器　　(b) 交流电磁式接触器

图 1-4　电磁式接触器

2. 接触器的结构

图 1-5 为接触器的结构剖面示意图，除了支架和底座，它主要由 4 部分构成：主触点和灭弧系统、辅助触点、电磁机构、反力装置。

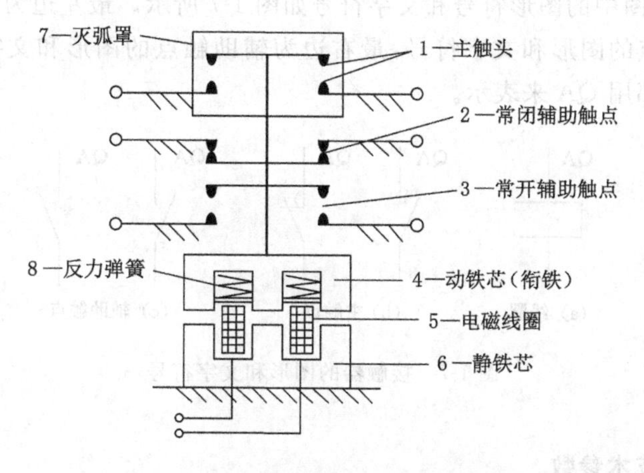

图 1-5　交流接触器的结构剖面示意图

(1) 主触点和灭弧系统：根据主触点的容量大小来分，有桥式触点和指形触点两种结构形式。直流接触器和电流在 20 A 以上的交流接触器均装有灭弧罩，有的还带有栅片或磁吹灭弧装置。

(2) 辅助触点：有常开和常闭两种辅助触点，在结构上均采用桥式双断点形式，其容量较小。接触器安装辅助触点的目的是在控制电路中起联动作用，用于接触器相关的逻辑控制。由于辅助触点不设灭弧装置，因此不能用来分合主电路。

(3) 电磁机构：电磁机构由线圈、铁芯和衔铁组成。铁芯外形一般采用双 E 形；铁芯动作形式一般采用直动式或绕轴转动拍合式。

(4) 反力装置：通常由释放弹簧和触点弹簧组成，且都不能进行弹簧松紧调节。

3. 接触器的工作原理

接触器的工作原理如图 1-6 所示，它利用电磁原理让可动衔铁的运动带动触点弹簧控制主回路的通断。当接触器电磁线圈不通电时，弹簧的反力和衔铁的自重使主触点保持断开状态。当电磁线圈通过控制回路接通控制电源时，电磁力克服弹簧的反作用力将衔铁吸向静铁芯，带动主触点闭合接通电路，同时辅助触点也随之动作。

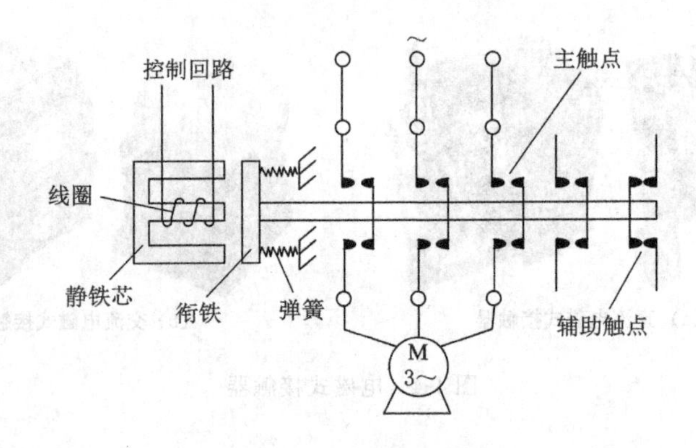

图 1-6　接触器的工作原理

4. 接触器的图形符号和文字符号

接触器在电路图中的图形符号和文字符号如图 1-7 所示。最左边为线圈的图形和文字符号，中间为主触点的图形和文字符号，最右边为辅助触点的图形和文字符号。需要注意的是：所有的部件都用 QA 来表示。

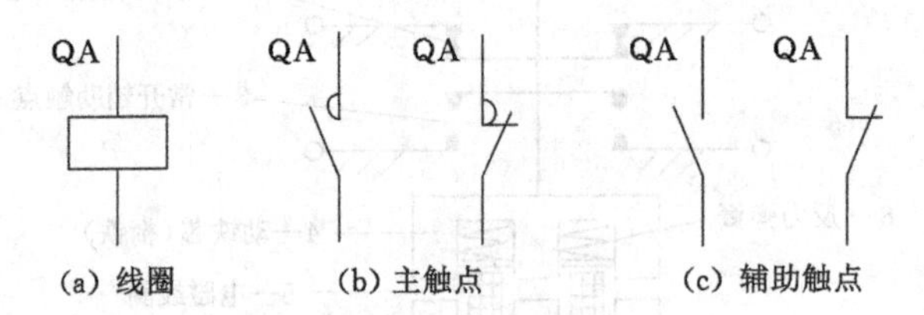

图 1-7　接触器的图形和文字符号

1.2.2　接触器的技术参数

(1) 额定电压：指主触点的额定电压。常用的电压等级有：交流 220 V、380 V 和660 V；直流 110 V、220 V 和 440 V。

(2) 额定电流：指主触点的额定电流，是在一定的条件下规定的电流值，比如额定电压、在规定的使用类别和操作频率下的电流值。常用的电流等级有 10～800 A。

(3) 线圈的额定电压：指加在线圈上的电压。常用的线圈电压有：交流 220 V 和380 V；直流 24 V 和 220 V。

(4) 接通和分断能力：指主触点在规定条件下能可靠地接通和分断的电流值。在此电流值下，接通电路时主触点不应发生熔焊，分断电路时主触点不应发生长时间燃弧。

在电力拖动控制系统中，不同控制对象（负载）的控制方式对接触器主触点的接通和分断能力的要求是不一样的。根据低压电器基本标准的相关规定，在电力拖动控制系统中，常见主电路开关使用类别及其典型用途如表 1-1 所示。

表 1-1 常见主电路开关使用类别及其典型用途表

电流种类	使用类别	典型用途
交流(AC)	AC20	无载条件下"闭合"和"断开"电路
	AC21	通断电阻负载,包括通断适中的过载
	AC22	通断电阻电感混合负载,包括通断适中的过载
	AC23	通断电动机负载或其他高电感负载
	AC1	无感或微感负载、电阻炉
	AC2	绕线式电动机的启动和分断
	AC3	笼形电动机的启动和分断
	AC4	笼形电动机的启动、反接制动、反向和点动
直流(DC)	DC20	无载条件下"闭合"和"断开"电路
	DC21	通断电阻负载,包括通断适中的过载
	DC22	通断电阻电感混合负载,包括通断适中的过载
	DC23	通断电动机负载或其他高电感负载
	DC1	无感或微感负载、电阻炉
	DC3	并励电动机的启动、反接制动、反向和点动
	DC5	串励电动机的启动、反接制动、反向和点动

在表 1-1 中,对于接触器常用的使用类别有 AC1～AC4、DC1、DC3、DC5 等,这些使用类别的接通和分断能力为:

① AC1 和 DC1 类允许接通和分断额定电流;

② AC2、DC3 和 DC5 类允许接通和分断 4 倍的额定电流;

③ AC3 类允许接通 6 倍的额定电流和分断额定电流;

④ AC4 类允许接通和分断 6 倍的额定电流。

1.2.3 接触器的选型

接触器的选用主要根据型式、主电路参数(包含使用类别和工作制)、辅助电路参数等因素进行确定。

(1) 型式的确定:型式的确定主要是确定极数和电流种类,这两个参数主要根据主电路参数确定。主电路电流的种类决定了接触器的电流种类。三相交流系统中一般选用三极接触器,当需要同时控制中性线时,则需要选用四极交流接触器;单相交流和直流系统中,则常选择两极或三极并联的形式。

(2) 主电路参数的确定:主电路参数的确定主要考虑额定工作电压、额定工作电流、额定通断能力和耐受过载电流能力。接触器的额定工作电压和额定电流必须大于等于主电路中的额定电压和额定电流;接触器的通断能力也应高于通断时电路中实际可能出现的电流值,同时其耐受过载电流能力也应高于电路中可能出现的工作过载电流值。

主电路的这些参数都可通过不同的使用类别及工作制来反映。当按使用类别和工作制选用接触器时,实际上已经考虑了这些因素。在实际生产中,中小容量的笼形电动机,其大部分负载执行一般任务,也就是 AC3 使用类别。但是对于控制机床电动机的接触器,其负载情况比较复杂,既有 AC3 类的也有 AC4 类的,还有 AC1 类和 AC4 类混合的负载,这些都属于执行重任务范畴。如果负载明显属于重任务类,则应选用 AC4 类接触器。如果负载为一般任务与重任务混合的情况，则应根据实际情况选用AC3或AC4类接触器。

(3) 控制电路参数和辅助电路参数的确定：接触器的线圈电压应按选定的控制电路电压确定。控制电路电压种类可分为交流和直流两种，为了减少电源数量，一般情况下多用交流380 V或220 V；但是如果所选接触器操作频率较高，则控制电路电源可选用直流。接触器的辅助触点的种类和数量，一般应根据系统控制要求和功能确定，同时应注意辅助触点的通断能力和其他额定参数。

(4) 接触器的选取原则：接触器是电气控制系统中不可缺少的执行器件，而三相笼形电动机也是最常用的被控对象。对额定电压为380 V(AC)的接触器，如果知道了电动机的额定功率，则相应的接触器的额定电流的数值也基本可以确定。对于5.5 kW以下的电动机，其控制接触器的额定电流约为电动机额定功率数值的2～3倍；对于5.5～11 kW的电动机，其控制接触器的额定电流约为电动机额定功率数值的2倍；对于11 kW以上的电动机，其控制接触器的额定电流约为电动机额定功率数值的1.5～2倍。

(5) 接触器与低压断路器的配合：接触器的约定发热电流应小于低压断路器的过载电流，接触器的接通、断开电流应小于低压断路器的短路保护电流，并以此确定低压断路器的过载脱扣和电磁脱扣系数，这样断路器才能保护接触器。

1.3 继电器

继电器是一种利用输入量的变化，使输出状态发生转换，从而通过其触点实现逻辑转换的一种自动控制元件。根据转换物理量的不同，可以构成不同功能的继电器，以用于各种控制系统中的信号传递、放大、转换、连锁和控制等，从而实现自动控制和保护的目的。施加于继电器的电量或非电量称为继电器的激励量，激励量可以是电量，如交直流电压、电流等，也可以是其他物理量，如时间、温度、转速、位置等。在这些量的作用下，继电器的状态发生变化而动作，其触点吸合或释放，从而实现电路的控制。

继电器的种类很多，按输入信号的性质分为：电压继电器、电流继电器、时间继电器、温度继电器、速度继电器、压力继电器等；按工作原理分为：电磁式继电器、感应式继电器、电动式继电器、热继电器和电子式继电器等；按输出形式分为：有触点和无触点两类；按用途分为：控制用和保护用继电器等。本节介绍几种常用的继电器。

1.3.1 电磁式继电器

电磁式继电器结构简单、价格低廉、使用维护方便，被广泛应用于控制系统中。

1. 电压继电器

(1) 电压继电器的概念：电压继电器是触点的动作与线圈的电压大小有关的继电器，它常用于电力拖动系统的电压保护和控制。

(2) 电压继电器的分类：按线圈电流种类可分为交流和直流电压继电器；按保护功能又可分为过电压和欠电压继电器。

(3) 电压继电器工作原理与实物照片如图1-8所示。

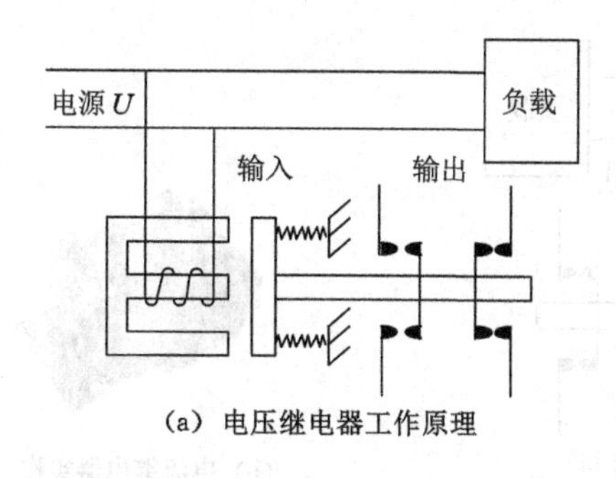

(a) 电压继电器工作原理

(b) 电压继电器实物

图 1-8 电压继电器

电压继电器使用时其线圈与负载并联，线圈的匝数多且线径细。对于过电压继电器，当线圈为额定电压时，衔铁不产生吸合动作；只有当线圈电压高于其额定电压的某一值时，衔铁才产生吸合动作，实现过电压保护。但是在直流电路中，由于不会产生波动较大的过电压现象，因此一般没有直流过电压继电器产品。对于欠电压继电器，当线圈承受的电压为额定电压时，线圈吸住衔铁，保持控制回路的正常工作；当线圈电压低于其额定电压时，衔铁产生释放动作，起到欠电压保护作用。

电压继电器的图形符号和文字符号如图 1-9 所示。

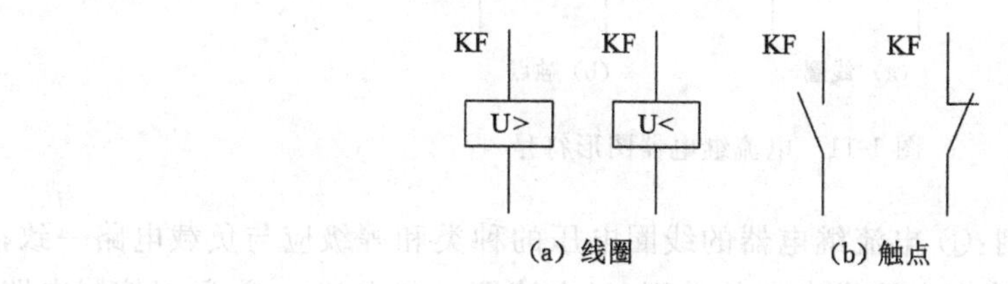

图 1-9 电压继电器图形符号

电压继电器的选用原则：① 电压继电器的线圈电压的种类和电压等级应与控制电路一致；② 根据在控制电路中的作用确定类型(过电压还是欠电压)；③ 按控制电路的要求确定触点的类型(是常开还是常闭)和数量。

2. 电流继电器

(1) 电流继电器的概念：电流继电器是指触点的动作与线圈电流大小有关的继电器。电流继电器使用时其线圈与负载串联，线圈的匝数少且线径粗。

(2) 电流继电器的分类：根据线圈的电流种类分为交流和直流电流继电器；按吸合电流大小可分为过电流继电器和欠电流继电器。

(3) 电流继电器的工作原理与实物照片如图 1-10 所示。

对于过电流继电器，线路正常工作时，线圈中流过负载电流，但不足以产生吸合动作。当出现比负载工作电流大的电流时，衔铁才产生吸合动作，从而带动触点动作。在电力拖动系统中，冲击性的过电流故障时有发生，常采用过电流继电器做电路的过电流保护。对于欠电流继电器，正常工作时，由于电路的负载电流大于吸合电流而使衔铁处于吸合状态，控制电路保持正常工作。当电路的负载电流降低至释放电流时则衔铁释放，起到欠电流保护作用。在直流电路中，由于某种原因而引起负载电流的降低或消失往往会导致严重的后

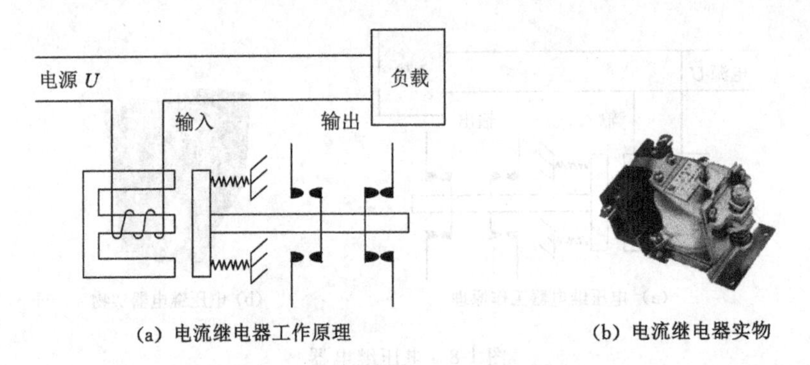

(a) 电流继电器工作原理　　(b) 电流继电器实物

图 1-10　电流继电器工作原理及实物

果,比如直流电动机的励磁回路断线。然而在交流电路中却很少见,因此市场上有直流欠电流继电器产品,而没有交流欠电流继电器产品。

电流继电器图形符号和文字符号如图 1-11 所示。

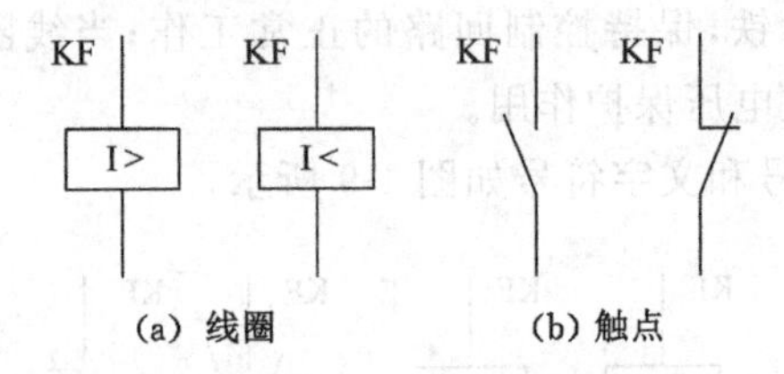

(a) 线圈　　(b) 触点

图 1-11　电流继电器图形符号

电流继电器的选用原则:① 电流继电器的线圈电压的种类和等级应与负载电路一致;② 根据对负载的保护作用确定电流继电器的类型(过电流还是欠电流);③ 根据控制电路的要求确定触点的类型(是常开还是常闭)和数量。

3. 中间继电器

中间继电器的概念:是指在控制电路中起信号传递、放大、切换和逻辑控制等作用的继电器。它属于电压继电器的一种,主要用于扩展触点数量和进行隔离,实现逻辑控制。中间继电器也有交、直流之分,可分别用于交流控制电路和直流控制电路。

中间继电器的工作原理和实物照片如图 1-12 所示。

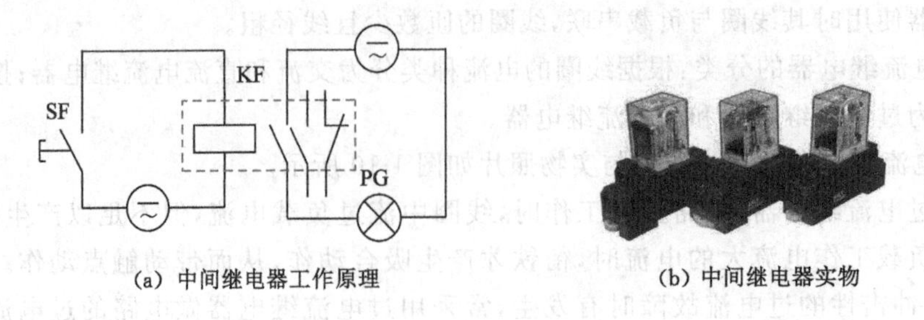

(a) 中间继电器工作原理　　(b) 中间继电器实物

图 1-12　中间继电器工作原理及实物

中间继电器与接触器的工作原理比较相似,但是中间继电器没有主辅触点之分。在图

1-12(a)中，虚线框中是一个中间继电器，左边是线圈电路，右边是触点电路，按钮 SF 的状态与右边电路的常开触点的状态是一致的，这就起到了信号传递和隔离的作用。并且继电器在设计时，触点的容量通常远大于左边电路的功率，因此可以起到放大的作用，如果右边电路接成常闭，那右边电路的状态和左边电路的状态正好相反，所以能起到反转的作用，又因为触点通常最少的也有 2 组，所以可以起到分路的作用。基于上述的多种用途，中间继电器是低压电器中使用最多的一种低压电器。

中间继电器的图形符号和文字符号如图 1-13 所示。

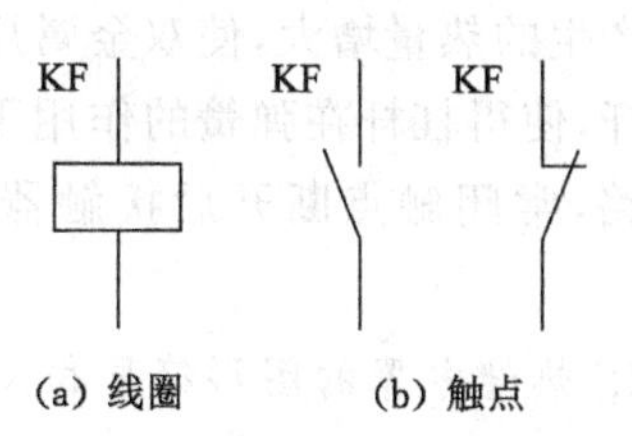

图 1-13　中间继电器的图形符号和文字符号

中间继电器的主要技术参数有额定电压、额定电流、触点对数以及线圈电压种类和规格等。中间继电器的选用原则：① 中间继电器的电压种类和电压等级应与控制电路一致；② 根据控制电路的需求，确定触点的形式和数量。当一个中间继电器的触点数量不够用时，也可以将两个中间继电器并联使用，以增加触点的数量。

1.3.2　热继电器

热继电器是一种利用电流的热效应和发热元件的热膨胀原理而设计的保护电器，具有与三相异步电动机容许过载特性相近的反时限动作特性，常用于对三相异步电动机的过电流和断相保护。在实际运行过程中，三相异步电动机常会遇到因电气或机械等原因引起的过电流现象，但只要过电流不严重，持续时间不长，绕组温升在允许范围内，这种过电流是允许的。但如果过电流情况严重，持续时间较长，则会加速电动机绝缘老化，甚至烧毁电动机。因此，必须对其进行保护，常用的电动机过电流保护装置种类很多，但使用最广泛的是双金属片式热继电器。

1. 热继电器结构与工作原理

热继电器的结构和实物如图 1-14 所示。从图中可见，热继电器由热元件、双金属片、杠杆、辅助触点、拉簧等组成。

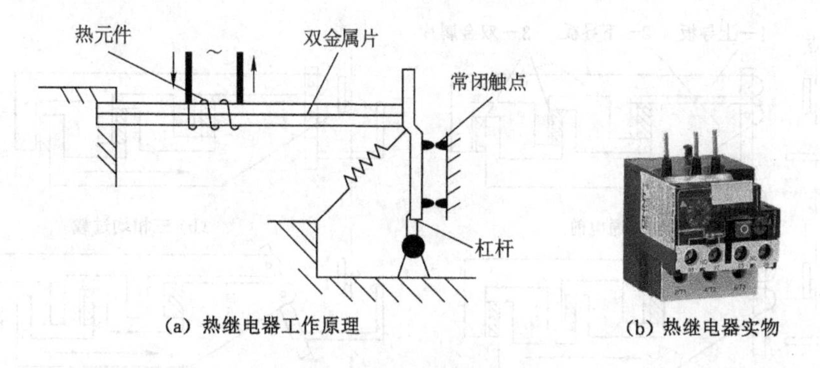

图 1-14　热继电器结构和实物

热元件是用具有均匀阻值的铜镍合金、镍铬铁合金或铁铬铝合金材料制成，将合金材料加工成圆丝、扁丝、片状或带状等，然后复绕或紧贴在双金属片上。双金属片是热继电器的感测元件，通常用两种线膨胀系数不同的金属通过机械碾压的方式制成。膨胀系数大的称作主动层，小的称作被动层。由于两种膨胀系数不同的金属紧密地贴合在一起，因此，当产生热效应时，双金属片向膨胀系数小的一侧弯曲。在实际使用过程中，热元件串接在电动机的定子绕组中，电动机定子绕组电流即为流过热元件的电流。当电动机正常运行时，热元件产生的热量虽能使双金属片弯曲，但还不足以使继电器动作。当电动机过载时，热元件产生的热量增大，使双金属片弯曲位移增大，经过一定时间后，双金属片弯曲到无法支撑杠杆，使得杠杆在弹簧的作用下将常闭触点断开，热继电器的常闭触点串接于接触器线圈回路，常闭触点断开后接触器线圈失电，接触器的主触点断开电动机的电源以保护电动机。

2. 热继电器的图形符号和文字符号

在电气原理图中，热继电器的热元件、触点的图形符号和文字符号如图 1-15 所示。

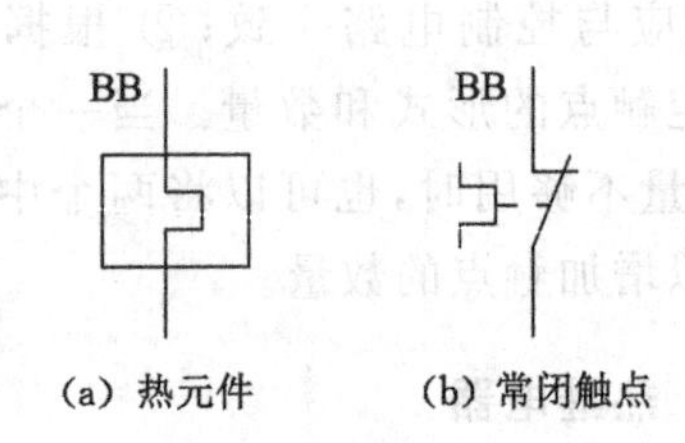

(a) 热元件　　(b) 常闭触点

图 1-15　热继电器的图形和文字符号

3. 带断相保护的热继电器

三相电动机断相(一相接线松开或一相熔丝熔断)是造成电机烧毁的主要原因之一。如果电动机为星形接法，当线路发生一相断电时，另外两相电流便增大很多。由于线电流等于相电流，因此流过热继电器的电流同样增加了很多，使得普通的热继电器同样可以对断相做出保护。如果电动机定子绕组是三角形接法，当发生断相时，由于电动机的相电流与线电流不等，且相电流增加比例大于线电流增加的比例，从而使得热继电器按电机额定电流整定的动作值，无法保护电动机。也就是说：当故障线电流达到额定电流时，电流较大的那一相绕组的故障电流将超过额定相电流，存在烧毁电机的危险。所以，三角形接法必须采用带断相保护的热继电器。

带有断相保护的热继电器采用差动式结构，具体如图 1-16(a)所示，主要由上导板 1、下导板 2 及杠杆 5 组成，它们之间都用转轴连接。图 1-16(a)为冷态时的位置，差动机构与触点有一定的距离，触点处于闭合状态。当电动机正常运行时，三相电流小于整定电流，三个

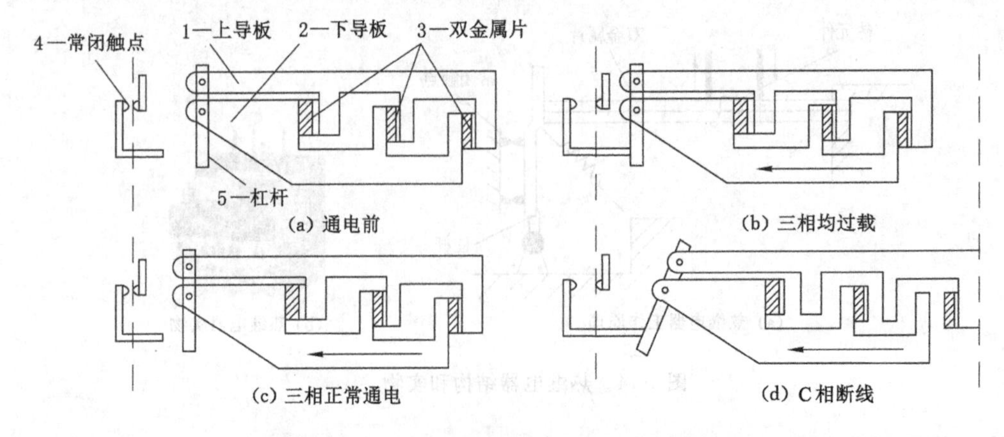

(a) 通电前　(b) 三相均过载　(c) 三相正常通电　(d) C相断线

图 1-16　热继电器差动式断相保护机构动作原理图

热元件正常发热，双金属盘端部均向左弯曲推动上下导板同时左移，但碰触不到动作位置，继电器不动作，具体如图 1-16(b)所示。当电动机处于过载状态，双金属片弯曲较大，推动上下导板平行移动，并通过杠杆使常闭触点立即打开，热继电器脱扣起到过电流保护作用，具体如图 1-16(c)所示。图 1-16(d)是 C 相断线的情况，这时 C 相双金属片不发生弯曲，上导板不能跟随下导板左移，而停留在原位不动；另外 2 相双金属片温度上升，端部向左弯曲，推动下导板向左移动，由于差动机构的杠杆放大作用，使杠杆下端有较大位移，触碰常闭触点，起到脱扣保护的作用。

4. 热继电器的技术参数及其选用原则

热继电器的主要技术参数有：额定电压、额定电流、相数以及整定电流调节范围。整定电流是指热继电器的热元件允许长期通过又不致引起继电器动作的电流值，在实际的热继电器中，可通过调节电流旋钮，在一定范围内调节该整定电流。

选用热继电器时应根据电动机接线形式、使用条件、工作环境以及电动机启动情况和负载情况等几个方面综合加以考虑。

(1) 额定电压与主回路电压相一致，并且在选型时，一般选用与接触器相同的品牌及其配套系列的热继电器(便于安装连接)。

(2) 根据电动机定子绕组的接线形式确定热继电器是否带断相保护。

(3) 热继电器的额定电流一般取 $I_N=(0.95-1.05)I_{MN}$，其中 I_N 为热元件的额定电流，I_{MN}为电动机的额定电流，因此可按电动机的额定电流直接选择热继电器的额定电流。

① 当电动机启动电流在其额定电流 6 倍以下、启动时间不超过 5 s，且很少连续启动的情况下，可按电动机的额定电流值选取热继电器。

② 当电动机启动时间较长，热继电器额定电流为电动机额定电流的 1.1～1.15 倍。

③ 对于工作环境恶劣、启动频繁的电动机，取 $I_N=(1.15\sim1.5)I_{MN}$。

④ 对于过载能力较差的电动机，热继电器的额定电流可适当小些，通常选取热继电器的额定电流(实际上是选取发热元件的额定电流)为电动机额定电流的 60%～80%，但需要校验其动作特性。

(4) 热继电器与电动机的工作环境应保持一致，如果不一致，应对其额定电流做相应调整。当热继电器使用环境温度低于电机环境温度 15 ℃以上时，应选择小一号的热元件；当热继电器使用环境温度高于被保护电动机的环境温度 15 ℃以上时，应选择大一号的热元件。

(5) 对于反复短时工作的电动机，整定电流的调整必须通过现场试验。具体步骤如下：先将整定电流调整到比电动机的额定电流略小，如果发现热继电器经常动作，就逐渐调大其整定值，直到满足运行要求为止。同时需要注意热继电器的允许操作频率，因为热继电器的操作频率是很有限的，操作频率较高时，热继电器的动作特性会变差，甚至不能正常工作。对于可逆运行和频繁通断的电动机，不宜采用热继电器作保护，必要时可选择在电动机内部安装温度传感器作为保护手段。

(6) 热继电器在电路中不能做瞬时过载保护，更不能做短路保护。从其工作原理可知，发热元件具有热惯性，不能实现瞬时动作。但是在发生短路故障后，需要检查热元件和双金属片是否变形，如有不正常情况，应及时调整。

(7) 安装热继电器时，应将其布置在开关柜的底部；接线时，导线的截面积和长度都应在允许范围(按说明书规定的导线类型和截面积,其中导线的截面积通常可根据热元件的额定电流来选择)。

1.3.3 时间继电器

时间继电器主要在各种自动控制电路中作为延时元件使用,按预设的时间接通或分断电路,在保护装置中用以实现各级保护的选择性配合等,应用十分广泛。

常用的时间继电器实物如图 1-17 所示。

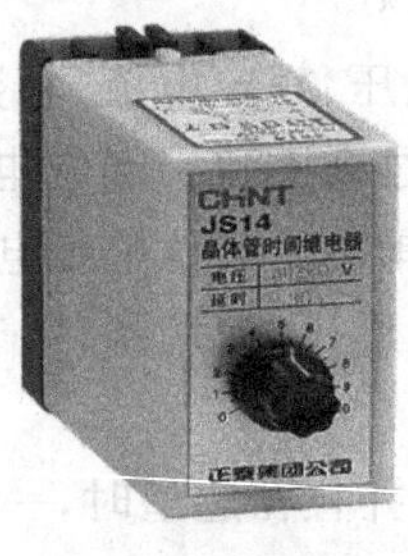

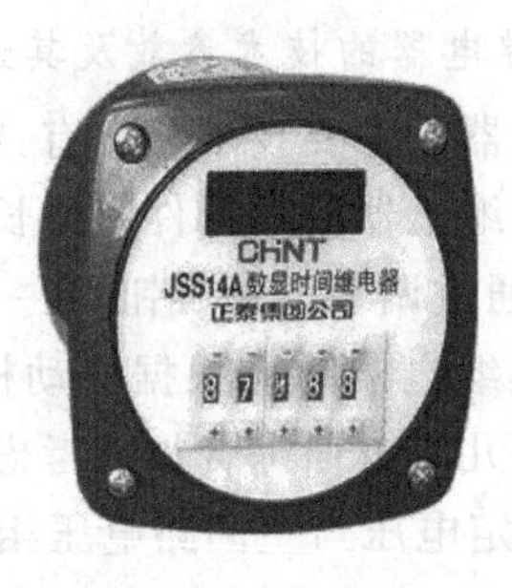

图 1-17 时间继电器实物

时间继电器按延时方式分为通电延时和断电延时继电器。

通电延时继电器:接受输入信号后延迟一定的时间,输出信号才发生变化,当输入信号消失后,输出瞬时复原的继电器。其图形符号如 1-18 所示。

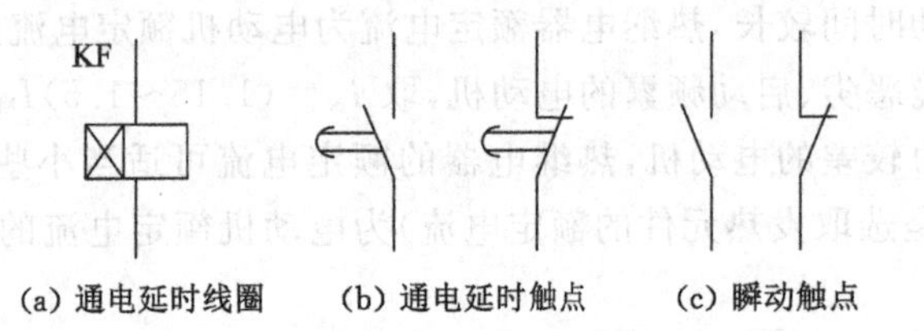

图 1-18 通电延时继电器的图形和文字符号

断电延时继电器:接受输入信号时,瞬时产生相应的输出信号,当输入信号消失后,延迟一定的时间,输出才复原的继电器。其图形符号如图 1-19 所示。

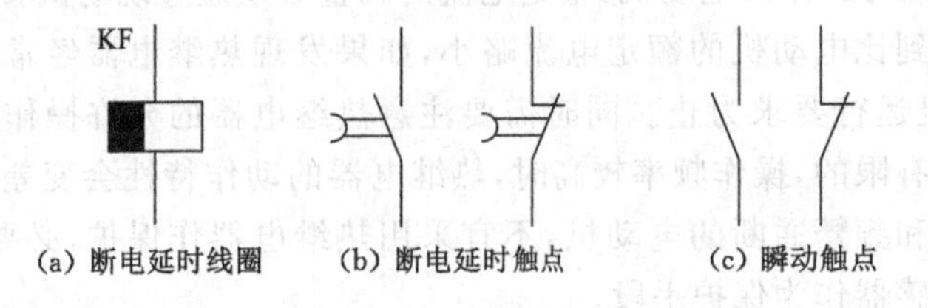

图 1-19 断电延时继电器的图形和文字符号

时间继电器按工作原理分类,有电磁式、空气阻尼式、电子式、可编程式和数字式等。其中电子式时间继电器是目前的主流产品,它采用晶体管或集成电路和电子元件构成,除执行器件继电器外，没有机械部件，因而具有寿命长、精度高、体积小、延时范围大、耐冲击和振动、调节方便等优点，得到了十分广泛的应用。

时间继电器的选用：选用时间继电器时，首先应考虑满足控制系统所提出的工艺要求和控制要求，并根据对延时方式的要求选用通电延时型或断电延时型。对于延时要求不高和延时时间较短的场合，可选用价格相对较低的空气阻尼式；对于延时精度较高、延时时间较长的场合，可选用晶体管式或数字式；在电源电压波动大的场合，采用空气阻尼式比用电子式的好，而在温度变化较大处，则不宜采用空气阻尼式时间继电器。总之，选用时除了考虑延时范围、准确度等条件外，还要考虑控制系统对可靠性、经济性、工艺安装尺寸等要求。

1.3.4　速度继电器

速度继电器是用于反映转速和转向变化的继电器，根据被控电动机转速的大小控制电路接通或断开，常用于笼形异步电动机的反接制动，又被称为反接制动继电器。感应式速度继电器是目前最常用的速度继电器，其实物如图1-20所示。

感应式速度继电器主要由定子、转子和触点三部分组成。转子是一个圆柱形双极磁铁，定子是一个空心圆柱，由硅钢片叠制而成，并装有笼形导条，与异步电机的笼形转子类似，具体如图1-21所示。

图1-20　感应式速度继电器

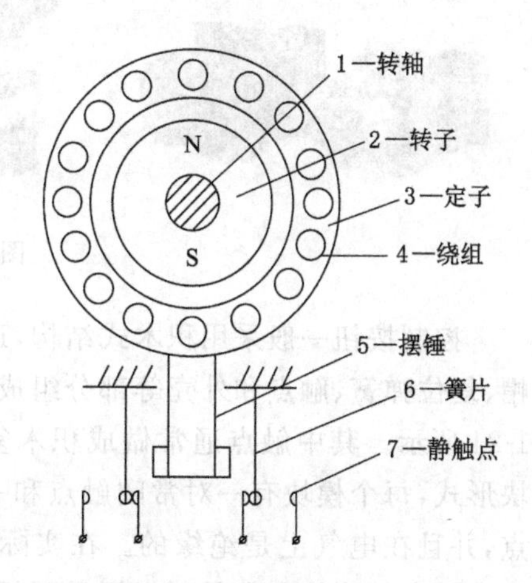

图1-21　感应式速度继电器的原理示意图

在实际使用过程中，速度继电器的转轴与被控电动机的转轴相连，因而两者转速相同。当电动机转速达到某一值时，定子绕组感应出足够的电流，并产生足够的力矩使定子跟随转子转动；定子转到一定角度时，装在定子轴上的摆锤推动簧片（动触点）动作，使常开触点闭合，常闭触点断开；当电动机转速低于某一值时，定子绕组切割磁力线较软，不能产生足够的电流和转矩来维持摆锤的位置。触点在簧片作用下返回到原来位置和状态。一般感应式速度继电器转轴在120 r/min左右时触点动作，在100 r/min以下时触点复位。

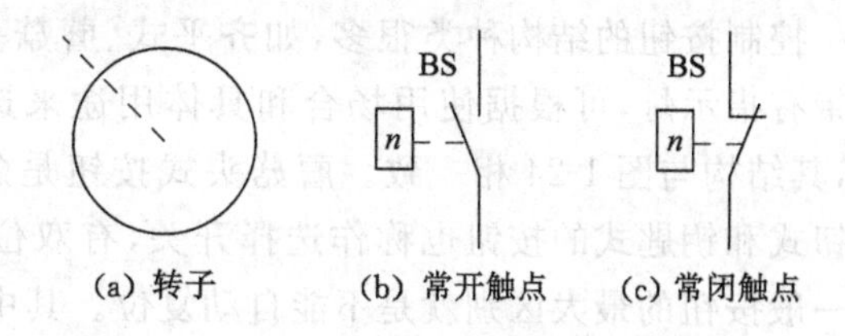

图1-22　速度继电器的图形和文字符号

速度继电器的图形和文字符号如图 1-22所示，最左边的转子在画图时通过虚线与电机转轴相连。

1.4 主令电器

主令电器是电气控制系统中用于发送或转换控制指令的控制电器，常用于控制电路，但不能直接分合主电路。主令电器应用十分广泛，种类较多，本节介绍几种常用的主令电器。

1.4.1 控制按钮

控制按钮：简称按钮，是一种在控制电路中可以手动发出控制信号/命令的主令电器，常用于控制接触器、继电器、电磁启动器等自动电气设备。

常见控制按钮的实物如图 1-23 所示。

图 1-23　控制按钮实物

控制按钮一般采用积木式结构，通常由按钮帽、复位弹簧、触点和外壳等部分组成，具体如图 1-24 所示。其中触点通常做成积木复合式的模块形式，每个模块有一对常闭触点和一对常开触点，并且在电气上是绝缘的。在实际应用中，按钮中触点的形式和数量可根据需要任意配置，并且接线时，也可以只接常开或常闭触点。

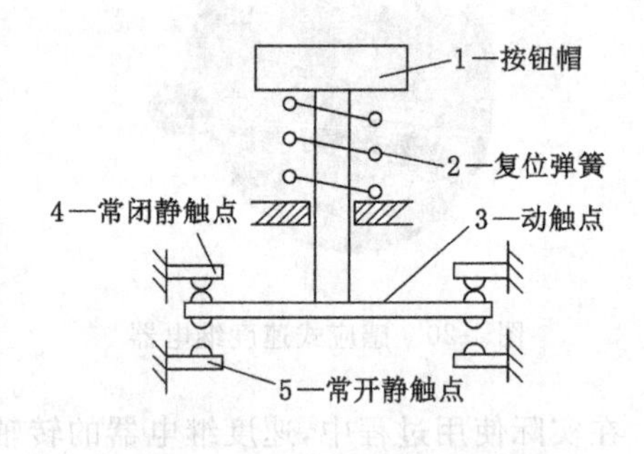

图 1-24　控制按钮结构示意图

从图 1-24 可见，当按下按钮时，会先断开常闭触点，然后再接通常开触点；当按钮释放后，在复位弹簧作用下，会先断开常开触点，再闭合常闭触点，恢复原来的触点状态。

控制按钮的结构种类很多，如齐平式、蘑菇头式、钥匙式、旋钮式、自锁式等；有些按钮还带有指示灯，可根据使用场合和具体用途来选用。齐平式按钮是最常见的自复位式按钮，其结构与图 1-24 相一致。蘑菇头式按钮是急停按钮，它的特殊形状便于识别和操作。旋钮式和钥匙式的按钮也称作选择开关，有双位选择开关，也有多位选择开关。选择开关和一般按钮的最大区别就是不能自动复位。其中钥匙式的开关具有安全保护功能，没有钥匙时不能操作该开关，只有把钥匙插入后，旋钮才可被旋转。自锁式按钮的外形与齐平式相同，但是当第一次按下按钮帽时触点闭合并保持，即使松开按钮后仍能保持触点接通，当第二次按下时，按钮恢复初始状态，从功能上讲自锁式按钮接近旋钮式按钮。

控制按钮的图形符号和文字符号如图 1-25 所示。

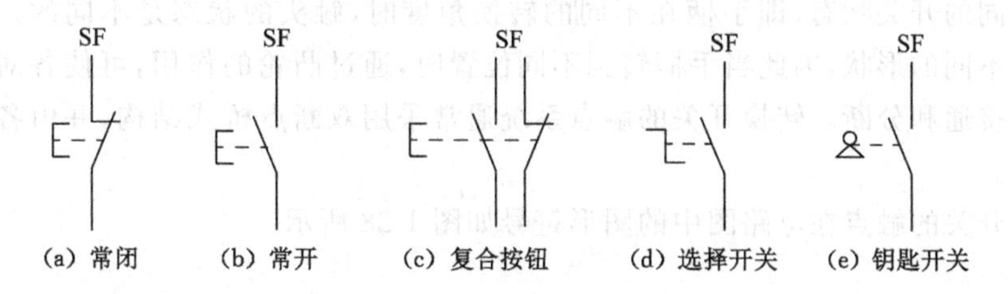

(a) 常闭　(b) 常开　(c) 复合按钮　(d) 选择开关　(e) 钥匙开关

图 1-25　控制按钮的图形符号

控制按钮的主要参数有：外观形式、安装孔尺寸、触头数量及触头容量。在实际选型过程中，这些参数主要根据实际现场的需求而定。在这些参数中，按钮帽的颜色必须符合国标要求。在实际应用过程中，生产商根据使用场合、作用的不同，将按钮帽制成不同颜色，以示区别。常用的颜色有红、绿、黑、黄、蓝、白、灰等，它们所表示的含义各不相同，具体如表 1-2 所示。

表 1-2　控制按钮颜色及其含义

颜　色	含　义	典型应用
红色	危险情况下的操作	紧急停止
	停止或分断	停止一台或多台电动机；停止一台机器的一部分，使电气元件失电
黄色	应急或干预	抑制不正常情况或中断不理想的工作周期
绿色	启动或接通	启动一台或多台电动机；启动一台机器的一部分；使电气元件得电
蓝色	上述几种颜色未包括的任一种功能	—
黑色、灰色、白色	无专门指定功能	可用于停止和分断上述以外的任何情况

《机械电气安全　机械电气设备第 1 部分：通风技术条件》(GB/T 5226.1—2019)还对按钮帽颜色作了如下规定："启动"按钮的颜色为绿色；"停止"和"急停"按钮必须是红色；"启动"和"停止"交替动作的按钮必须是黑白、白色或灰色；"点动"按钮必须是黑色；"复位"按钮必须是蓝色等。

1.4.2　转换开关

转换开关是一种多挡式，且能对线路进行多种转换的主令电器，广泛应用于各种配电装置的电源隔离、电路转换、电动机远距离控制等；也常作为电压表、电流表的换相开关，还可用于控制小容量的电动机。转换开关一般采用组合式结构设计，由操作机构、面板、手柄和数个触头等主要部件组成并用螺栓组成一个整体，具体如图 1-26 所示。

图 1-26　转换开关实物

转换开关的触头底座可由多层结构组成，其中每层底座最多可装 4 对触头，并由底座中间的凸轮进行控制。每层的结构具体如图 1-27 所示(包含 3 对触点)，其定位系统采用棘轮棘爪式结构，不同的棘轮和凸轮可组成不同的定位模式，从而得到不同的开关状态，即手柄在不同的转换角度时，触头的状态是不同的。由于每层触点可做成不同的形状，因此当手柄转到不同位置时，通过凸轮的作用，可使各对触头按所需要的规律接通和分断。转换开关的触点系统通常采用双断点桥式结构，并由各自的凸轮控制其通断。

转换开关的触点在电路图中的图形符号如图 1-28 所示。

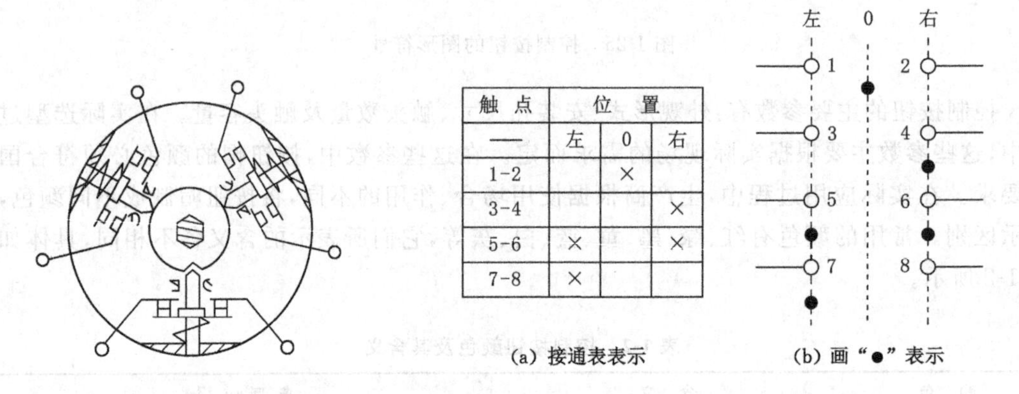

触 点	位 置		
——	左	0	右
1-2		×	
3-4			×
5-6	×		×
7-8	×		

(a) 接通表表示　　(b) 画“●”表示

图 1-27　转换开关一层的结构　　图 1-28　转换开关的触点在电路图中的图形符号

由于转换开关触点的分合状态与操作手柄的位置有关，因此，在电路图中除画出触点图形符号外，还应画出操作手柄位置与触点分合状态的关系。表示此种关系的方法有两种，一种是接通表表示法，具体如图 1-28(a)所示，在电路图的触点图形符号上将触点进行编号，再用接通表表示操作手柄的位置与触点分合状态的关系；在接通表中用有无“×”来表示操作手柄处于“左”“0”“右”位置时各对触点的分合状态(有“×”表示触点闭合)。另一种方法是，在电路图中画虚线和“·”的方法，具体如图 1-28(b)所示，即用虚线表示操作手柄可能处于的位置，用有无“·”表示触点的闭合和断开状态。比如，在触点图形符号下方的虚线位置上画“·”，则表示当操作手柄处于该位置时，该触点处于闭合状态；若在虚线位置上未画“·”，则表示该触点处于断开状态。

转换开关的文字符号与按钮一致，同样用 SF 表示。

转换开关在选型过程中主要关注的参数有：型号、手柄类型、工作电压、触头数量及其电流容量等。基于这些参数可对转换开关进行选型，参数的确定依据主要有：

① 根据控制电路的电压和电流来选择转换开关的额定电压与额定电流；

② 按操作需要选择手柄形状以及手柄的定位特征；

③ 根据不同控制要求选用触点数量、接触系统节数。

1.4.3　行程开关

行程开关是一种利用生产机械某些运动部件的碰撞来发出控制命令的主令电器，用于控制生产机械的运动方向、速度、行程或位置等。当行程开关用于位置保护时，又称为限位开关或位置开关。在实际应用中，当生产机械运动到某一预定位置时，行程开关动作，将机械信号转换为触点的分合，用以实现对生产机械的控制，保证它们的行程和位置在合理的范围内。

行程开关的产品类型很多，结构形式多样，但其基本结构主要由滚轮和撞杆、传动部分、触点系统、接线端子和壳体等几部分组成。图 1-29 即为部分行程开关实物。

图 1-29　部分行程开关实物

行程开关产品的撞杆形式主要有直动式、杠杆式、微动式、组合式和万向式等。下面以直动式和滚轮式为例来说明行程开关工作原理。直动式行程开关的动作原理与按钮相同，但其触点的分合速度取决于生产机械的运行速度，不宜用于速度低于 0.4 m/min 的场所。对于滚轮式行程开关，当行程开关工作时，被控机械上的撞块撞击带有滚轮的撞杆时，撞杆转向一边，同时带动凸轮转动，压动横板使触点迅速动作。当运动机械返回时，在微动开关中的复位弹簧的作用下，各部分动作部件复位。

行程开关的图形符号和文字符号如图 1-30 所示。

行程开关选型须主要关注的参数有：动作行程、工作电压及触头的电流容量等，这些信息都可从产品技术手册中获取。在选型过程还须注意以下两点：

① 当移动速度低于 0.4 m/min 时，触点分断太慢，易受电弧烧损，应采用有盘形弹簧机构瞬时动作的滚轮式行程开关。

② 当生产机械的行程比较小且作用力也很小时，可采用具有瞬时动作和微小行程的微动式行程开关。

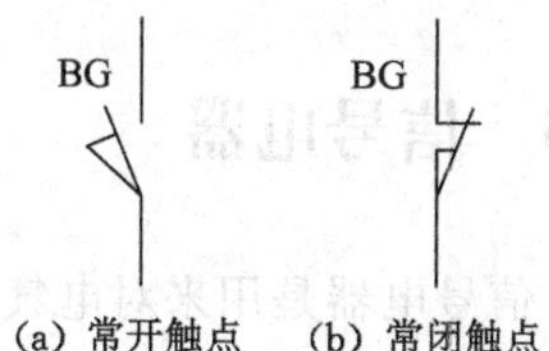

(a) 常开触点　(b) 常闭触点

图 1-30　行程开关的图形和文字符号

1.4.4　接近开关

接近开关又称无触点行程开关，是一种非接触式位置开关。它不仅能代替有触点行程开关来完成行程控制和限位控制，还可以用于高频计数、测速、液面控制、检测金属体的存在等非接触式控制。当某物体与之接近到一定距离时就发出动作信号，它不像机械行程开关那样需要施加机械力，而是通过其感辨头与被测物体间介质能量的变化来获取信号。它既有行程开关的特性，同时又具有传感器的性能，还有动作可靠、性能稳定、频率响应快、寿命长等特点。接近开关按工作原理可以分为电感式、电容式、霍耳式、超声波式等几种类型。

常用的接近开关实物如图 1-31 所示。

图 1-31　接近开关实物

接近开关的图形和文字符号如图 1-32 所示。

接近开关选型主要关注的参数有：动作行程、工作电压、动作频率、响应时间、输出形式以及触点电流容量等，但在选型过程还须注意以下几点：

BG　　BG

(a) 常开触点　(b) 常闭触点

图 1-32　接近开关的图形和文字符号

① 接近开关的工作电压有交流和直流两种。

② 输出形式有继电器形式和晶体管形式，晶体管形式又分为 NPN 和 PNP 两种。

③ 外形有方形、圆形、槽形和分离型等多种，需要根据现场实际进行确定。

1.5　信号电器

信号电器是用来对电气控制系统中的某些状态、报警信息等进行指示的设备。典型产品主要有信号灯（指示灯）、灯柱、电铃和蜂鸣器等。

指示灯在各类电气设备及电气线路中做电源、操作信号、预告信号、运行信号、故障信号及其他信号的指示。此外，还有用于塑料机械、包装机械、切割机械等需要工作状态信号指示的机械设备等。

指示灯主要有壳体、发光体、灯罩等组成。与按钮类似，指示灯也有各种外形，发光颜色也有多种，如黄、绿、红、白、蓝等。颜色的选用可按国标规定，具体如表 1-3 所示。

表 1-3　指示灯的颜色及其含义

颜色	含　义	解　释	典型应用
红色	异常或警报	对可能出现危险和需要立即处理的情况进行报警和指示	参数超限指示，电源指示
黄色	警告	状态改变或变量接近其极限值	参数偏离正常值报警指示
绿色	准备、安全	安全运行条件指示或机械准备启动	设备正常运转状态指示
蓝色	特殊指示	上述几种颜色未包括的任意一种功能	—
白色	一般信号	上述几种颜色未包括的各种功能	—

指示灯的图形和文字符号以及实物图片如图 1-33 所示。

与普通指示灯不同，信号灯柱是一种尺寸较大的、由几种颜色的环形指示灯叠加组装在一起的，具体如图 1-34 所示。它可以根据不同的控制信号，点亮不同的指示灯。由于体积比较大，所以远处的操作人员也可看见信号，因此常用于生产流水线的不同信号指示。

(a) 指示灯图形符号　(b) 指示灯实物

图 1-33　指示灯文字符号及实物

图 1-34　信号灯柱

指示灯的选型需要注意的参数有：安装孔尺寸、工作电压及颜色，这些通常都是与现场实际应用相对应，具体结合国标规定即可。

电铃和蜂鸣器都属于声响类的指示器件。在警报发生时，不仅需要指示灯指示出具体的故障点，还需要声响器件报警，以便告知现场人员。由于蜂鸣器的声音不大，因此一般用在控制设备上，其图形符号和实物如图 1-35(a)所示。与蜂鸣器相比，电铃的声音要大得多，因此主要用在较大场合(空间)的报警系统，其图形符号以及实物如图 1-35(b)所示。

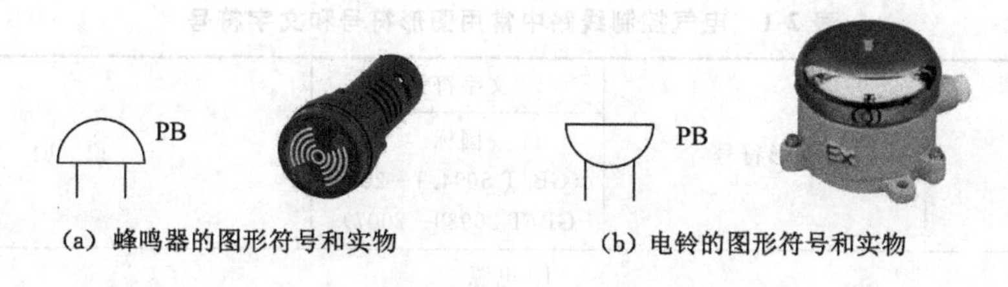

(a) 蜂鸣器的图形符号和实物　(b) 电铃的图形符号和实物

图 1-35　蜂鸣器和电铃的图形符号和实物

第2章　电气控制线路基础

电气控制线路是用导线将电动机、电器、仪表等元器件按一定的要求连接起来，并实现某种特定功能要求的电路。为了表达电气控制线路的组成结构、设计意图等，需要将电路采用统一的工程语言，即用国标规定的图形文字符号，以工程图形的形式表达出来，这种工程图形就是电气控制线路图。电气控制线路图可用于系统原理、结构分析以及电气系统的安装、调试、使用和维修。

电气控制线路图一般有三种：电气原理图、电器布置图和电气安装接线图。这3种图有其不同的用途和规定画法，应根据简明易懂的原则，采用国家标准统一规定的图形符号、文字符号和标准画法来绘制。本节先简要介绍新国标中规定的有关电气技术方面常用的文字符号和图形符号，然后依次介绍电气原理图、电器布置图和电气安装接线图的绘制。

2.1　常用电气图形符号和文字符号

电气控制线路中的图形和文字符号必须符合最新的国家标准。在综合几个最新的国家标准的基础上，经过筛选后，在表2-1中列出了一些常用的电气图形符号和文字符号。

表2-1　电气控制线路中常用图形符号和文字符号

名　称	图形符号	文字符号 国标 (GB/T 5094.1—2018 GB/T 20939—2007)	说　明
1. 电源			
正极	—	+	正极
负极	—	—	负极
中性(中性线)	—	N	中性(中性线)
中间线	—	M	中间线
直流系统 电源线	—	L+ L−	直流系统正电源线 直流系统负电源线
交流电源三相	—	L1 L2 L3	交流系统电源第一相 交流系统电源第二相 交流系统电源第三相
交流设备三相	—	U V W	交流系统设备端第一相 交流系统设备端第二相 交流系统设备端第三相

表 2-1(续)

名　称	图形符号	文字符号 国标 (GB/T 5094.1—2018 GB/T 20939—2007)	说　明
2. 接地和接机壳、等电位			
接地		XE	接地一般符号
			保护接地
			外壳接地
			屏蔽层接地
			接机壳、接底板
3. 导体和连接器件			
导线	3	WD	连线、连接、连线组： 如用单线表示一组导线时，导线的数目可标以相应数量的短斜线或一个短斜线后加导线的数字，示例为三根导线
			屏蔽导线
			绞合导线
端子		XD	连接、连接点
			端子
	水平画法		装置端子
	垂直画法		
			连接孔端子
4. 基本无源元件			
电阻		RA	电阻器一般符号
			可调电阻器

表 2-1(续)

名 称	图形符号	文字符号 国标 (GB/T 5094.1—2018 GB/T 20939—2007)	说 明
电阻	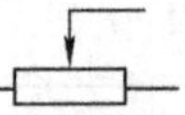	RA	带滑动触点的电位器
	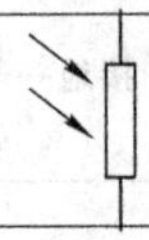		光敏电阻
电感			电感器、线圈、绕组、扼流圈
电容		CA	电容器一般符号
5. 半导体器件			
二极管	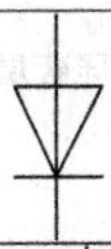	RA	半导体二极管一般符号
光电二极管	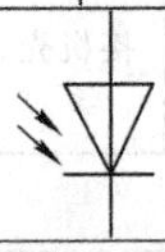		光电二极管
发光二极管	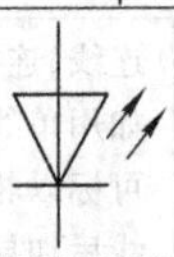	PG	发光二极管一般符号
三极晶体闸流管	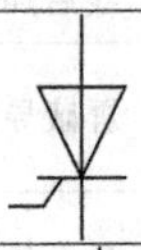	QA	反向阻断三极晶闸管,P型控制极(阴极侧受控)
			反向导通三极晶闸管,N型控制极(阳极侧受控)
			反向导通三极晶闸管,P型控制极(阴极侧受控)
	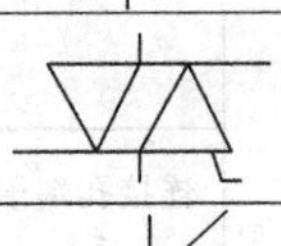		双向三极晶体闸流管
三极管	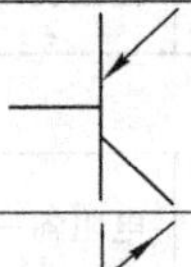	KF	PNP半导体管
	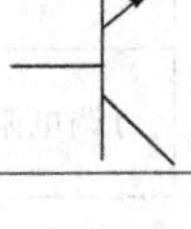		NPN半导体管

表 2-1(续)

名　称	图形符号	文字符号 国标 (GB/T 5094.1—2018 GB/T 20939—2007)	说　明
光敏三极管		KF	光敏三极管(PNP 型)
光耦合器			光耦合器 光隔离器
6. 电能的发生和转换			
电动机	*	MA 电动机 GA 发电机	电动机的一般符号，其中符号内的星号“*”用下述字母之一代替。 C:旋转变流机;G:发电动机;GS:同步发电动机;M:电动机;MG:能作为发电动机或电动机使用的电动机;MS:同步电动机
	M 3～	MA	三相鼠笼式异步电动机
	M		步进电动机
	MS 3～		三相永磁同步交流电动机
双绕组变压器	样式 1	TA	双绕组变压器 画出铁芯
	样式 2		双绕组变压器
自耦变压器	样式 1		自耦变压器
	样式 2		

表 2-1(续)

名　称	图形符号		文字符号 国标 (GB/T 5094.1—2018 GB/T 20939—2007)	说　明
电抗器			RA	扼流圈 电抗器
电流互感器	样式 1		BE	电流互感器 脉冲变压器
	样式 2			
电压互感器	样式 1			电压互感器
	样式 2			
发生器	G		GF	电能发生器一般符号 信号发生器一般符号 波形发生器一般符号
	G			脉冲发生器
蓄电池			GB	原电池、蓄电池、原电池或蓄电池组，长线代表阳极，短线代表阴极
				光电池
变换器			TB	变换器一般符号
整流器	~ =			整流器
				桥式全波整流器

表 2-1(续)

名　称	图形符号	文字符号 国标 (GB/T 5094.1—2018 GB/T 20939—2007)	说　明
变频器	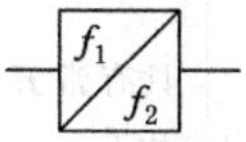	TA	变频器频率由 f_1 变到 f_2
7. 触点			
触点		KF	常开触点 本符号也可用作开关的一般符号
			常闭触点
延时动作触点	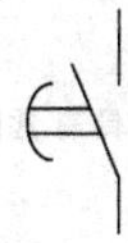		延时闭合的常开触点
	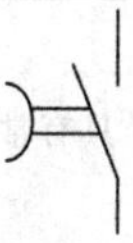		延时断开的常开触点
			延时断开的常闭触点
			延时闭合的常闭触点
8. 开关及开关部件			
单极开关		SF	手动操作开关一般符号
	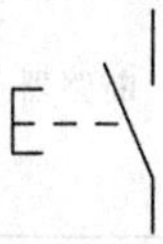		具有常开触点且自动复位的按钮
	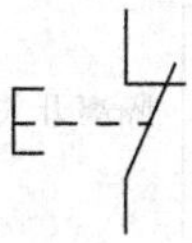		具有常闭触点且自动复位的按钮

表 2-1(续)

名 称	图形符号	文字符号 国标 (GB/T 5094.1—2018 GB/T 20939—2007)	说 明
单极开关	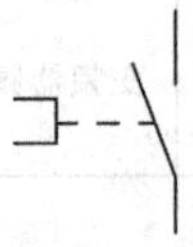	SF	具有常开触点但无自动复位的拉拨开关
	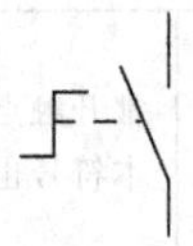		具有常开触点但无自动复位的旋转开关
	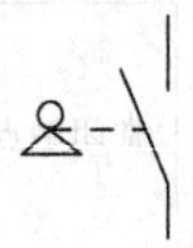		具有常开触点的钥匙开关
	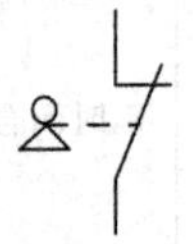		具有常闭触点的钥匙开关
位置开关		BG	具有常开触点的位置开关
	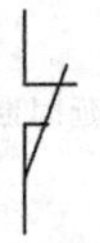		具有常闭触点的位置开关
电力开关器件	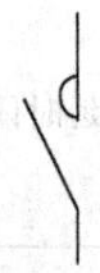	QA	接触器的主常开触点
			接触器的主常闭触点
			断路器
		QB	隔离开关

表 2-1(续)

名　称	图形符号	文字符号 国标 (GB/T 5094.1—2018 GB/T 20939—2007)	说　明
电力开关器件		QB	三极隔离开关
			负荷开关 负荷隔离开关
			具有自动释放功能的负荷开关
9. 检测传感器类开关			
开关及触点		BG	接近开关
			液位开关
	n	BS	速度继电器常开触点
		BB	热继电器常闭触点
		BT	热敏自动开关
	θ<		温度控制开关(当温度低于设定值时动作),把符号“<”改为“>”后,温度开关就表示当温度高于设定值时动作
	p>	BP	压力控制开关(当压力大于设定值时动作)

表 2-1(续)

名 称	图形符号	文字符号 国标 (GB/T 5094.1—2018 GB/T 20939—2007)	说 明
开关及触点	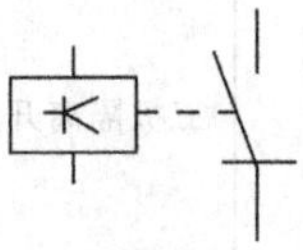	KF	固态继电器常开触点
	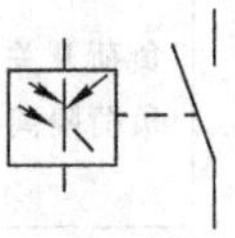		光电开关
10. 继电器操作			
线圈	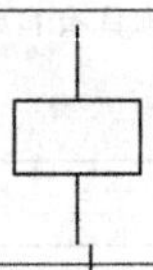	QA	接触器线圈
		MB	电磁铁线圈
		KF	电磁继电器线圈一般符号
	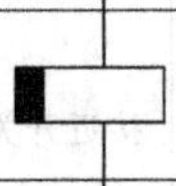		延时释放继电器的线圈
	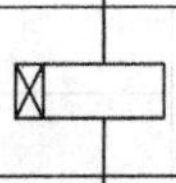		延时吸合继电器的线圈
	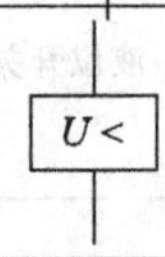 *U*＜		欠压继电器线圈,把符号“＜”改为“＞”表示过压继电器线圈
	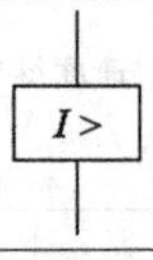 *I*＞		过流继电器线圈,把符号“＞”改为“＜”表示欠电流继电器线圈
	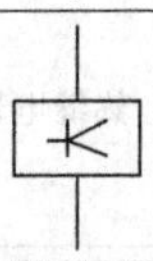		固态继电器驱动器件
	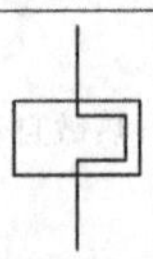	BB	热继电器驱动器件
	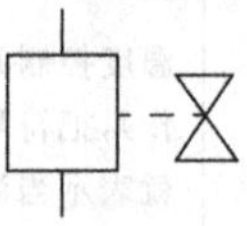	MB	电磁阀
	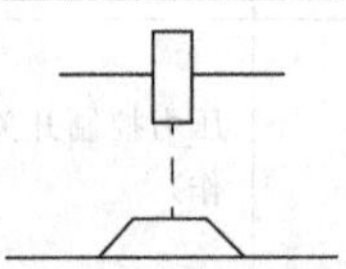		电磁制动器(处于未开动状态)

表 2-1(续)

名　称	图形符号	文字符号 国标 (GB/T 5094.1—2018 GB/T 20939—2007)	说　明
熔断器		FA	熔断器一般符号
熔断器式开关		QA	熔断器式开关
			熔断器式隔离开关
12. 指示仪表			
指示仪表	V	PG	电压表
			检流计
13. 灯和信号器件			
灯信号、器件		EA 照明灯 PG 指示灯	灯一般符号,信号灯一般符号
		PG	闪光信号灯
		PB	电铃
			蜂鸣器
14. 测量传感器及变送器			
传感器	* 或 *	B	星号可用字母代替,前者还可以用图形符号代替。尖端表示感应或进入端

表 2-1(续)

名 称	图形符号	文字符号 国标 (GB/T 5094.1—2018 GB/T 20939—2007)	说 明
变送器	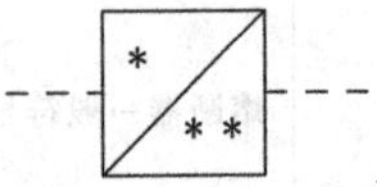 (*, ** 方框) 或 (*/** 方框) 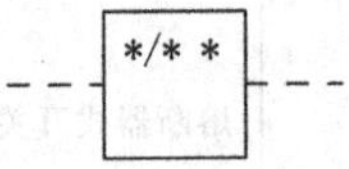	TF	星号可用字母代替,前者还可以用图形符号代替,后者用图形符号时放在下边空白处。双星号用输出量字母代替
压力变送器	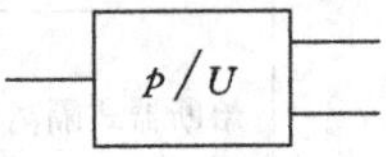 p/U	BP	输出为电压信号的压力变送器通用符号。输出若为电流信号,可把图中文字改为“p/I”。可在图中方框下部的空白处增加小图标表示传感器的类型
流量计	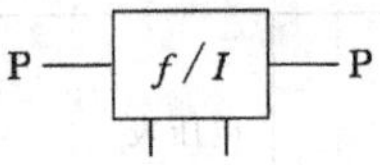 P— f/I —P	BF	输出为电流信号的流量计通用符号。输出若为电压信号,可把图中文字改为“f/U”。图中 P 的线段表示管线。可在图中方框下部的空白处增加小图标表示传感器的类型
温度变送器	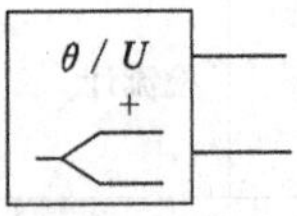 θ/U +	BT	输出为电压信号的热电偶型温度变送器。输出若为电流信号,可把图中文字改为“θ/I”。其他类型变送器可更改图中方框下部的小图标

2.2 电气原理图的绘制

根据电路工作原理用规定的图形符号绘制的图形称作原理图。在绘制过程中,采用电气元件展开的形式,利用图形符号和项目代号来表示电路各电气元件中导电部件和接线端子的连接关系及工作原理。电气原理图并不按电气元件实际布置来绘制,而是根据它在电路中所起的作用画在不同的部位上,如图 2-1 所示。由于电气原理图具有结构简单,层次分明,适合应用于分析、研究电路的工作原理等优点,所以无论在设计部门还是生产现场都得到了广泛的应用。

2.2.1 绘制电气原理图的原则

(1) 电气原理图可分为主电路和辅助电路两部分。主电路是整个电路中大电流流过的部分,主要是电源与电动机之间相连的电气元件,一般由开关(主熔断器)/断路器、接触器主触点、热继电器的热元件和电动机等组成。辅助电路是线路中除主电路以外的电路,其流过的电流较小,主要包括控制电路、照明电路、信号电路和保护电路。其中控制电路一般由按钮、指示灯、接触器辅助触点、继电器的线圈及触点、热继电器触点、保护电器触点等组成。

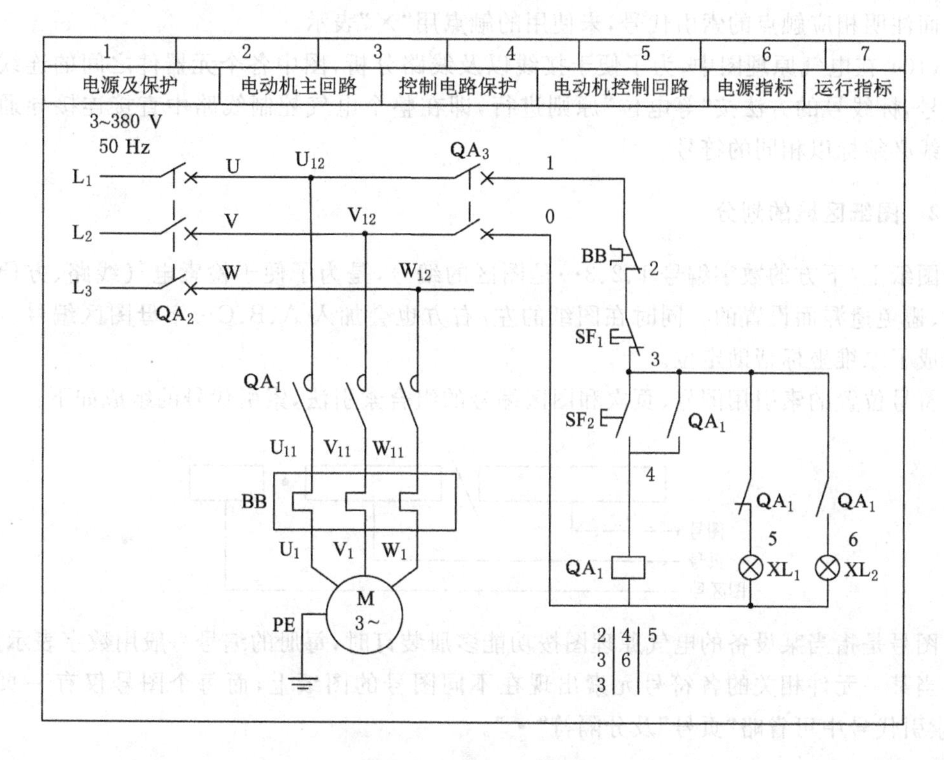

图 2-1　原理图案例

(2) 所有电气元件都应该采用国标中规定的图形符号和文字符号进行表示；如果因图面布置需要，可以将图形符号旋转绘制，一般逆时针方向旋转 90°，但文字符号不要旋转。

(3) 电气元件的布局应根据便于阅读和原理分析的原则进行排布，一般按功能进行布置，动作顺序通常从上到下、从左到右排列。主电路一般位于图纸的左侧或上方，辅助电路一般放置在图纸的右侧或下方。

(4) 当同一电气元件的不同部件(如线圈、触点)分散在不同位置时，需要将电气元件的不同部件用统一的文字符号进行标注，以表示是同一元件。对于同类器件，要在其文字符号后加数字序号来区别，如有两个继电器，可用 KF_1、KF_2 文字符号加以区别。

(5) 所有电气元件的可动部分均按没有通电或没有外力作用时的状态画出。比如：接触器和继电器的触点，按其线圈不通电时的状态画出；按钮、行程开关等主令电器触点，按未受外力作用时的状态画出；但是对于转换开关按手柄处于零位时的状态画出。

(6) 电气原理图中，应尽量减少和避免线条交叉。各导线之间有电联系时，对“T”字形连接点，在导线交叉点处可以不画实心圆点；对“十”字形连接点，必须画实心圆点。

(7) 电气原理图上应标出各个电源电路的电压、相数、频率和极性和元器件的特性，比如电阻值、电容值等，以及不常用电气元件的操作方式和功能。

(8) 在电气原理图中，动力/电源电路通常绘成水平线，受电装置及其保护电器支路一般垂直电源电路画出；控制和信号电路应垂直地绘在两条或几条水平电源线之间。

(9) 电气原理图布局好之后，应根据每个部分电路的用途与作用，在其上方进行标注；在接触器和继电器线圈的下方应列出其所有触点，说明两者间的从属关系，同时还需要在其下面注明相应触点的索引代号，未使用的触点用"×"表示。

(10) 在电气原理图中，为了便于接线以及线路分析，图中各个元器件之间的连线都标有线号，标线号的方法按"等电位"原则进行，即在整个电气控制线路中直接连接导通的所有导线必须标以相同的符号。

2.2.2 图纸区域的划分

图纸上/下方的数字编号 1、2、3…是图区的编号，是为了便于检索电气线路、方便阅读分析、避免遗漏而设置的。同时在图纸的左/右方也会加入 A、B、C…字母图区编号。这样就构成了二维坐标帮助定位。

符号位置的索引用图号、页次和图区编号的组合索引法，索引代号的组成如下：

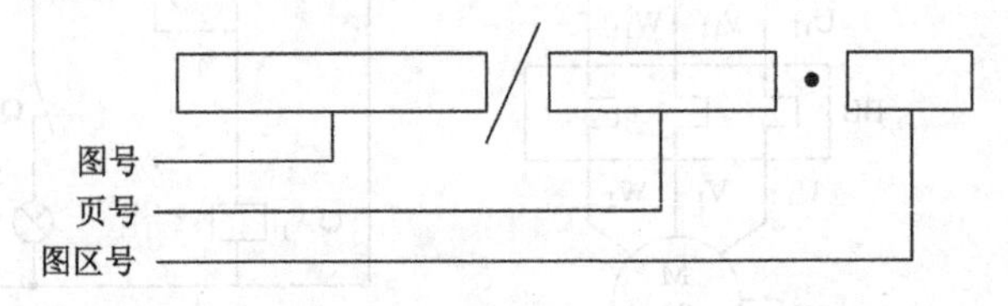

图号是指当某设备的电气原理图按功能多册装订时，每册的编号一般用数字表示。

当某一元件相关的各符号元素出现在不同图号的图纸上，而每个图号仅有一页图纸时，索引代号中可省略"页号"及分隔符"•"。

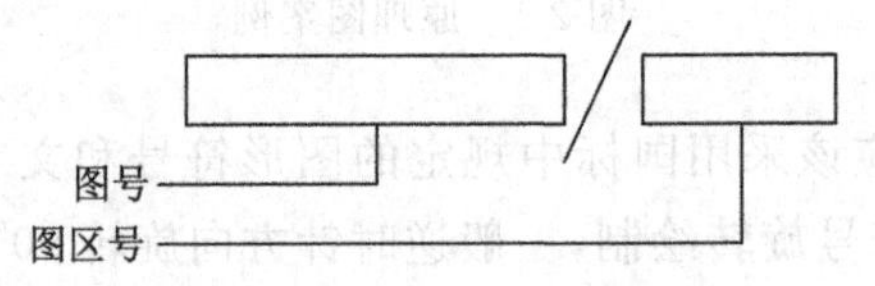

当某一元件相关的各符号元素出现在同一图号的图纸上，而该图号有几张图纸时，可省略"图号"和分隔符"/"。

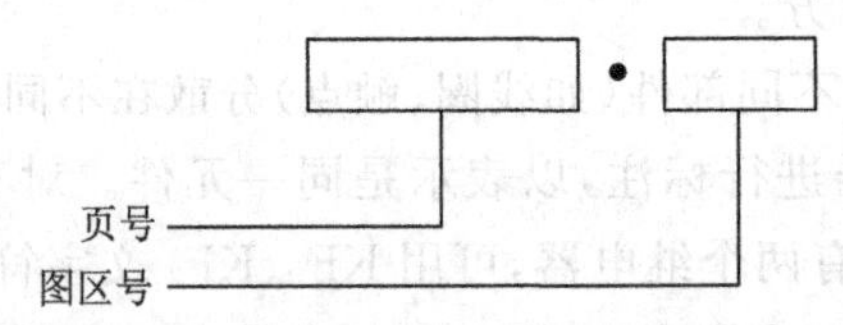

当某一元件相关的各符号元素出现在只有一张图纸的不同图区时，索引代号只用"图区号"表示。

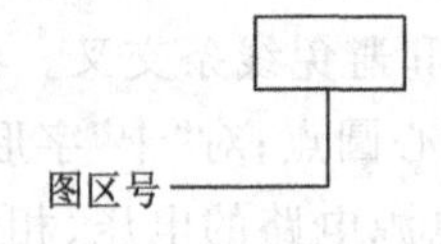

2.3 电气元件布置图

电气元件布置图用来详细表明电气原理图中各电气设备、元器件的实际安装位置，如图 2-2 所示。图中各电器代号应与有关电路图和电器清单上所有元器件代号相同。电器的安装布置必须符合安全可靠及便于接线的要求，在元器件安装固定之前应充分熟悉该元件的结构性能。元器件轮廓线用细实线或点画线表示，如有需要也可以用粗实线绘制简单的外形轮廓。

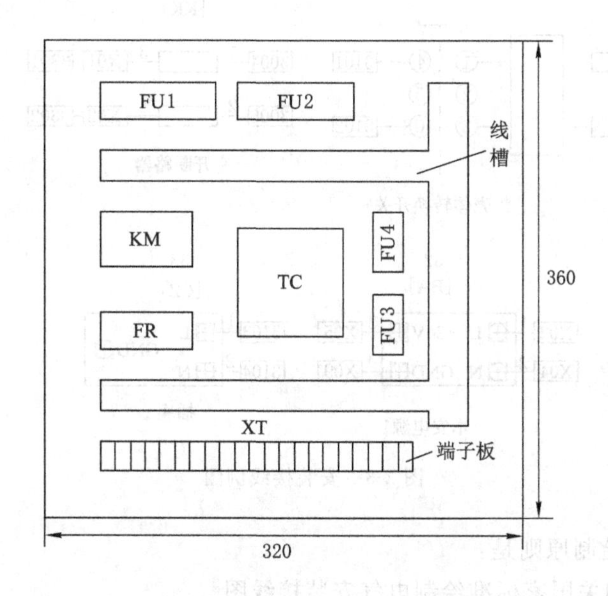

图 2-2　电气元件布置图案例

电气设备、元器件的布置应遵从以下原则：

(1) 必须遵循相关国家标准设计和绘制电气元件布置图。

(2) 体积较大、质量较大的电气设备、元器件应安装在电器安装板的下方，比如变压器、电抗器等。

(3) 容易发热的元器件应安装在电器安装板的上方或后方，便于散热，降低柜体温度。但是热继电器一般安装在接触器下面，以便于电动机和接触器连接。

(4) 强电和弱电应该分开走线，弱电须加屏蔽，以防止外界干扰。

(5) 需要经常维护、检修、调整的电气元件安装位置不宜过高或过低，以便工作人员操作。

(6) 电气元件的布置应考虑整齐、美观、对称，因此结构与外形尺寸类似的电器应布置在一起，以利于安装和走线。

(7) 电气元件布置不宜过密，应留有一定间距，为走线槽留够空间，同时也利于布线和故障维修。

2.4　安装接线图

安装接线图用来表明电气设备或装置之间的接线关系，能清楚地表明电气设备外部元件的相对位置及它们之间的电气连接，是实际安装布线的依据，如图 2-3 所示。安装接线图主要用于电气元件的安装接线、线路检查、线路维修和故障处理，通常与电气原理图和元件布置图一起使用。

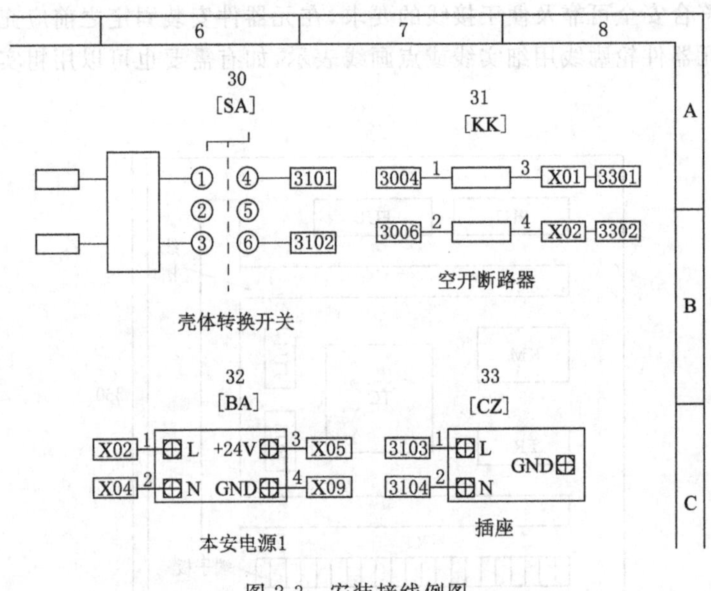

图 2-3　安装接线例图

电气接线图的绘制原则是：

(1) 必须遵循相关国家标准绘制电气安装接线图。

(2) 各电气元件均按实际安装位置给出，元件所占图面按实际尺寸以统一比例绘制，尽可能符合电气元件的实际情况。

(3) 各电气元件的图形符号和文字符号必须与电气原理图一致，并符合国家标准，同一个电气元件的各个部件，如同一个接触器的触点和线圈，必须画在一起。

(4) 各电气元件上凡是须接线的部件端子都应给出并予以编号，各接线端子的编号必须与电气原理图上的导线编号相一致。

(5) 绘制安装接线图时，走向相同、功能相同的多根导线可用单线或线束表示。画连接线时，应标明导线的规格、型号、颜色、根数等内容。

(6) 在安装接线图中，分支导线应在各电气元件接线端上接出且每一个接线端上最多允许接出两根导线。

(7) 不在同一块安装板或电气柜上的电气元件或信号的电气连接一般应通过端子排连接，并按照电气原理图中的接线编号连接。

2.5　配线工艺

2.5.1　安全距离

(1) 主回路中，根据电压等级不同，电气线路不同电位的两个裸露导体间的电气间隙和爬电距离必须满足安全距离，通常 380 V 电压等级的电气间隙≥6 mm、爬电距离≥10 mm。

(2) 二次回路中，根据电压等级不同，电气线路不同电位的两个裸露导体间的电气间隙和爬电距离必须满足安全距离，通常 220 V 电压等级的电气间隙≥4 mm，爬电距离≥

6 mm。

2.5.2　导线放线

(1) 两端子间的连接导线应选择最优路径，使其尽可能短。

(2) 截取两点间的导线长度时，应留有 100～150 mm 余量，以便接线时留出导线弧长。

(3) 剪线时应采用专用剪线钳，剪刀与导线成 90°，断口平直整齐，线芯没有钝头和弯曲。

(4) 在导线两端套上线号管，标注该导线在图纸中的标号。

2.5.3　导线敷设

(1) 主电路接线及保护地线通常采用单股硬线，并根据电机容量确定线径；控制电路、信号电路及其他辅助电路一般采用 1 mm^2 的导线进行配线。

(2) 敷设导线应横平竖直、整齐、美观，不允许走“之”字形，保证每一个端子最多接有 2 根导线，且 2 根导线的线径必须相同。

(3) 柜门电器与柜内电器互连时，必须经过端子排。

(4) 当敷设导线遇到发热元件时，应将其布置在发热元件的下方，且距离≥50 mm。

(5) 应避免控制线路从主电路中间穿过，也不允许从隔板、立柱等安装孔中穿过。

(6) 导线不能直接贴于裸露导电部件上，导线与裸露带电体间的距离应≥100 mm。

(7) 导线不能直接在带有尖角的金属边缘上进行敷设，如果遇到金属穿孔时，须在穿线孔上加嵌橡皮圈等绝缘衬套。

(8) 导线不可悬空布置，且不能承受外在的机械应力，要有适当固定；通常固定距离从起始弯曲 10 mm 处开始，固定间距为水平 150 mm，垂直 200 mm；固定方式可选择扎带、绝缘线夹、粘式定位片等。

(9) 多根导线并行敷设时，应进行包扎，具体如图 2-4 所示。一边敷设一边使用插销式扎带或卷式缠绕带进行包扎，根据元件位置依次分出所连接的导线，分支处应无鼓包现象。

2.5.4　导线的包扎

导线的包扎方式有两种：扎带包扎和缠绕管包扎。扎带包扎适用于仪表门等不易受到损伤的设备配线；缠绕管包扎适用于配电设备内部及易于受到机械或电气损伤的设备配线。

包扎导线时，对于 1.5 mm^2 线束，一般导线数量不超过 30 根，最大不超过 50 根。导线敷设过程中，应一边敷设一边包扎，根据元件位置，依次分出所连接的导线，分支处应无鼓包现象。

(1) 扎带包扎要求：导线应理顺平直，清晰分明，具体如图 2-4 所示；其中导线束内的导线不得交叉、损伤和扭结，扎带间距为 50～60 mm。

采用扎带进行包扎时，需要将过长扎带剪去，并与扎带头基本平齐；扎带头方向尽量一致，且尽可能隐藏或朝向外侧。导线束的弯曲处或分支导线的折弯处，应在紧靠弯曲的直线段分别用扎带扎住，如图 2-5 所示。

(2) 缠绕管包扎要求：与扎带包扎一样，用缠绕管包扎在内的导线不得交叉、损伤和扭结；缠扰时，应紧密不松散，且最好采用整根缠绕带；如果采用多根缠绕带，相邻两带间距不

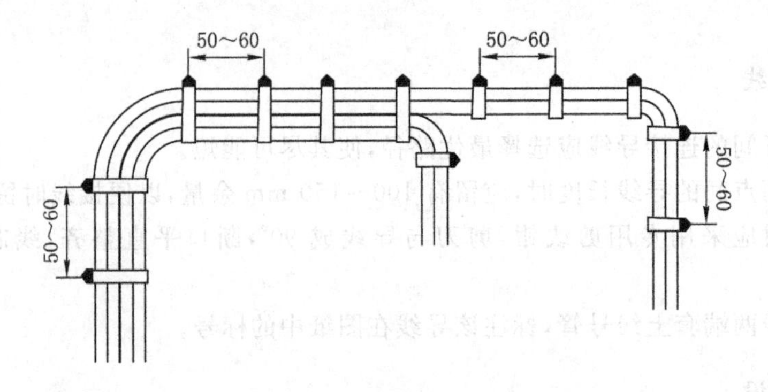

图 2-4　扎带束线示意图

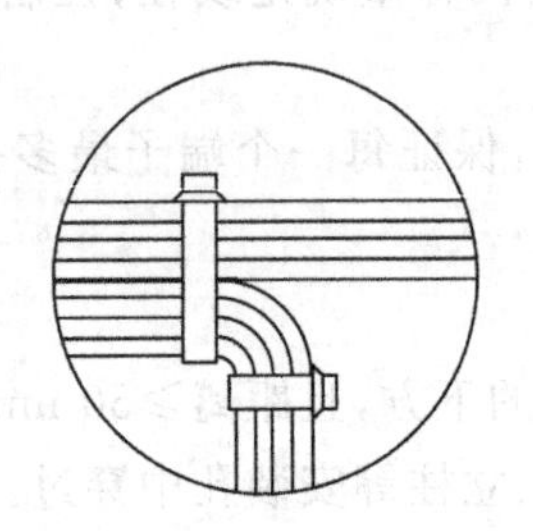
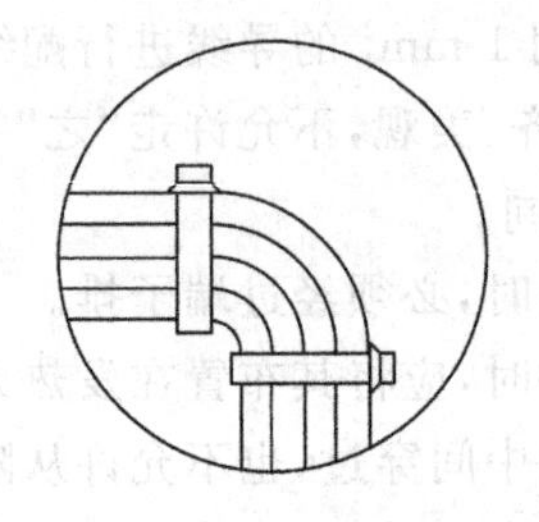
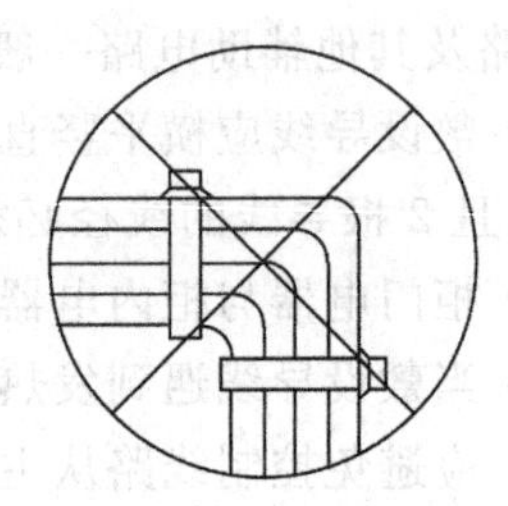

图 2-5　弯曲处扎带束线示意图

应大于 3 mm，且线束弯曲圆弧上不允许有断带搭接。

2.5.5　导线与电气元件连接

（1）导线与按钮、指示灯及电动机、变压器等相应端子连接时，要使用接线插，导线与接线插的配合具体如表 2-2 所示；导线与接触器、中间继电器、热继电器、时间继电器及熔断器等相应端子连接时，可以直接剥线（剥出 10 mm 长度左右）连接即可。

表 2-2　导线与接线插配合表

（1）预绝缘接线插与导线冷压接后的尺寸	0～1.5　0～1.5
（2）管形预绝缘接线插与导线冷压接后的尺寸	0～1.5　0～1.5
（3）裸接线插与导线冷压接后的尺寸	0～1.5　0～1.5

表 2-2(续)

(4) 触针式接线插与导线冷压接后的尺寸	0～1.5　0～1.5

(2) 导线与端子的连接应可靠牢固,不允许有松动现象,否则容易出现接触电阻过大的问题,影响导电性能。

(3) 与电气元件的连接线应尽量短,但不允许出现飞线、断线及导线拼接等现象。

2.5.6　其他注意事项

绝缘测试是电气控制柜出厂前的必要安全检查措施,可采用 500 V 兆欧表进行绝缘检测,要求各测点绝缘电阻均不得小于 0.5 MΩ。在测试过程中,应分别测试主电路各相对地、相间及控制回路对地的绝缘电阻。

第3章 常规电气控制实验

3.1 实验一——异步电动机正反转控制实验

3.1.1 实验目的

(1) 进一步理解和掌握三相异步电动机正反转控制电路的工作原理。

(2) 掌握电气互锁、按钮互锁在正反转电路中的作用和实现方法。

(3) 能够对所接电路进行检测、调试及电气故障排除。

(4) 掌握各种低压电器在实际电路中的使用和选型。

(5) 了解常用的配线工艺。

3.1.2 实验器材

本实验所需器材如表 3-1 所示。

表 3-1 实验器材

序 号	符 号	名 称	型 号	数 量
1	QA	断路器	NB1-63,3P,D10	1
2	QA	断路器	NB1-63,2P,C1	1
3	QA	接触器	CJX2-18/380/AC15,1 常开 1 常闭	2
4	BB	热继电器	JRS1-09-25/Z	1
5	SF	按钮	LA2/380,红色	1
6	SF	按钮	LA2/380,绿色	2
7	PG	指示灯	ND1-25/40/380,红色	1
8	PG	指示灯	ND1-25/40/380,绿色	2
9	M	异步电动机	3.5 kW,1 440 r/min	1
10	—	万用表	FLUKE12E+	1
11	—	工具	螺丝刀、尖嘴钳、剥线钳等	1套
12	—	辅材	导线、扎带、缠绕管、端子等	若干

3.1.3 实验要求及原理

本实验利用接触器改变电动机定子绕组的电源相序实现三相异步电动机的正反转控

制，同时具备必要的保护和指示。具体要求如下：

(1) 控制功能要求：能够实现单台电动机的正反转启动、自锁、互锁及停止；正、反转可直接切换，按下正转启动按钮后电动机正向运行，按下反转启动按钮后电动机反向运行；电路具有正反转自锁功能，保证电动机可靠连续运行；互锁功能保证正反转接触器不会同时得电吸合，避免三相短路事故的发生；在任何时候按下停止按钮，电动机都会停转，电路恢复为启动前状态。

(2) 保护功能要求：能够实现电动机主回路的短路、过载、欠压保护；具有辅助控制电路的短路保护功能。

(3) 指示功能要求：合上断路器后，要有指示灯指示电源状态；电动机启动后要有指示灯分别显示电动机处于正转运行状态还是反转运行状态（电动机顺时针转动为正转，逆时针转动为反转）。

三相异步电动机的正-反-停转主辅电路如图 3-1 所示。

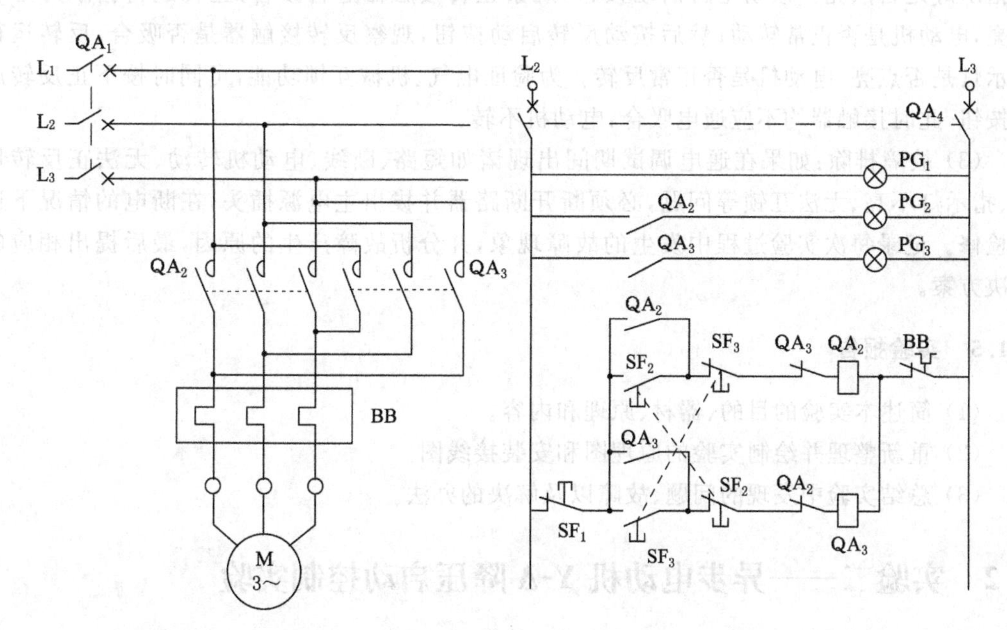

图 3-1　三相异步电动机正-反-停转控制线路

3.1.4　实验内容与步骤

1. 检测电气元件

熟悉本实验所用的电气元件，使用万用表检测其好坏。比如，触点是否能正常开断或闭合，线圈有无断线，热继电器触点是否复位等。

2. 绘制安装接线图

读懂并理解原理图 3-1，在该图中标注各接线端子的标号，并绘制出安装接线图。

3. 实验配线

接线图通过指导教师检查无误后，依照相应的工艺要求，完成电路的实际配线工作。

(1) 主电路接线：按照从上到下、从左到右的顺序，对接线图中的主电路进行接线。注意正反转接触器主触点接线时相序的改变。

(2) 控制电路接线：按照从上到下、从左到右的顺序，对接线图中的控制电路进行接线。需要注意的是：① 柜门上的电气设备要通过柜内端子排与柜内元件相连，不能有飞线。② 布线要合乎工艺要求，适当采用定位片、缠绕管和尼龙扎带等辅材进行固定、包扎，使得布局干净美观。

4. 检查所接电路并通电调试

(1) 断电检查：先设置万用表置蜂鸣挡，并将两表笔置于控制电路断路器的出线端，然后按下启动按钮或强行按下启动接触器的衔铁，此时万用表反映出的应是接触器线圈的阻抗。如果万用表显示“OL”，则表示电路不通；如果万用表蜂鸣器响，则表示控制回路短路；这两种情况都说明控制回路接线有误，需要重新检查电路并进行修改。

(2) 初步检查电路无误后，接上主电源插头，合上主电路与控制回路的断路器，观察上电指示灯是否点亮。按动正转启动按钮，观察正转接触器是否吸合，正转运行指示灯是否点亮，电动机是否正常转动；然后按动反转启动按钮，观察反转接触器是否吸合，反转运行指示灯是否点亮，电动机是否正常反转。为验证电气、机械互锁功能，可同时按下正反转启动按钮，此时接触器均不应通电吸合，电动机不转。

(3) 故障排除：如果在通电调试期间出现诸如短路、断线、电动机转动、无法正反转切换、指示灯不亮、无法互锁等问题，必须断开断路器并拔出主电源插头，在断电的情况下进行检修。记录每次实验过程中发生的故障现象，并分析故障产生的原因，最后提出相应的解决方案。

3.1.5 实验报告

(1) 简述本实验的目的、器材、原理和内容。

(2) 重新整理并绘制实验的原理图和安装接线图。

(3) 总结实验中发现的问题、故障以及解决的办法。

3.2 实验二——异步电动机 Y-Δ 降压启动控制实验

3.2.1 实验目的

(1) 进一步理解和掌握三相异步电动机 Y-Δ 降压启动的原理、作用和实现方法。

(2) 能够对所接电路进行检测、调试及电气故障排除。

(3) 掌握各种低压电气设备在实际电路中的使用和选型。

(4) 了解常用的配线工艺。

3.2.2 实验器材

本实验所需的实验器材见表 3-2。

表 3-2　实验器材

序　号	符　号	名　称	型　号	数　量
1	QA	断路器	NB1-63,3P,D10	1
2	QA	断路器	NB1-63,2P,C1	1
3	QA	接触器	CJX2-18/380/AC15,1 常开 1 常闭	3
4	KF	时间继电器	JS14P	1
5	BB	热继电器	JRS1-09-25/Z	1
6	SF	按钮	LA2/380,红色	1
7	SF	按钮	LA2/380,绿色	1
8	PG	指示灯	ND1-25/40/380,红色	1
9	PG	指示灯	ND1-25/40/380,绿色	2
10	M	异步电动机	3.5 kW,1 440 r/min	1
11	—	万用表	FLUKE12E+	1
12	—	工具	螺丝刀、尖嘴钳、剥线钳等	1 套
13	—	辅材	导线、扎带、缠绕管、端子等	若干

3.2.3　实验要求及原理

Y-Δ 降压启动是异步电动机最常用的降压启动方式，适用于正常工作时定子绕组作三角形连接的异步电动机。这种降压启动方式简便且经济，无需外围降压设备，但是启动转矩只有全压启动的三分之一，故只适用于空载或轻载启动。本实验即开展三相异步电动机 Y-Δ 降压启动实验，具体要求如下：

(1) 控制功能要求：实现单台电动机的 Y-Δ 降压启动控制。按下启动按钮后，电动机先将定子绕组接成 Y 形进行降压启动，同时定时器开始计时，经过 5 s 后，自动将绕组接成 Δ 形进行连续全压运行。在任何情况下，按下停止按钮，都能让电动机停转，且电路恢复到启动前状态。

(2) 保护功能要求：能够实现电动机主回路的短路、过载、欠压保护；控制电路具有短路保护功能。

(3) 指示功能要求：合上断路器后，要有指示灯指示电源状态；要有指示灯分别显示电动机处于降压启动状态还是全压连续运行状态。

三相异步电动机 Y-Δ 降压启动主辅电路如图 3-2 所示。

3.2.4　实验内容与步骤

1. 检测电气元件

熟悉本实验所用的电气元件，使用万用表检测元件的好坏。比如，触点是否能正常开断或闭合，线圈有无断线，热继电器触点是否复位等。

2. 绘制安装接线图

读懂并理解原理图 3-2，在该图中标注各接线端子的标号，并绘制出安装接线图。

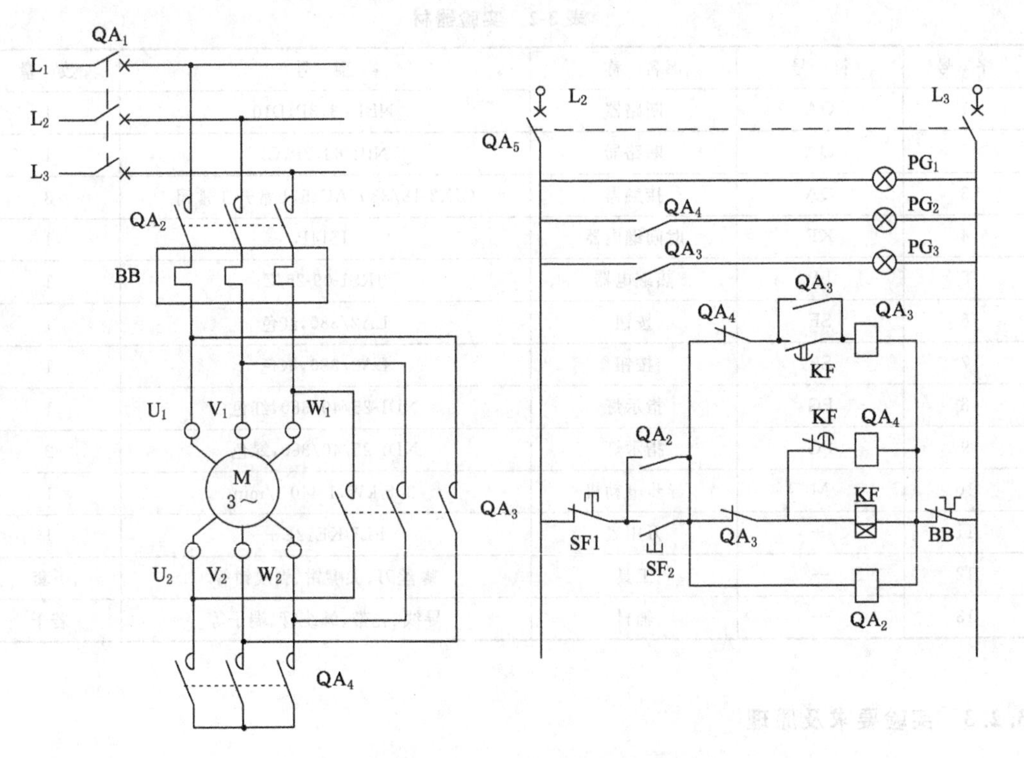

图 3-2　三相异步电动机 Y-△降压启动控制线路

3. 实验配线

接线图通过指导教师检查无误后，依照相应的工艺要求，完成电路的实际配线工作。

(1) 主电路接线：按照从上到下、从左到右的顺序，对接线图中的主电路完成接线。注意正反转接触器主触点接线时相序的改变。

(2) 控制电路接线：按照从上到下、从左到右的顺序，对接线图中的控制电路完成接线。需要注意的是：① 柜门上的电气元件要通过柜内端子排与柜内元件相连，不能有飞线。② 布线要满足工艺要求，适当采用定位片、缠绕管和尼龙扎带等辅材进行固定、包扎，使得布局干净美观。

4. 检查所接电路，并通电调试

(1) 断电检查：先设置万用表置蜂鸣挡，并将两表笔置于控制电路断路器的出线端；然后按下启动按钮或强行按下启动接触器的衔铁，此时万用表反映出的应是接触器线圈的阻抗。如果万用表显示“OL”，则表示电路不通；如果万用表蜂鸣器响，则表示控制回路短路；这两种情况都说明控制回路接线有误，需要重新检查电路并进行修改。

(2) 初步检查电路无误后，接上主电源插头，合上主电路与控制回路的断路器，观察上电指示灯是否点亮。按动启动按钮，观察 Y 形降压接触器是否吸合，降压启动指示灯是否点亮，电动机是否正常启动，时间继电器是否开始计时；然后等待 5 s 后，观察降压运行接触器是否断开，全压运行接触器是否吸合，全压运行指示灯是否点亮，电动机是否可以正常运行。

(3) 故障排除：如果在通电调试期间出现诸如短路、断线、电动机转动、指示灯不亮、无法互锁等问题，必须断开断路器并拔出主电源插头，在断电的情况下进行检修。记录每次实验过程中发生的故障现象，并分析故障产生的原因，最后提出相应的解决方案。

3.2.5 实验报告

(1) 简述本实验的目的、所需器材、原理和内容。

(2) 重新整理并绘制实验的原理图和安装接线图。

(3) 总结实验中发现的问题、故障以及解决的办法。

3.3 实验三——异步电动机自耦变压器降压启动控制实验

3.3.1 实验目的

(1) 进一步理解和掌握三相异步电动机自耦变压器降压启动控制电路的工作原理、作用和实现方法。

(2) 能够对所接电路进行检测、调试及电气故障排除。

(3) 掌握各种低压电器在实际电路中使用和选型。

(4) 了解常用的配线工艺。

3.3.2 实验器材

本实验所需的实验器材如表3-3所示。

表3-3 实验器材

序号	符号	名称	型号	数量
1	QA	断路器	NB1-63,3P,D10	1
2	QA	断路器	NB1-63,2P,C1	1
3	QA	接触器	CJX2-18/380/AC15,1常开1常闭	3
4	KF	时间继电器	JS14P	1
5	KF	中间继电器	JZC4-22	1
6	BB	热继电器	JRS1-09-25/Z	1
7	SF	按钮	LA2/380,红色	1
8	SF	按钮	LA2/380,绿色	1
9	PG	指示灯	ND1-25/40/380,红色	1
10	PG	指示灯	ND1-25/40/380,绿色	2
11	M	异步电动机	3.5 kW,1 440 r/min	1
12	T	自耦变压器	QZB-J-14/380	1
13	—	万用表	FLUKE12E+	1
14	—	工具	螺丝刀、尖嘴钳、剥线钳等	1套
15	—	辅材	导线、扎带、缠绕管、端子等	若干

3.3.3 实验要求及原理

在生产实践中，由于大容量笼形异步电动机的启动电流很大，会引起电网电压降低，而且还会影响同一供电网络中其他设备的正常工作，所以大容量异步电动机的启动电流需要限制在一定的范围内，不允许直接启动。一般规定启动时供电母线上的电压降不得超过额定电压的10％～15％；启动时变压器的短时过载不超过最大允许值，即电动机的最大容量不得超过变压器容量的20％～30％。

自耦变压器降压启动就是把三相交流电源接入自耦变压器的一次侧，电动机的定子绕组接到自耦变压器的二次侧，电动机启动时得到的电压低于电源的额定电压，从而达到限制启动电流的目的。当电动机的转速达到一定值时，自耦变压器与电路脱开，电动机全压运行。自耦变压器降压启动适用于正常工作时定子绕组接成星形或三角形的较大容量的电动机；可以根据不同的场合需要，改变自耦变压器的变压比，改变电动机的启动电流，但该启动方式价格昂贵，且不允许频繁启动。本实验开展三相异步电动机自耦变压器降压启动实验，具体要求如下：

(1) 控制功能要求：实现单台电动机的自耦变压器定时降压启动控制；按下启动按钮后，自耦变压器采用80％抽头或20％抽头对电动机进行降压启动控制，经过5 s后，自动脱开自耦变压器使电机全压连续运行。此外，为了防止出现短路故障，对自耦降压接触器和全压运行接触器进行电气互锁。所设计的电路，在任何时候按下停止按钮，都能让电动机停转，且电路恢复为启动前状态。

(2) 保护功能要求：能够实现电动机主回路的短路、过载、欠压保护；控制电路具有短路保护功能。

(3) 指示功能要求：合上断路器后，要有指示灯指示电源状态；也要有指示灯分别显示电动机处于降压运行状态还是全压运行状态。

三相异步电动机的自耦变压器定时降压启动主辅电路如图3-3所示。

3.3.4 实验内容与步骤

1. 检测电气元件

熟悉本实验所用的电气元件，使用万用表检测其好坏。比如，触点是否能正常开断或闭合，线圈有无断线，热继电器触点是否复位等。

2. 绘制安装接线图

读懂并理解原理图3-3，在该图中标注各接线端子的标号，并绘制出安装接线图。

3. 实验配线

接线图通过指导教师检查无误后，依照相应的工艺要求，完成电路的实际配线工作。

(1) 主电路接线：按照从上到下、从左到右的顺序，对接线图中的主电路完成接线。注意正反转接触器主触点接线时相序的改变。

(2) 控制电路接线：按照从上到下、从左到右的顺序，对接线图中的控制电路完成接线。需要注意的是：① 柜门上的电器要通过柜内端子排与柜内元件相连，不能有飞线。② 布线要满足工艺要求，适当采用定位片、缠绕管和尼龙扎带等辅材，进行固定、包扎，使得布局干

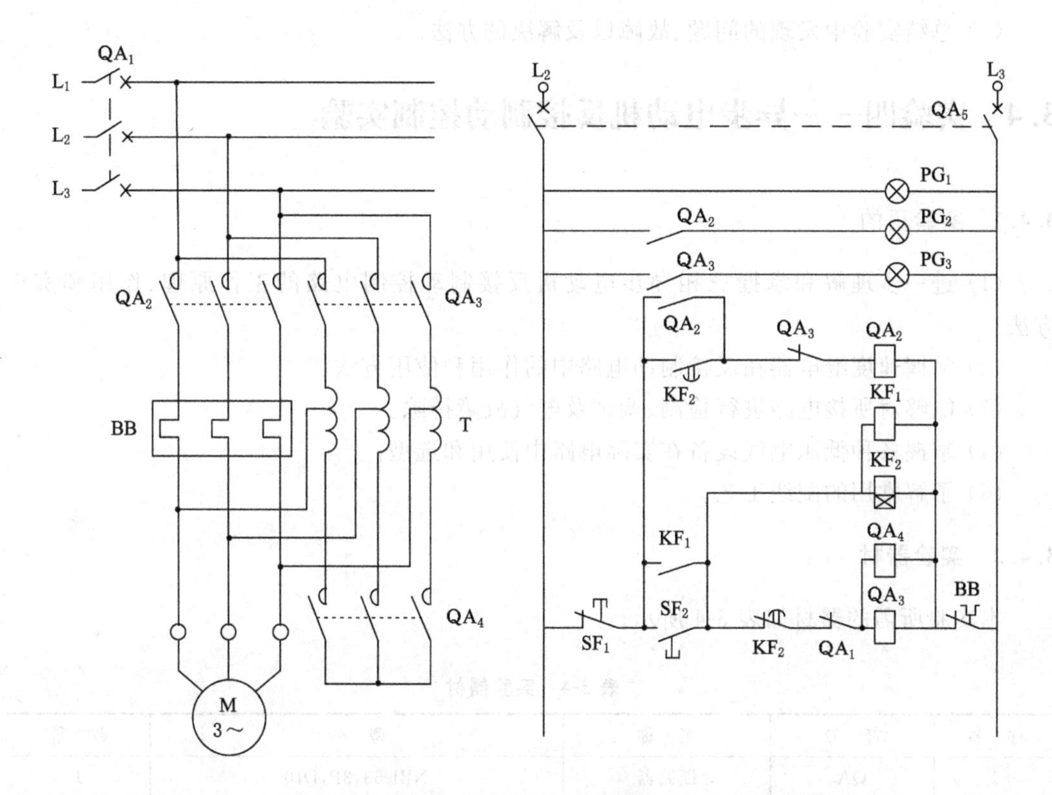

图 3-3　三相异步电动机自耦变压器降压启动控制线路

净美观。

4. 检查所接电路，并通电调试

(1) 断电检查：先设置万用表置蜂鸣挡，并将两表笔置于控制电路断路器的出线端；然后按下启动按钮或强行按下启动接触器的衔铁，此时万用表反映出的应是接触器线圈的阻抗。如果万用表显示“OL”，则表示电路不通；如果万用表蜂鸣器响，则表示控制回路短路；这两种情况都说明控制回路接线有误，需要重新检查电路并进行修改。

(2) 初步检查电路无误后，接上主电源插头，合上主电路与控制回路的断路器，观察上电指示灯是否点亮。按动启动按钮，观察降压启动接触器 QA_3 和 QA_4 是否正常吸合，降压启动指示灯是否点亮，电动机是否正常启动，时间继电器是否开始计时；然后等待 5s 后，观察降压运行接触器是否断开，全压运行接触器 QA_2 是否吸合，全压运行指示灯是否点亮，电动机是否正常运行。

(3) 故障排除：如果在通电调试期间出现诸如短路、断线、电动机转动、指示灯不亮、无法互锁等问题，必须断开断路器并拔出主电源插头，在断电的情况下进行检修。记录每次实验过程中发生的故障现象，并分析故障产生的原因，最后提出相应的解决方案。

3.3.5　实验报告

(1) 简述本实验的目的、器材、原理和内容。

(2) 重新整理并绘制实验的原理图和安装接线图。

(3) 总结实验中发现的问题、故障以及解决的办法。

3.4 实验四——异步电动机反接制动控制实验

3.4.1 实验目的

(1) 进一步理解和掌握三相异步电动机反接制动控制电路的工作原理、作用和实现方法。

(2) 掌握速度继电器在反接制动电路中的作用和使用方法。

(3) 能够对所接电路进行检测、调试及电气故障排除。

(4) 掌握各种低压电气设备在实际电路中使用和选型。

(5) 了解常用的配线工艺。

3.4.2 实验器材

本实验所需的器材如表 3-4 所示。

表 3-4 实验器材

序号	符号	名称	型号	数量
1	QA	断路器	NB1-63,3P,D10	1
2	QA	断路器	NB1-63,2P,C1	1
3	QA	接触器	CJX2-18/380/AC15,1 常开 1 常闭	2
4	KF	速度继电器	JY1	1
5	BB	热继电器	JRS1-09-25/Z	1
6	SF	按钮	LA2/380,红色	1
7	SF	按钮	LA2/380,绿色	1
8	PG	指示灯	ND1-25/40/380,红色	1
9	PG	指示灯	ND1-25/40/380,绿色	2
10	M	异步电动机	3.5 kW,1 440 r/min	1
11	T	自耦变压器	QZB-J-14/380	1
12	—	万用表	FLUKE12E+	1
13	—	工具	螺丝刀、尖嘴钳、剥线钳等	1 套
14	—	辅材	导线、扎带、缠绕管、端子等	若干

3.4.3 实验要求及原理

三相异步电动机从定子绕组断电到完全停转需要一定的时间。为适应某些生产工艺需求,要求电动机能快速制动停转,从而缩短辅助时间,提高生产率。三相异步电动机的制动方法主要有机械制动和电气制动两种。本实验采用电气制动,其主要思路是让电动机产生一个与其实际转向相反的电磁转矩即制动转矩,使其迅速停转。其中反接制动是常用的方法，其实质是改变异步电动机定子绕组中的三相电源相序，产生与转子转动方向相反的转矩，迫使电动机迅速停转。本实验即开展三相异步电动机反接制动控制实验，具体要求如下：

(1) 控制功能要求：实现单台异步电动机的单向反接制动控制；按下启动按钮后，电动机启动并自锁；按下停止按钮，电动机进入反接制动状态，迫使电动机迅速停转，电路恢复为启动前状态。

(2) 保护功能要求：能够实现电动机主回路的短路、过载、欠压保护；控制电路具有短路保护功能。

(3) 指示功能要求：合上断路器后，要有指示灯指示电源状态；要有指示灯显示电动机处于运行还是反接制动状态。

三相异步电动机的单向反接制动控制电路如图3-4所示。由于反接制动时，转子与定子旋转磁场的相对速度为两倍同步转速，所以定子绕组中流过的反接制动电流相当于全压直接启动时电流的两倍。为此，一般在10 kW以上电动机反接制动时，应在主电路中串联一定的电阻，以限制反接制动电流。反接制动的关键在于电动机电源相序反相后，当转速下降到接近于零时，控制电路能自动将电源切断，以免反向启动。因此采用了速度继电器来检测电动机的转速变化，在120～3 000 r/min范围内速度继电器触头动作，当转速低于100 r/min时，其触头恢复原位。

3.4.4　实验内容与步骤

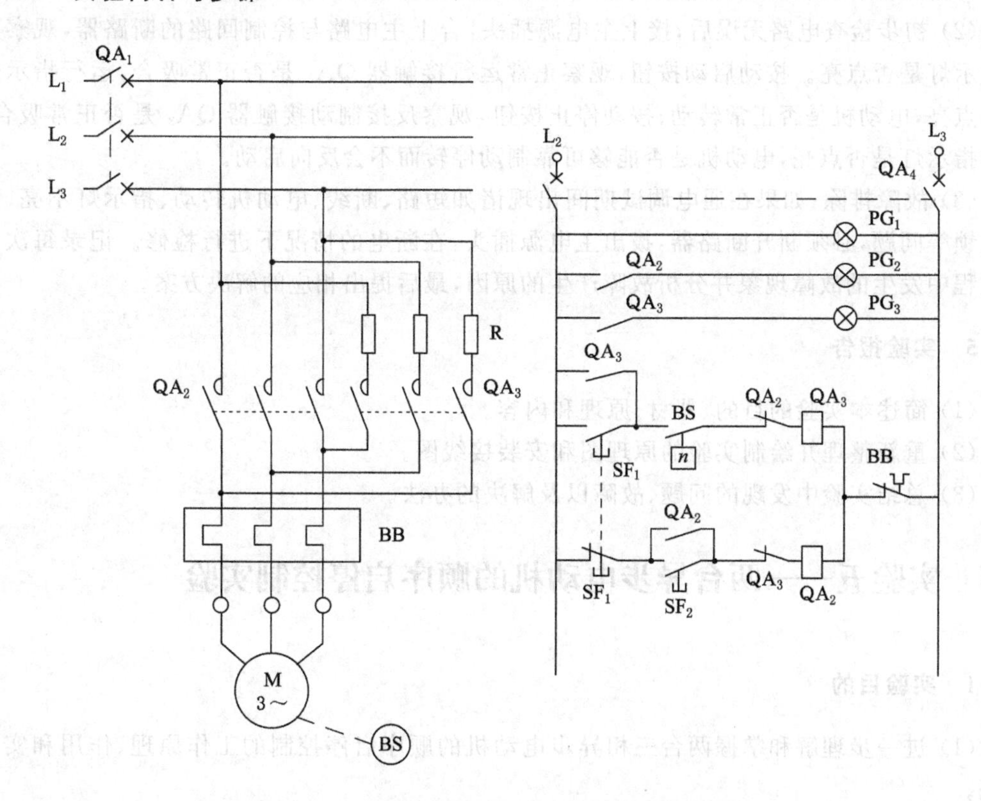

图3-4　三相异步电动机单向反接制动控制线路

1. 检测电气元件

熟悉本实验所用的电气元件，使用万用表检测其好坏。比如，触点是否能正常开断或闭合，线圈有无断线，热继电器触点是否复位等。

2. 绘制安装接线图

读懂并理解原理图 3-4，在该图中标注各接线端子的标号，并绘制出安装接线图。

3. 实验配线

接线图通过指导教师检查无误后，依照相应的工艺要求，完成电路的实际配线工作。

(1) 主电路接线：按照从上到下、从左到右的顺序，对接线图中的主电路进行接线。注意正反转接触器主触点接线时相序的改变。

(2) 控制电路接线：按照从上到下、从左到右的顺序，对接线图中的控制电路完成接线。需要注意的是：① 柜门上的电气设备要通过柜内端子排与柜内元件相连，不能有飞线。② 布线要合乎工艺要求，适当采用定位片、缠绕管和尼龙扎带等辅材进行固定、包扎，使得布局干净美观。

4. 检查所接电路，并通电调试

(1) 断电检查：先设置万用表置蜂鸣挡，并将两表笔置于控制电路断路器的出线端；然后按下启动按钮或强行按下启动接触器的衔铁，此时万用表反映出的应是接触器线圈的阻抗。如果万用表显示“OL”，则表示电路不通；如果万用表蜂鸣器响，则表示控制回路短路；这两种情况都有说明控制回路接线有误，需要重新检查电路并进行修改。

(2) 初步检查电路无误后，接上主电源插头，合上主电路与控制回路的断路器，观察上电指示灯是否点亮。按动启动按钮，观察正常运行接触器 QA_2 是否正常吸合，运行指示灯是否点亮，电动机是否正常转动；按动停止按钮，观察反接制动接触器 QA_3 是否正常吸合，制动指示灯是否点亮，电动机是否能够可靠制动停转而不会反向启动。

(3) 故障排除：如果在通电调试期间出现诸如短路、断线、电动机转动、指示灯不亮、无法互锁等问题，必须断开断路器，拔出主电源插头，在断电的情况下进行检修。记录每次实验过程中发生的故障现象并分析故障产生的原因，最后提出相应的解决方案。

3.4.5 实验报告

(1) 简述本实验的目的、器材、原理和内容。

(2) 重新整理并绘制实验的原理图和安装接线图。

(3) 总结实验中发现的问题、故障以及解决的办法。

3.5 实验五——两台异步电动机的顺序启停控制实验

3.5.1 实验目的

(1) 进一步理解和掌握两台三相异步电动机的顺序启停控制的工作原理、作用和实现方法。

(2) 掌握时间继电器在顺序启停控制电路中的作用和使用方法。

(3) 能够对所接电路进行检测、调试及电气故障排除。

(4) 掌握各种低压电气设备在实际电路中使用和选型。

(5) 了解常用的配线工艺。

3.5.2 实验器材

本实验所需的实验器材如表 3-5 所示。

表 3-5　实验器材

序　号	符　号	名　称	型　号	数　量
1	QA	断路器	NB1-63,3P,D10	2
2	QA	断路器	NB1-63,2P,C1	1
3	QA	接触器	CJX2-18/380/AC15,1 常开 1 常闭	2
4	BB	热继电器	JRS1-09-25/Z	2
5	KF	时间继电器	JS14P	1
6	KF	中间继电器	JZC4-22	1
7	SF	按钮	LA2/380,红色	1
8	SF	按钮	LA2/380,绿色	1
9	PG	指示灯	ND1-25/40/380,红色	1
10	PG	指示灯	ND1-25/40/380,绿色	2
11	M	异步电动机	3.5 kW,1 440 r/min	2
12	—	万用表	FLUKE12E+	1
13	—	工具	螺丝刀、尖嘴钳、剥线钳等	1 套
14	—	辅材	导线、扎带、缠绕管、端子等	若干

3.5.3 实验要求及原理

在装有多台电动机的设备上,由于每台电动机所起的作用不同,电动机的启动顺序也不同。当需要某台电动机先运行一段时间后,另一台电动机方可启动,而后启动的电动机停止一段时间后,先启动的电动机方可停止,也就是对控制线路有按顺序工作的连锁要求,以保证生产过程的安全。本实验开展两台三相异步电动机的顺序启停控制实验,具体要求如下:

(1) 控制功能要求:实现两台电动机顺序启停控制;按下启动按钮后电动机 A 先投入运行并自锁,经过 5 s 后,另一台电动机 B 才可以投入运行并自锁;在电动机 B 退出运行后,经过 5 s 后,电动机 A 才能退出运行。

(2) 保护功能要求:能够实现电动机主回路的短路、过载、欠压保护;控制电路具有短路保护功能;若任意一台电动机过载,两台电动机将同时停止工作。

(3) 指示功能要求:合上断路器后,要有指示灯指示电源状态;要有指示灯分别显示电动机 A 和 B 处于运行状态。

两台三相异步电动机顺序启停控制电路原理图如图 3-5 所示。

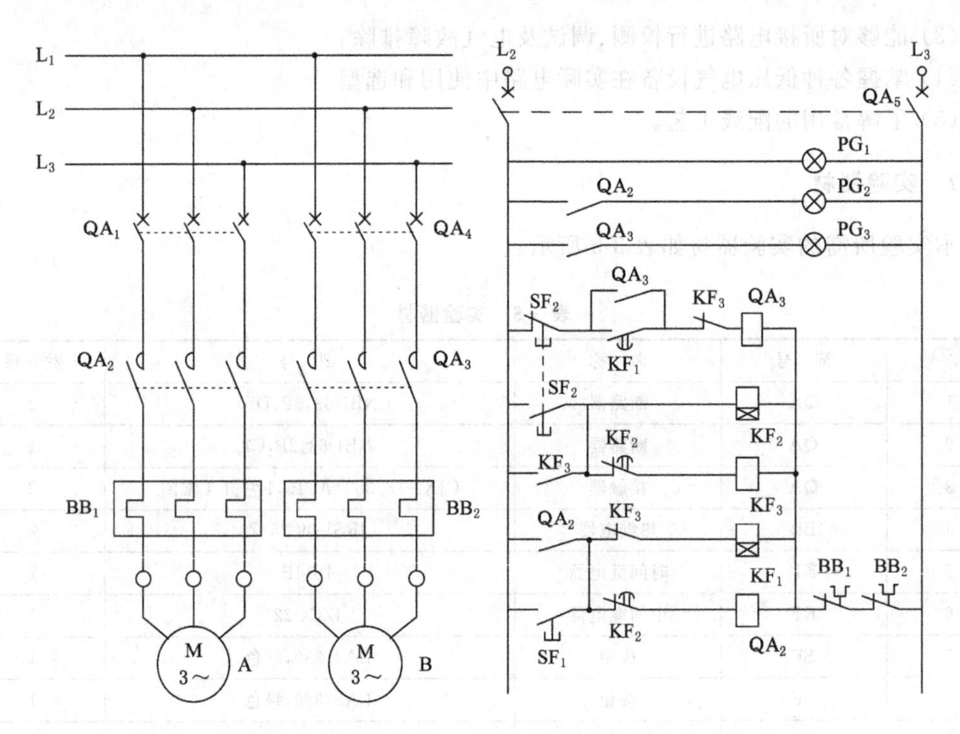

图 3-5　两台三相异步电动机顺序启停控制线路

3.5.4　实验内容与步骤

1. 检测电气元件

熟悉本实验所用的电气元件，使用万用表检测其好坏。比如，触点是否能正常开断或闭合，线圈有无断线，热继电器触点是否复位等。

2. 绘制安装接线图

读懂并理解原理图 3-5，在该图中标注各接线端子的标号，并绘制出安装接线图。

3. 实验配线

接线图通过指导教师检查无误后，依照相应的工艺要求，完成电路的实际配线工作。

(1) 主电路接线：按照从上到下、从左到右的顺序，对接线图中的主电路进行接线。注意正反转接触器主触点接线时相序的改变。

(2) 控制电路接线：按照从上到下、从左到右的顺序，对接线图中的控制电路进行接线。需要注意的是：① 柜门上的电气元件要通过柜内端子排与柜内元件相连，不能有飞线。② 布线要满足工艺要求，适当采用定位片、缠绕管和尼龙扎带等辅材进行固定、包扎，使得布局干净美观。

4. 检查所接电路，并通电调试

(1) 断电检查：先设置万用表置蜂鸣挡，并将两表笔置于控制电路断路器的出线端；然后按下启动按钮或强行按下启动接触器的衔铁，此时万用表反映出的应是接触器线圈的阻抗。如果万用表显示“OL”，则表示电路不通；如果万用表蜂鸣器响，则表示控制回路短路；

这两种情况都有说明控制回路接线有误，需要重新检查电路并进行修改。

（2）初步检查电路无误后，接上主电源插头，合上主电路与控制回路的断路器，观察上电指示灯是否点亮。按动启动按钮，观察接触器 QA_2 是否吸合，时间继电器 KF_1 是否开始计时，电动机 A 是否按正常运行，电动机 A 运行指示灯是否点亮；经 5 s 后，观察接触器 QA_3 是否吸合，另一台电动机 B 是否正常投入运行，电动机 B 运行指示灯是否点亮。按下停止按钮，观察接触器 QA_3 是否断电，电动机 B 是否退出运行，电动机 B 运行指示灯是否熄灭，时间继电器 KF_2 是否开始计时；经 5 s 后，观察接触器 QA_2 是否断电，电动机 A 是否退出运行，电动机 A 运行指示灯是否熄灭。

（3）故障排除：如果在通电调试期间出现诸如短路、断线、电动机转动、指示灯不亮、无法互锁等问题，必须断开断路器并拔出主电源插头，在断电的情况下进行检修。记录每次实验过程中发生的故障现象并分析故障产生的原因，最后提出相应的解决方案。

3.5.5　进阶实验

根据以下要求自行设计电路原理图、安装接线图，并完成相应的配线、通电调试工作。

（1）功能要求：① 有两台电动机 M_1 和 M_2，M_1 运行 5 s 后 M_2 自动运行，M_2 启动后 M_1 自动停止；② M_2 既可点动又可长动，并且 M_2 运行（点动或长动）时，M_1 必须停止；③ 按下停止按钮，正在运行的电动机都会停转，电路恢复为启动前状态。

（2）保护功能要求：实现电动机过载保护、主电路和辅助电路的短路保护功能。

（3）指示功能要求：合上断路器后，要有指示灯指示电源状态；还要分别有 M_1 运行指示和 M_2 运行指示。

3.5.6　实验报告

（1）简述本实验的目的、器材、原理和内容。

（2）重新整理并绘制实验的原理图和安装接线图。

（3）绘制进阶实验的原理图和安装接线图并描述设计思路。

（4）总结实验中发现的问题、故障以及解决的办法。

第 4 章　西门子 MM440 变频器

4.1　西门子 MM440 变频器概述

西门子变频器产品包括标准变频器和大型变频器。标准变频器主要包括 MM3 系列、MM4 系列和电动机变频器一体化装置 3 大类。其中，MM3 系列包括 MMV 矢量型变频器、ECO 节能型变频器和 MM 基本型变频器 3 个品种；MM4 系列包括 MM440 矢量型变频器、MM430 节能型变频器、MM420 基本型变频器和 MM410 紧凑型变频器 4 个品种。西门子大型变频器主要包括 SIMOVERT MV、SIMOVERTS、6SE70 等系列。目前，在中国市场上，西门子的主要变频器机型是 MM420、MM440、6SE70 系列。

MM440 矢量型变频器是全新一代多功能标准变频器，它采用高性能的矢量控制技术，提供低速高转矩输出和良好的动态特性，同时具备超强的过载能力，能广泛应用多种场合。

4.1.1　西门子 MM440 变频器的规格

西门子 MM440 变频器规格尺寸有 6 种：A～F 型，其中具有代表性的 A 型、B 型的外形如图 4-1 所示。

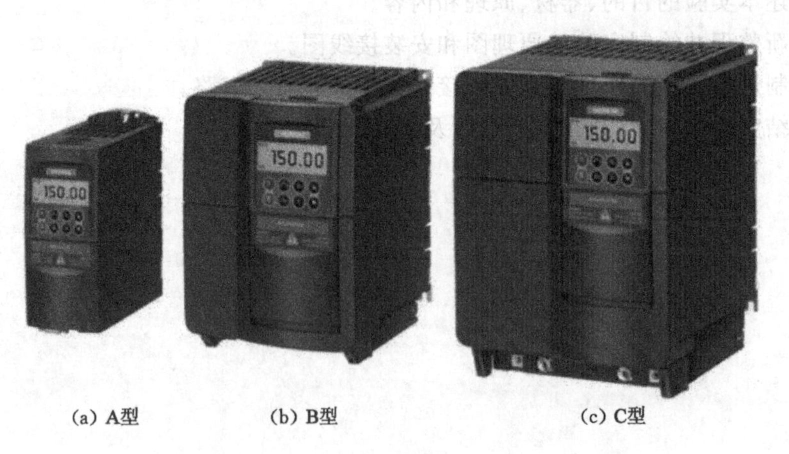

(a) A型　　(b) B型　　(c) C型

图 4-1　西门子 MM440 变频器 A 型、B 型和 C 型的外形

MM440 变频器的具体尺寸和功率范围如表 4-1 所列。

表 4-1　西门子 MM440 变频器尺寸及额定功率范围

规格型号	箱体尺寸(宽×高×深)/(mm×mm×mm)	额定功率范围/kW
A 型	73×173×149	0.12～1.5
B 型	149×202×172	1.1～4.0
C 型	185×245×195	3.0～11.0
D 型	275×520×245	7.5～22.0
E 型	275×650×245	18.5～37.0
F 型	350×850×320	30.0～75.0

4.1.2　西门子 MM440 变频器的特点

西门子 MM440 变频器由微处理器控制，采用全控型功率器件 IGBT，具有很高的可靠性和功能多样性。由于其脉宽调制的开关频率是可选的，因而可降低电动机的运行噪声。MM440 变频器通过设置不同的参数可用于不同的电动机控制系统，不但适用于单机驱动系统，也可集成到自动化系统中。同时该变频器还具有完善的保护功能，可为电动机驱动系统提供良好的保护。因此，MM440 变频器在中国市场广受欢迎，其主要特点如下：

1. 机械特点

(1) 易于安装和调试。

(2) 模块化设计，配置非常灵活。

(3) 工作温度：0.12～75 kW 时为－10～＋50 ℃；90～200 kW 时为 0～＋40 ℃。

(4) 功率密度高，外壳结构紧凑。

(5) 可拆卸式操作面板、I/O 板，且无螺钉控制端子。

2. 性能特点

(1) 采用最新 IGBT 技术和 32 位高性能数字式微处理器。

(2) 具有多种控制功能：高性能矢量控制、磁通电流控制(FCC)、线性 v/f 控制、平方 v/f 控制、可编程多点设定 v/f 控制等。

(3) 在电源消失或故障时具有“自动再启动”功能。

(4) 具有灵活的斜坡函数发生器，带有起始段和结束段的平滑特性。

(5) 具有快速电流限制(FCL)，防止运行中不应有的跳闸。

(6) 宽电源频率输入 47～63 Hz；宽变频频率 0～650 Hz。

(7) 内置 PID 控制器，参数自整定。

(8) 固定频率 15 个，可编程；跳越频率 4 个，可编程。

(9) PWM 频率：2～16 kHz(每级改变量为 2 kHz)。

(10) 过载能力(恒转矩)：150%负载过载能力，5 min 内持续时间 60 s；200%负载过载能力，1 min 内持续时间 3 s。

(11) 集成多路输入/输出(I/O)通道:6 路带隔离的数字量输入通道,可由用户定义其功能,并可切换为高/低电平有效(PNP/NPN);2 路模拟量输入通道,其中信号形式可选 0~10 V、0~20 mA或-10~+10 V,如果这两路作为模拟量输入,可作为第 7 个、第 8 个数字量输入通道;3 路继电器输出通道,其外加电压 DC30V/5A(电阻性负载)或 AC250V/2A(电感性负载);2 路模拟量输出通道,可由用户编程输出 0~20 mA。

(12) 可编程加速/减速,从 0~650 s。

(13) 集成制动断路器(只用于 0.12~75 kW 变频器)。

(14) 开关频率高,因而电动机运行噪音低。

(15) 可由 IT 中性点不接地电源供电,且电缆连接简便。

(16) 二进制互连连接(BiCo)技术。

3. 保护特点

(1) 过电压/欠电压保护。

(2) 逆变器过热保护。

(3) 用于 PTC 或者 KTY 的特殊直接连接,以保护电动机(温度保护)。

(4) 接地故障保护。

(5) 短路保护。

(6) 电动机过热保护(短路极限发热)。

4.1.3 西门子 MM440 变频器的可选件

西门子 MM440 变频器的可选件如下:

(1) EMC 滤波器,A/B 级。

(2) *LC* 滤波器和正弦滤波器。

(3) 线性换向扼流圈。

(4) 输出扼流圈。

(5) 密封盘。

(6) 基本操作面板(BOP)。

(7) 带多语言纯文本显示的高级操作面板(AOP)。

(8) 带中英文纯文本显示的高级操作面板(AOP)。

(9) 德语和英语纯文本显示的高级操作面板(AOP)。

(10) 现场总线通信模块 PROFIBUS。

(11) 脉冲编码器测定模块。

(12) RS-485/RPOFIBUS 总线电缆插接器。

(13) PC 至变频器的连接组合件。

(14) AOP 柜门安装组合件,适用于多台变频器的控制。

4.2 西门子 MM440 变频器的电路结构及接线

西门子 MM440 变频器的电路由主电路、控制电路两大部分组成,如图 4-2 所示。

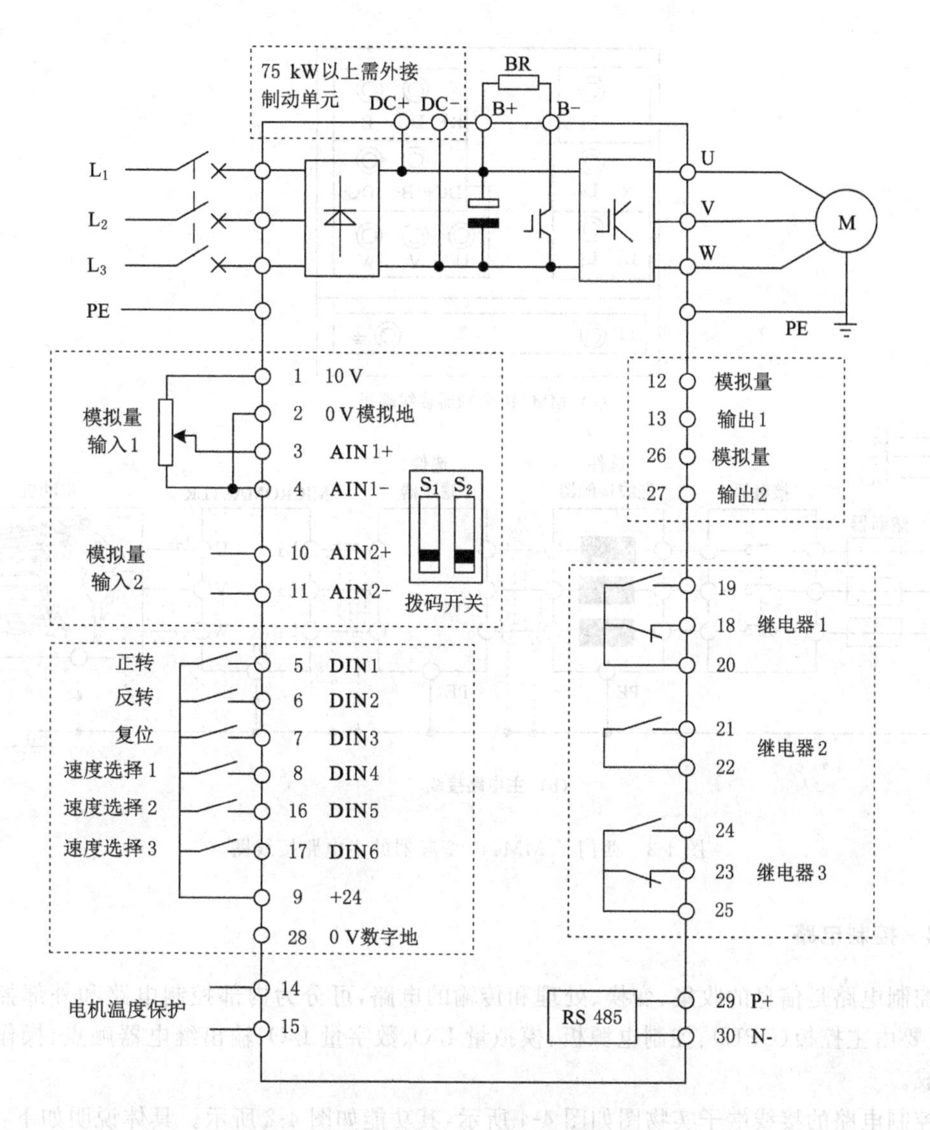

图 4-2　西门子 MM440 变频器的电路结构

4.2.1　主电路

主电路由整流电路、逆变电路、电容滤波电路以及能耗制动单元等构成，是完成电能变换，给电动机提供变压变频交流电源的部分。主电路首先将单相或三相工频交流电压整流后转换成恒定的直流电压，然后，通过逆变电路（在 CPU 的控制下），将恒定的直流电压逆变成电压和频率均可调的三相交流电，供给电动机负载。由于西门子变频器是将电压从交流变换到直流，再从直流变换到交流的过程，因此属于电压型交-直-交变频器。

MM440 变频器的主电路接线端子有输入端（L_1、L_2、L_3）、输出端（U、V、W）、接地端 PE，其接线如图 4-3 所示。其中 L_1、L_2、L_3 端子接三相交流电源，U、V、W 端子接三相交流电动机，PE 端子接地。接线时，输入端和输出端是绝对不允许接错的，否则将导致相间短路而损坏变频器。

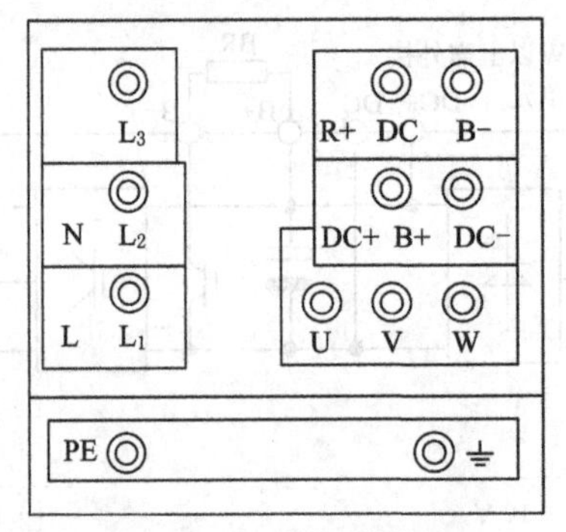

(a) MM440变频器接线端子

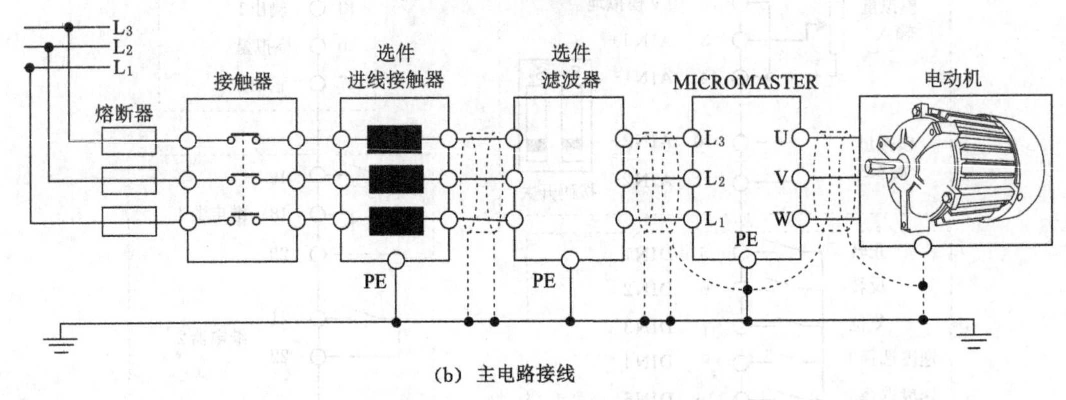

(b) 主电路接线

图 4-3 西门子 MM440 变频器的主电路接线图

4.2.2 控制电路

控制电路是信息的收集、变换、处理和传输的电路，可分为内部控制电路和外部控制电路，主要由主控板(CPU)、控制电源板、模拟量 I/O、数字量 I/O、输出继电器触点、操作面板等构成。

控制电路的接线端子实物图如图 4-4 所示，其功能如图 4-2 所示。具体说明如下：

(1) 端子 1、2 是 10 V 高精度直流稳压电源，与外接电位器配合实现电压信号的频率给

图 4-4 西门子 MM440 变频器的控制电路接线端子实物图

定。使用时将端子 2、4 短接，端子 1、3、4 分别接电位器的三个管脚。通过调节电位器，即可实现不同频率的给定，从而达到用模拟信号控制电动机运行速度的目的。

(2) 端子 3、4、10、11 是模拟量输入端，通常用于频率的给定。模拟信号经变频器内部的 A/D 转换电路变成数字量信号，然后再传送给 CPU。

(3) 端子 5、6、7、8、16、17 是数字信号输入端，功能可自主设定。通常用于对电动机进行正(反)转、正(反)向点动、固定频率设定值等控制，比如将端子 5、9 作为变频器的远程启、停控制端，以控制变频器的启动和停止。

(4) 端子 9、28 是带电位隔离的直流电源，电压为 24V(DC)，最大可以输出 100 mA 电流，可作为数字量输入电源；如果作为模拟量输入电源，则端子 2(0 V 模拟地)、28(0 V 数字地)必须连接在一起。

(5) 端子 14、15 是电动机温度保护输入端，可接收温度传感器(PTC)的信号，用于监控电动机工作时的温度。

(6) 端子 12、13、26、27 是模拟量输出端，可输出 0～20 mA 的电流信号。如果需要输出电压，可在输出端并联一个 500 Ω 的电阻，即可实现 0～10V 的直流电压输出。

(7) 端子 18～25 是数字量输出端，输出类型为继电器无源触点，主要用于向外部发出变频器的运行状态。其中端子 20、19、18 为一对常开常闭触点，端子 22、21 为常开触点，端子 25、24、23 为一对常开常闭触点。

(8) 端子 29、30 是 RS-485(USS 协议)串行通信接口，可与第三方进行 RS-485 通信。

(9) I/O 板上的 DIP 拨码开关，用于设定模拟量输入通道的信号类型，其中 S_1 用于设定 AIN_1 模拟量输入的类型(OFF 为 0～10 V 电压信号，ON 为 0～20 mA 电流信号)，S_2 用于设定 AIN_2 模拟量输入的类型(OFF 为 0～10 V 电压信号，ON 为 0～20 mA 电流信号)。

(10) 控制板上的 DIP 拨码开关，S_1 作为备用，用户不能使用，S_2 用于选择输入电源频率(OFF 为 50 Hz，ON 为 60 Hz)。

4.3　西门子 MM440 变频器 BOP 面板操作

西门子 MM440 变频器各型号在出厂时，标配状态显示面板(SDP)，并已按相同额定功率的西门子 4 级标准电动机的基本参数进行设定。对于很多用户来说，SDP 和厂家的默认设置，就可以解决很多应用场合的变频器应用问题。如果厂家的默认设置值不适合现场设备的运行条件，则可利用基本操作面板(BOP)或高级操作面板(AOP)对参数进行修改，使其匹配。下面以 BOP 面板为例进行操作说明。

BOP 面板由 8 个操作按键和一个可显示 5 位数字/字母的 7 段显示器构成，具体如图 4-5 所示。用户不仅可以通过 BOP 访问变频器的各个参数，还可以通过它修改变频器的默认设置值。

BOP 面板的按键功能如下：

(1) LCD 显示屏：用于显示变频器的各种信息，比如参数的序号(P××××、r××××)、参数的设定值、参数的实际值、参数的物理单位(A、V、Hz、s)、故障号(F××××)、报警

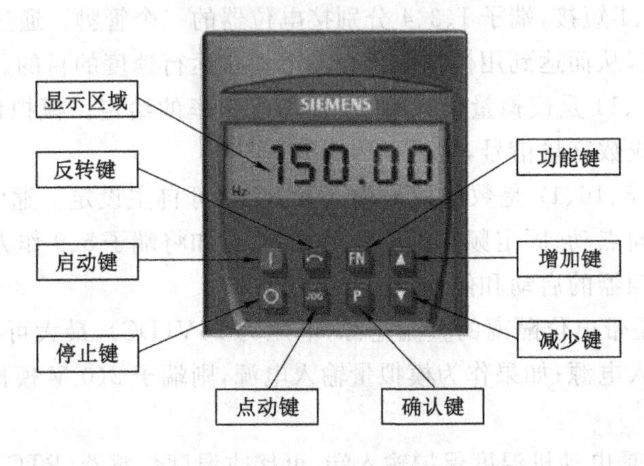

图 4-5　BOP 示意图

号(A××××)。

(2) 启动键“I”:用于启动变频器,欲使该键有效,需预先设定 P0700=1。

(3) 停止键“O”:用于停止变频器,欲使该键有效,需预先设定 P0700=1。利用停止键停止电动机的方式有两种:第 1 种,按停止键一次(较短),电动机将按选定的斜坡下降速率减速停机;第 2 种,按停止键两次或一次(短两次或长一次),电动机将在惯性作用下自由停机。

(4) 反转键“↶”:用于改变电动机的转动方向,欲使该键有效,需预先设定 P0700=1。

(5) 点动键“JOG”:用于电动机点动控制,但如果变频器/电动机正在运行,按下此键将不起作用。

(6) 功能键“FN”:具有 2 个作用,一是用于浏览运行参数,比如在变频器运行时,按下此键并保持 2 s 将显示直流回路电压、输出电流、输出频率、输出电压等参数值;二是用于复位,当显示屏显示故障或报警信息时,按下此键可将显示内容复位。

(7) 确认键“P”:用于访问参数,进入某个参数目录后,按下此键即可访问参数。

(8) 增加键“▲”:用于增加面板上显示的参数数值。

(9) 减少键“▼”:用于减少面板上显示的参数数值。

4.4　西门子 MM440 变频器的参数设定及快速查找

4.4.1　变频器的参数设定

MM440 变频器有两类参数,一类是 r××××,为只读参数;另一类是 P××××为用户可改动的参数。可改动的参数又分为非下标参数 P××××和下标参数 P××××[0]、P××××[1]……,[0]、[1]具有与设定值相关联的特定含义。下面分别以 P0010 和 P0756[0]为例,详细说明可改动参数的设置步骤。

1. 设定非下标参数的步骤

(1) 按“P”键,显示“r0000”,进行参数访问。

(2) 按“▲”键,直到出现“P0010”。

(3) 按“P”键，显示参数值“0”，进入参数访问级。

(4) 按“▲”键或“▼”键，增加或减小相应的数值，这里设置参数值为“1”。

(5) 按“P”键，确认并存储所设定的数值，设定结束。

(6) 按“▼”键，直到出现“r0000”，回到设定参数状态。

(7) 按“P”键，返回变频器标准显示。

2. 设定下标参数的步骤

P0756 参数用于设定 2 个模拟量通道的属性，P0756[0]用于设定 AIN_1 的属性，P0756[1]用于设定 AIN_2 的属性。

(1) 按“P”键，显示“r0000”，进行参数访问。

(2) 按“▲”键，直到出现“P0756”。

(3) 按“P”键，显示参数值“In000”(下标为 0)，进入参数访问级。

(4) 按“P”键，显示“0”，即为当前的设定值。

(5) 按“▲”键或“▼”键，选择所需要的数值，这里设置参数值为“2”。

(6) 按“P”键，确认并存储所设定的数值，设定结束，显示器显示“P0756”。

(7) 按“▼”键，直到出现“r0000”，回到设定参数状态。

(8) 按“P”键，返回变频器标准显示。

3. 快速设定参数的步骤

为了快速修改参数的数值，可以一个个地单独修改显示出的每个数字，操作步骤如下。

(1) 按“P”键，访问参数。

(2) 按“▲”键，直到出现要设定的参数代号。

(3) 按“P”键，进入参数访问级。

(4) 按“F”键，最右边的一个数字闪烁。

(5) 按“▲”键或“▼”键，选择所需要的数值。

(6) 再按“F”键，相邻的下一位数字闪烁。

(7) 执行步骤(5)～(6)，直到显示出所要求的数值。

(8) 按“P”键，退出参数数值的访问级。

4.4.2 变频器参数快速查找

变频器的参数较多，一般都有数十个甚至上百个参数供用户设置，不同的参数有着不同的功能。在实际应用中，没必要对每一个参数都进行设定和调试，多数参数只需采用出厂设定值即可。但有些参数，需要根据现场情况进行快速设定，如何快速找到需要设定的参数，有 2 种常用方法。

1. 使用参数过滤器(P0004)

参数过滤器 P0004 的作用是按功能要求筛选出相应的参数。通过对其设置不同的数值即可快速找到自己想要访问的参数。参数过滤器 P0004 的设定值与筛选范围的关系如下。

表 4-2 P0004 的设定值与筛选范围的关系

参数设定值	筛选范围	参数设定值	筛选范围
0	全部参数	10	设定值通道/斜坡函数发生器
2	变频器参数	12	驱动装置的特征
3	电动机参数	13	电动机控制
4	速度传感器	20	通信
5	工艺应用对象或装置	21	报警/警告/监控
7	命令和数字 I/O	22	工艺参量控制器(如 PID)
8	ADC(模数转换)和 DAC(数模转换)		

2. 用户访问级 P0003 和 P0004 的组合使用

P0004 的设定值决定了访问参数的功能和类型,而用户访问级 P0003 的设定值决定了由 P0004 限定的参数类型的访问等级。在访问和设置参数时,可利用 P0003 和 P0004 共同限定参数的范围,比如:

(1) 当设置 P0003=1,P0004=2 时,表示访问等级为标准级的变频器参数。

(2) 当设置 P0003=2,P0004=3 时,表示访问等级为扩展级的电动机参数。

(3) 当设置 P0003=1,P0004=10 时,表示可设定频率给定源 P1000、电动机运行最低频率 P1080、电动机运行最高频率 P1082、斜坡上升时间 P1120 和斜坡下降时间 P1121 等参数。

(4) 当设置 P0003=2,P0004=7 时,表示可访问/设定数字输入参数 P0701～P0708。

(5) 当设置 P0003=2,P0004=10 时,表示可访问/设定固定频率 1～15 的对应参数 P1001～P1015。

4.5 西门子 MM440 变频器的参数调试

一台新的西门子 MM440 变频器进行参数调试时,一般需要经过以下 3 个步骤,具体如图 4-6 所示。

图 4-6 西门子 MM440 变频器参数调试过程

4.5.1 西门子 MM440 变频器参数复位

参数复位是将变频器的参数恢复到出厂时的默认值,一般在变频器在初次调试时或者参数设定混乱时需要执行该操作,以便将变频器的参数值恢复到一个确定的默认状态。参数复位的具体操作如图 4-7 所示。

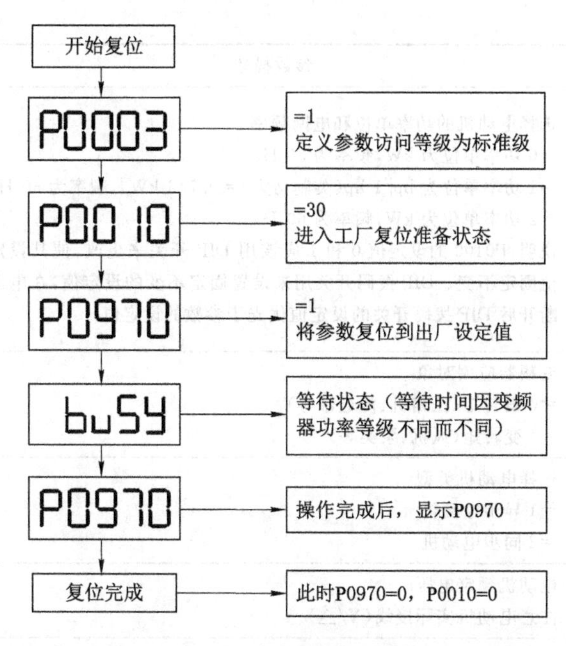

图 4-7　参数复位流程图

4.5.2　MM440 变频器快速调试

MM440 变频器出厂时，其参数已按相同额定功率的西门子 4 级标准电动机的基本参数进行设定，如果用户采用的是其他电动机，为了获得最优性能，则必须输入相应电动机的规格数据，即进行变频器的快速调试。快速调试一般在参数复位或更换电动机后进行。设置过程中需要用户输入电动机相关的参数和一些基本驱动控制参数，使变频器可以良好地驱动电动机运转。快速调试具体包括两个方面：① 根据电动机和负载的具体特性，以及控制方式等信息进行相关参数的设定；② 对电动机的参数、变频器的命令源以及频率的给定源进行设定。

根据 MM440 变频器的使用说明书，用 BOP 面板进行快速调试，如表 4-3 所示。

表 4-3　BOP 快速调试的方法

操作步骤	参数号	参数描述	推荐设置
1	P0003	设置参数访问等级 1——标准级(基本的应用)； 2——扩展级(标准的应用)； 3——专家级(复杂的应用)； 说明：对于大多数简单的应用场合，只要访问标准级和扩展级就足够了	1 或 2
2	P0010	=1 开始快速调试 注意： ① 有在 P0010=1 的情况下，电动机的主要参数才能被修改，如 P0304、P0305 等； ② 只有在 P0010=0 的情况下，变频器才能运行	1

表 4-3(续)

操作步骤	参数号	参数描述	推荐设置
3	P0100	选择电动机的功率单位和电网频率 =0 功率单位为 kW,频率为 50 Hz =1 功率单位为 hp[1 hp(英制马力)=0.746 kW],频率为 60 Hz =2 功率单位为 kW,频率为 60 Hz 说明:P0100 的设定值 0 和 1 应该用 DIP 开关来更改,使其设定值固定不变。DIP 拨码开关用来设置固定不变的设定值,在电源断开后 DIP 拨码开关的设定值优先于参数的设定值	0
4	P0205	变频器应用对象 =0 恒转矩(压缩机、传送带等) =1 变转矩(风机、泵类等)	0
5	P0300[0]	选择电动机类型 =1 异步电动机 =2 同步电动机	1
6	P0304[0]	电动机额定电压 注意电动机实际接线(Y/△)	根据电动机铭牌
7	P0305[0]	电动机额定电流 注意:电动机实际接线(Y/△) 如果驱动多台电动机,则 P0305 值要大于电流的总和	根据电动机铭牌
8	P0307[0]	电动机额定功率 如果 P0100=0 或 2,则单位为 kW 如果 P0100=1,则单位为 hp。注:1hp(英制马力)=0.746 kW	根据电动机铭牌
9	P0308[0]	电动机功率因数	根据电动机铭牌
10	P0309[0]	电动机的额定效率 注意:如果 P0309 设置为 0,则变频器自动计算电动机的效率;如果 P0100 设置为 0,看不到此参数	根据电动机铭牌
11	P0310[0]	电动机额定频率通常为 50/60 Hz 非标准电动机,可以根据电动机铭牌修改	根据电动机铭牌
12	P0311[0]	电动机的额定速度 矢量控制方式下,必须准确设置此参数	根据电动机铭牌
13	P0320[0]	电动机的磁化电流通常取默认值	0
14	P0335[0]	电动机冷却方式 =0 利用电动机轴上风扇自冷却 =1 利用独立的风扇进行强制冷却	0
15	P0640[0]	电动机过载因子 以电动机额定电流的百分比来限制电动机的过载电流	150
16	P0700[0]	选择命令给定源(启动/停止) =1 BOP(操作面板) =2 I/O 端子控制 =4 经过 BOP 链路(RS-232)的 USS 控制 =5 通过 COM 链路(端子 29、30) =6 PROFIBUS(CB 通信板) 注意:改变 P0700 设置,将复位所有的数字 I/O 至出厂设定	1

表 4-3(续)

操作步骤	参数号	参数描述	推荐设置
17	P1000[0]	设置频率给定源 =1 BOP 电动电位计给定(面板) =2 模拟输入 1 通道(端子 3、4) =3 固定频率 =4 BOP 链路的 USS 控制 =5 COM 链路的 USS(端子 29、30) =6 PROFIBUS(CB 通信板) =7 模拟输入 2 通道(端子 10、11)	1
18	P1080[0]	限制电动机运行的最小频率	0 Hz
19	P1082[0]	限制电动机运行的最大频率	50 Hz
20	P1120[0]	斜坡上升时间 电动机从静止状态加速到最大频率所需时间	10 s
21	P1121[0]	斜坡下降时间 电动机从最大频率降速到静止状态所需时间	10 s
22	P1300[0]	控制方式选择 =0 线性 V/F,要求电动机的压频比准确 =2 平方曲线的 V/F 控制 =20 无传感器的矢量控制 =21 带传感器的矢量控制	0
23	P3900	结束快速调试 =1 电动机数据计算,并将除快速调试以外的参数恢复到工厂设定 =2 电动机数据计算,并将 I/O 设定恢复到工厂设定 =3 电动机数据计算,其他参数不进行工厂复位	3
24	P1910	=1 使能电机识别,出现 A0541 报警,马上启动变频器	1

4.5.3　MM440 变频器功能调试

功能调试是指用户按照具体生产工艺的需要进行的设定操作,这一部分的调试工作比较复杂,常常需要在现场多次调试。

1. 开关量输入功能

西门子 MM440 变频器安装了 6 个开关量的输入端子,每个端子都有一个对应的参数用来设定该端子的输入功能。根据 MM440 变频器的使用说明书,其输入功能如表 4-4 所示。

2. 开关量输出功能

西门子 MM440 变频器安装了 3 个继电器,可以将变频器当前的状态以数字开关量的形式用继电器输出,方便用户通过输出继电器的状态来监控变频器的内部状态。根据 MM440 变频器的使用说明书,其输出功能如表 4-5 所示。

表 4-4　MM440 开关量输入功能

数字输入	端子编号	参数编号	出厂设置	功能说明
DIN1	5	P0701	1	1——接通正转/断开停车； 2——接通反转/断开停车； 3——断开按惯性自由停车； 4——断开按第二降速时间快速停车； 9——故障复位； 10——正向点动； 11——反向点动； 12——反转(与正转命令配合使用)； 13——电动电位计升速； 14——电动电位计降速； 15——固定频率直接选择； 16——固定频率选择+ON 命令； 17——固定频率编码选择+ON 命令； 25——使能直流制动； 29——外部故障信号触发跳闸； 33——禁止附加频率设定值； 99——使能 BICO 参数化
DIN2	6	P0702	12	
DIN3	7	P0703	9	
DIN4	8	P0704	15	
DIN5	16	P0705	15	
DIN6	17	P0706	15	
	9	公共端		

说明：

1. 开关量的输入逻辑可以通过 P0725 改变；
2. 开关量输入状态由参数 r0722 监控，开关闭合时相应笔画点亮。

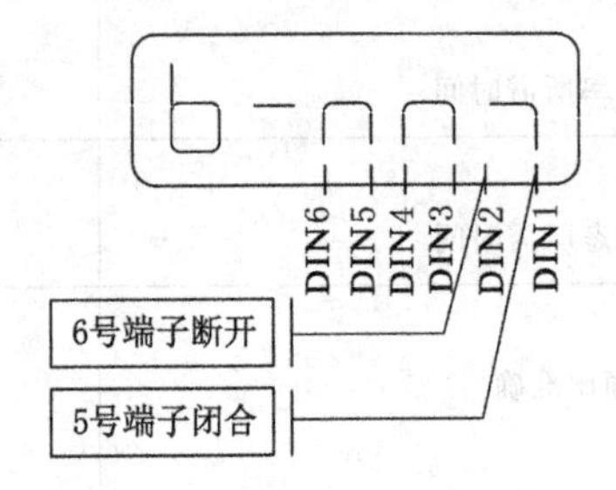

表 4-5　MM440 开关量输出功能

继电器编号	对应参数	默认值	功能解释	输出状态
继电器 1	P0731	52.3	故障监控	继电器失电
继电器 2	P0732	52.7	报警监控	继电器得电
继电器 3	P0733	52.2	变频器运行中	继电器得电

3. 模拟量输入功能

西门子 MM440 变频器有两路模拟量输入，相关参数以 In000 和 ln001 区分，可以通过 P0756 分别设定每个通道属性。根据 MM440 变频器的使用说明书，其输出功能如表 4-6 所示。

表 4-6　MM440 模拟量输入功能

参数号码	设定值	参数功能	说　明
P0756	=0	单极性电压输入(0～+10 V)	“带监控”是指模拟通道具有监控功能，当断线或信号超限，报故障 F0080
	=1	带监控的单极性电压输入(0～+10 V)	
	=2	单极性电流输入(0～20 mA)	
	=3	带监控的单极性电流输入(0～20 mA)	
	=4	双极性电压输入(−10～+10 V)	

除表 4-6 中的设定范围，还可以支持常见的 2～10 V 和 4～20 mA 这些模拟标定方式。下面以模拟量通道 2 和 4～20 mA 信号为例进行设置，具体如表 4-7 所示。

表 4-7　模拟量 4～20 mA 输入功能

参数号码	设定值	参数功能	
P0757[1]	4	电流 4 mA 对应 0%的标度，即 0 Hz	50 Hz 频率 0 Hz 电流 4 mA 20 mA
P0758[1]	0%		
P0759[1]	20	电流 20 mA 对应 100%的标度，即 50 Hz	
P0760[1]	100%		
P0761[1]	4	死区宽度	

需要注意的是，对于电流输入，必须将相应通道的拨码开关拨至 ON 的位置。

4. 模拟量输出功能

西门子 MM440 变频器有两路模拟量输出，相关参数以 In000 和 In001 区分，出厂值为 0～20 mA 输出，可以标定为 4～20 mA 输出(P0778＝4)，如果需要电压信号，则可以在相应端子并联一支 500 Ω 的电阻。需要输出的物理量可以通过 P0771 设定。根据 MM440 变频器的使用说明书，其输出功能如表 4-8 所示。

表 4-8　MM440 模拟量输出功能

参数号码	设定值	参数功能	说　明
P0771	＝21	实际频率	模拟输出信号与所设置的物理量呈线性关系
	＝25	输出电压	
	＝26	直流电压	
	＝27	输出电流	

如果输出信号设定为 4～20 mA 对应 0～50 Hz，则可按表 4-9 所示。

表 4-9　模拟量 4～20 mA 输出功能

参数号码	设定值	参数功能	说　明
P0771	＝21	实际频率	模拟输出信号与所设置的物理量呈线性关系
	＝25	输出电压	
	＝26	直流电压	
	＝27	输出电流	

5. 加减速时间

MM440 变频器中加速、减速时间也称作斜坡时间，分别指电动机从静止状态加速到最高频率所需要的时间和从最高频率减速到静止状态所需要的时间。根据 MM440 变频器的使用说明书，其加减速功能如表 4-10 所示。

表 4-10　MM440 加减速功能

参数号码	参数功能	
P1120	加速时间	f 最高频率 P1082 O t 加速时间 P1120 减速时间 P1120
P1121	减速时间	

需要注意的是:加速时间设置得过小可能导致变频器过电流,减速时间设置得过小可能导致变频器过电压。

6. 频率限制功能

在 MM440 变频器中,用户可以设置电动机的运行频率区间,以避开系统的一些共振点。根据 MM440 变频器的使用说明书,其频率限制功能如表 4-11 所示。

表 4-11　频率限制功能

参数编号	功能解释	说　明
P1080	最低频率	这两个参数用于限制电动机的最低和最高运行频率,不受频率给定源的影响
P1082	最高频率	
P1091－P1094	跳跃频率,避开机械共振点	MM440 变频器可以设置四段跳跃频率,通过 P1101 设置频带宽度

7. 多段速功能

多段速功能又称固定频率功能,在 MM440 变频器中,用户只需设置相应的参数即可实现多段速的运行。根据 MM440 变频器的使用说明,其多段速的实现方式有以下三种。

(1) 直接选择(P0701－P0706＝15)

在这种操作方式下,一个数字量输入对应一个频率,具体如表 4-12 所示。如果有几个数字输入端子同时被激活,则选定的频率是这几个数字输入端子设定值的总和。

表 4-12　直接选择方式

端子编号	对应参数	对应频率设定参数	说　明
5(DIN1)	P0701	P1001	频率给定源 P1000 必须设置为 3
6(DIN2)	P0702	P1002	
7(DIN3)	P0703	P1003	
8(DIN4)	P0704	P1004	
16(DIN5)	P0705	P1005	
17(DIN6)	P0706	P1006	

(2) 直接选择＋ON 命令(P0701～P0706＝16)

在直接选择＋ON 命令设定方式下,一个数字输入端子除了选择一个固定频率外,如表

4-12所示，还同时具有ON命令，这是一种将两种功能组合在一起的设定方法。如果有几个数字输入端子同时被激活，则选定的频率是这几个数字输入端子设定值的总和。

（3）二进制编码选择＋ON命令（P0701－P0704＝17）

在这种操作方式下，利用4个数字输入端子5～8可组成15个二进制编码，其中编码“1”代表ON，编码“0”代表OFF。将固定频率值设定在参数P1001～P1015中，每一个二进制编码与参数P1001～P1015按顺序一一对应，通过激活不同的二进制编码来选定不同的固定频率。数字输入端子与参数的设定对应关系如表4-13所示。

表4-13 MM440二进制编码选择＋ON命令下参数设定

频率设定	端子8(P0704)	端子7(P0703)	端子6(P0702)	端子5(P0701)
P1001	0	0	0	1
P1002	0	0	1	0
P1003	0	0	1	1
P1004	0	1	0	0
P1005	0	1	0	1
P1006	0	1	1	0
P1007	0	1	1	1
P1008	1	0	0	0
P1009	1	0	0	1
P1010	1	0	1	0
P1011	1	0	1	1
P1012	1	1	0	0
P1013	1	1	0	1
P1014	1	1	1	0
P1015	1	1	1	1

8. 停车和制动功能

（1）停车功能

停车指的是将电动机的转速降到零的操作，在MM440变频器中，它所支持的停车方式有3种，具体如表4-14所示。

表4-14 MM440停车方式

停车方式	功能解释	应用场合
OFF1	变频器按照P1121所设定的斜坡下降，由全速降为零速	一般场合
OFF2	变频器封锁脉冲输出，电动机处于惯性滑行状态，直至速度为零	设备需要急停，配合机械抱闸
OFF3	变频器按照P1135所设定的斜坡时间，由全速降为零速	设备需要快速停车

(2)制动功能

为了缩短电动机停车时间,MM440变频器支持2种制动方式实现电动机的快速停车,具体如表4-15所示。

表4-15 MM440制动方式

制动方式	功能解释	相关参数
直流制动	变频器向电动机定子注入直流	P1230=1,使能直流制动 P1232=直流制动强度 P1233=直流制动持续时间 P1234=直流制动的起始频率
能耗制动	变频器通过制动单元和制动电阻,将电动机回馈的能量以热能的形式消耗掉	P1237=1~5,能耗制动的工作停止周期 P1240=0,禁止直流电压控制器,从而防止斜坡下降时间的自动延长

9. 自动再启动和捕捉再启动功能

自动再启动指的是变频器在主电源跳闸或故障后重新启动的功能。此种情况下,自动再启动需要启动命令有数字量输入且一直保持方能进行。捕捉再启动是指变频器快速地改变输出频率,去搜寻正在自由旋转的电机的实际速度。一旦捕捉到电机速度的实际值,使电机按常规斜坡函数曲线升速运行到频率的设定值。具体参数设置如表4-16所示。

表4-16 自动再启动和捕捉再启动功能

	自动再启动:(P1210)	捕捉再启动:(P1200)
应用场合	上电自启动	重新启动旋转的电机
参数设置	=0,禁止自动再启动 =1,上电后跳闸复位 =2,在主电源中断后再启动 =3,在主电源消隐或故障后再启动 =4,在主电源消隐后再启动 =5,在主电源中断和故障后再启动 =6,在电源消隐、电源中断或故障后再启动	=0,禁止捕捉再启动 =1,捕捉再启动总是有效,双方向搜索电动机速度 =2,捕捉再启动功能在上电、故障、OFF2停车时,双方向搜索电动机速度 =3,捕捉再启动在故障、OFF2停车时有效,双方向搜索电动机速度 =4,捕捉再启动总是有效,单方向搜索电动机的速度 =5,捕捉再启动在上电、故障、OFF2停车时有效,单方向搜索电动机速度 =6,故障、OFF2停车时有效,单方向搜索电动机速度
建议	同时采用上述两种功能	

10. 矢量控制功能

MM440变频器支持矢量控制功能,矢量控制将测得的变频器输出电流按空间矢量方式进行分解,形成转矩电流分量和磁通电流分量,为形成双电流闭环做铺垫;同时又借助轴编码器或内置观测器模型来构成速度闭环,这种双闭环控制方式可以改善变频器的动态响应能力,减小滑差,保证系统速度的稳定性,确保低频时的转矩输出,比较适合行车、皮带运输机、挤出机等调速系统。为了获得精确的电机数学模型,以确保较理想的矢量控制效果,必须对电机进行优化操作,具体为:恢复出厂设置→快速调试→电动机静态识别→电动机动态优化。如果已经进行了前两步,可以直接进行电动机的静态识别和动态优化。电动机的静态识别和动态优化的功能设置具体如表 4-17 所示。

表 4-17　电动机的静态识别和动态优化

操作	参数	功能解释
电动机静态识别	P1910	=0,禁止 =1,识别所有电动机数据并修改,并将这些数据应用于控制器 =2,识别所有电动机数据但不进行修改,这些数据不用于控制器 =3,识别电动机磁路饱和曲线并修改 激活电动机数据识别后将显示报警 A0541,需要马上启动控制器
电动机动态优化	P1300	=20,选择矢量控制方式
	P1960	=1,激活电机动态优化后,将显示报警 A0542,需要马上启动变频器,电动机会突然加速

需要注意的是:电动机动态优化时必须脱开机械负载。

11. 本地远程控制功能

本地远程控制功能主要用于现场手动控制与远程运行控制的转换。变频器系统中具备 3 套控制参数组,在每组参数里设置了不同的给定源和命令源,选择不同的参数组,即可实现本地远程控制的切换。比如:本地由操作面板 BOP 控制,远程操作由模拟量和开关量控制,并假定 DIN_4 作为切换命令的输入,则需要设置以下一些参数:

P1000[0]=2,　　P0700[0]=2,　　第 0 组参数为本地操作方式;

P1000[0]=1,　　P0700[1]=1,　　第 1 组参数为远程操作方式;

P0704[0]=99,　　P0810=722.3,　　通过 DIN4 作为切换命令。

12. 闭环 PID 控制功能

MM440 变频器支持闭环 PID 控制功能,能够使控制系统的被控量迅速而准确地接近目标值。其具体过程如下:用传感器实时检测被控量的实际值,及时反馈与被控量目标信号相比较的结果,如果有偏差,则通过 PID 的控制作用使偏差为 0,通常比较适合压力控制、温度控制和流量控制等。MM440 变频器中的 PID 控制原理如图 4-8 所示。

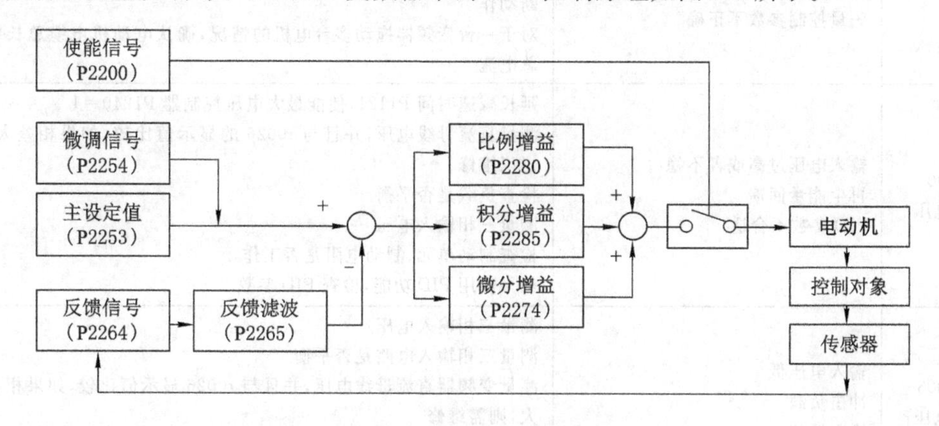

图 4-8　PID 控制原理

图中 PID 的给定源与反馈源的设定，如表 4-18 所示。

表 4-18　PID 的给定源与反馈源的设定

PID 给定值	设定值	功能解释	说明
P2253	=2250	BOP 面板	通过改变 P2240 改变目标值
	=755.0	模拟通道 1	通过模拟量大小改变目标值
	=755.1	模拟通道 2	
PID 反馈源	设定值	功能解释	说明
P2264	=755.0	模拟通道 1	当模拟量波动较大时，可适当加大滤波时间，确保系统稳定
	=755.1	模拟通道 2	

4.5.4　MM440 变频器的故障与报警

MM440 变频器非正常运行时，会发生故障或报警。当发生故障时，变频器停止运行，且面板上显示以"F"字母开头的故障代码，需要故障复位才能重新运行。当发生报警时，变频器能够继续运行，面板显示以 A 字母开头的报警代码，报警消除后代码自然消除。故障代码的含义及其分析、处理的建议如表 4-19 所示；报警代码的含义及其分析、处理的建议如表 4-20 所示。

表 4-19　MM440 故障代码

故障代码	故障分析	诊断及处理
F0001 过电流	电动机电缆过长 电动机绕组短路 输出接地 电动机堵转 变频器硬件故障 加速时间过短(P1120) 电动机参数不正确 启动提升电压过高(P1310) 矢量控制参数不正确	变频器上电报 F0001 故障且不能复位，请拆除电动机并将变频器参数恢复为出场设定值，如果此故障依然出现请联系西门子维修部门 启动工程中出现 F0001，可以适当加大加速时间、减轻负载，同时要检查电动机接线，检查机械抱闸是否打开 检查负载是否突然波动 用钳形表检查三相输出电流是否平衡 对于特殊电动机，需要确认电动机参数，并正确修改 V/f 曲线 对于变频器输出端安装了接触器，检查是否在变频器运行中有通断动作 对于一台变频器拖动多台电机的情况，确认电动机电缆总长度和总电流
F0002 过电压	输入电压过高或者不稳 再生能量回馈 PID 参数不合适	延长减速时间 P1121，使能最大电压控制器 P1240=1 测量直流母线电压，并且与 r0026 的显示值比较，如果相差太大，建议维修 检查负载是否平衡 测量三相输入电压 检查制动单元、制动电阻是否工作 如果使用 PID 功能，检查 PID 参数
F0003 欠电压	输入电压低 冲击负载 输入缺相	测量三相输入电压 测量三相输入电路是否平衡 测量变频器直流母线电压，并且与 r0026 显示值比较，如果相差太大，则需维修 检查制动单元是否正确接入 检查输出是否有接地情况

表 4-19(续)

故障代码	故障分析	诊断及处理
F0004 变频器过温	冷却风量不足,机柜通风不好 环境温度过高	检查变频器本身的冷却风机 可以适当降低调制脉冲的频率 降低环境温度
F0005 变频器过载	电机功率(P0307)大于变频器的负载能力(P0206) 负载有冲击	检查变频器实际输出电流 r0027 是否超过变频器的最大电流 r0209
F0011 电动机过热	负载的工作停止周期不符合要求 电动机超载运行 电动机参数不对	检查变频器输出电流 重新进行电动机参数识别(P1910=1) 检查温度传感器
F0022 功率组件故障	制动单元短路,制动电阻阻值过低 电机接地 IGBT 短路 组件接触不良	如果 F0022 在变频器上电时就出现且不能复位,重新插拔 I/O 板或者维修 如果故障在变频器启动的瞬间,检查斜坡上升时间是否过短 检查制动单元制动电阻 检查电动机,电缆是否接地
F0041 电动机参数检测失败	电动机参数自动检测故障	检查电动机类型,接线,内部是否有短路 手动来测量电动机阻抗写入数 P0350
F0042 速度控制优化失败	电动机动态优化故障	检查机械负载是否脱开 重新优化
F0080 模拟输入信号丢失	断线,信号超出范围	检查模拟量接线,测试信号输入
F0453 电动机堵转	电动机电缆过长 电动机内部有短路 接地故障 电动机参数不正确 电动机堵转 补偿电压过高 启动时间过短	检查电动机电缆 检查电动机绝缘 检查变频器的电动机参数、补偿电压以及加减速时间设置是否正确

表 4-20　MM400 报警代码

报警代码	报警分析	诊断及处理
A0501 过电流限幅	电动机电缆过长 电动机内部有故障 接地故障 电动机参数不正确 电动机堵转 补偿电压过高 启动时间过短	检查电动机电缆 检查电动机是否绝缘 检查变频器的电动机参数、补偿电压以及加减速时间设置是否正确
A0502 过电压限幅	线电压过高或者不稳 再生能量回馈	测量三相输入电压 加减速时间 P1121 安装制动电阻 检查负载是否平衡

表 4-20(续)

报警代码	报警分析	诊断及处理
A0503 欠电压报警	电网电压低 输入缺相 冲击性负载	测量变频器输入电压 如果变频器在轻载时能正常运行,但重载时报欠电压故障,测量三相输入电流,可能缺相,可能变频器整流桥故障 检查负载
A0504 变频器过温	冷却风量不足,机柜通风不好 环境温度过高	检查变频器的冷却风机 改善环境温度 适当降低调制脉冲的频率
A0505 变频器过载	变频器过载 工作/停止周期不符合要求 电动机功率(P0307)超过变频器的负载能力(P0206)	可以通过检查变频器实际输出电流 r0027 是否接近变频器的最大电流 r0209,如果接近,说明变频器过载,建议减小负载
A0511 电动机 I^2T 过载	电动机过载 负载的"工作—停止"周期中,工作时间太长	负载的工作/停机周期必须正确 电动机的过温参数(P0626~P0628)必须正确 电动机的温度报警电平(P0604)必须匹配 检查所连接传感器是否是 KTY84 型
A0512 电动机温度信号丢失	电动机过载 负载的"工作—停止"周期中,工作时间太长	负载的工作/停机周期必须正确 电动机的过温参数(P0626~P0628)必须正确 电动机的温度报警电平(P0604)必须匹配 检查所连接传感器是否是 KTY84 型
A0521 运行环境过温	运行环境温度超出报警值	环境温度必须在允许限值以内 变频器运行时,冷却风机必须正常转动 冷却风机的进风口不允许有任何阻塞
A0541 电动机数据自动检测已激活	已选择电动机数据的自动检测(P1910)功能,或检测正在进行	如果此时 P1910=1,需要马上启动变频器激活自动检测
A0590 编码器反馈信号丢失报警	从编码器来的反馈信号丢失	检查编码器的安装及参数设置 检查变频器与编码器之间的接线 手动运行变频器,检查 r0061 是否有反馈信号 增加编码器信号丢失的门限值(P0492)
A0910 最大电压 $V_{dc\text{-}max}$ 控制器未激活	电源电压一直太高 电动机由负载带动旋转,使电动机处于再生制动方式下运行 负载的惯量特别大	检查电源输入 安装制动单元,制动电阻
A0911 最大电压 $V_{dc\text{-}max}$ 控制器激活	直流母线电压超过 P2172 所设定的门限值	
A0922	变频器无负载	输出没接电动机,或者电动机功率过小

第 5 章　变频器电气控制实验

5.1　实验一——变频器 BOP 面板控制电机启停实验

5.1.1　实验目的

(1) 熟悉变频器的常规使用。

(2) 掌握变频器主电路的连接。

(3) 掌握 BOP 面板操作和相关参数设置,实现电机的启停控制。

(4) 能够对所接电路进行检测、调试及电气故障排除。

5.1.2　实验器材

本实验所需实验器材如表 5-1 所示。

表 5-1　实验器材

序　号	符　号	名　称	型　号	数　量
1	QA	断路器	NB1-63,3P,D10	1
2	UF	变频器	MM440,4kW	1
3	M	异步电动机	3.5 kW,1 440 r/min	1
4	—	万用表	FLUKE12E+	1
5	—	工具	螺丝刀、尖嘴钳、剥线钳等	1 套
6	—	辅材	导线、扎带、缠绕管、端子等	若干

5.1.3　实验要求及原理

利用 BOP 面板实现 1 台三相交流电动机的启动、停止及变频运行。电动机参数为额定功率 3.5 kW,额定电流 7.6 A,额定电压 380 V,额定频率 50 Hz,额定转速 1 440 r/min。将变频器主电路按图 5-1 进行接线,然后利用 BOP 面板对变频器相关参数进行设置,最后利用面板按键进行电机的启停控制。

5.1.4 实验内容与步骤

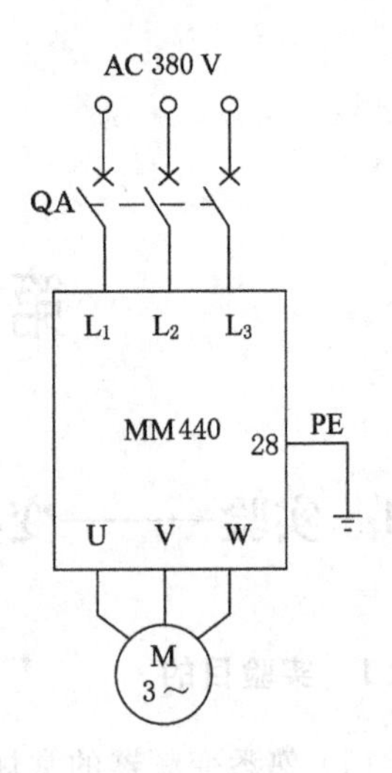

图 5-1 变频器的接线

1. 实验接线

380V 三相交流电源连接至断路器 QA，QA 出线端接至变频器的输入端“L_1、L_2、L_3”，变频器输出端“U、V、W”连接至三相电动机。需要注意的是：变频器还要进行相应的接地保护连接。检查线路是否正确后，合上断路器 QA，向变频器送电。

2. 变频器参数复位

先在 BOP 上设定 P0010＝30，P0970＝1，然后再按下“P”键，将变频器的所有参数复位为出厂时的默认设置值，复位过程大约需 3 min 才能完成。

3. 设定电动机参数

为了使电动机与变频器相匹配以获得最优性能，须将电机参数输入变频器，具体参数设定如表 5-2 所示。参数设定完成后，设置 P0010＝0，使变频器处于预备状态，便于正常启动。

表 5-2 电动机参数的设定

参数号	出厂值	设定值	说 明
P0003	1	1	设用户访问级为标准级
P0010	0	1	快速调试
P0100	0	0	工作地区：功率以 kW 表示，频率为 50 Hz
P0304	230	380	电动机额定电压(V)
P0305	8	7.60	电动机额定电流(A)
P0307	4	3.50	电动机额定功率(kW)
P0310	50	50	电动机额定频率(Hz)
P0311	0	1440	电动机额定转速(r/min)

4. 变频器启停操作实验

(1) 设定 BOP 面板操作控制，即设置参数 P0700＝1(启、停命令源于面板)，P1000＝1(频率设定源于面板)。

(2) 按“I”键，观察电动机是否正常启动运转。

(3) 在电动机转动时，按“▲”键或“▼”键，修改运行频率，观察电动机是否改变转速。

(4) 按“O”键，观察电动机是否正常停止运转。

5.1.5 实验报告

(1) 简述本实验的目的、所需实验器材、实验原理和内容。

(2) 总结实验中发现的问题、故障及解决的办法。

5.2 实验二——变频器 BOP 面板控制电机正反转实验

5.2.1 实验目的

(1) 熟悉变频器的常规使用。

(2) 掌握变频器主电路的连接。

(3) 掌握 BOP 面板操作和相关参数设置，实现电动机的正反转控制。

(4) 能够对所接电路进行检测、调试及电气故障排除。

5.2.2 实验器材

本实验所需实验器材如表 5-3 所示。

表 5-3　实验器材

序号	符号	名称	型号	数量
1	QA	断路器	NB1-63，3P，D10	1
2	UF	变频器	MM440，4kW	1
3	M	异步电动机	3.5 kW，1 440 r/min	1
4	—	万用表	FLUKE12E+	1
5	—	工具	螺丝刀、尖嘴钳、剥线钳等	1 套
6	—	辅材	导线、扎带、缠绕管、端子等	若干

5.2.3 实验要求及原理

由 BOP 实现 1 台三相交流电动机的启动、停止、正反转运行、正反转点动。电动机参数为额定功率 3.5 kW、额定电流 7.6 A、额定电压 380 V、额定频率 50 Hz、额定转速 1 440 r/min。将变频器主电路按图 5-2 进行接线，然后利用 BOP 面板对变频器相关参数进行设置，最后利用面板按键进行电动机的启停和正反转控制。

5.2.4 实验内容与步骤

1. 实验接线

380 V 三相交流电源连接至断路器 QA，QA 出线端接至变频器的输入端“L_1、L_2、L_3”，变频器输出端“U、V、W”连接至三相电动机。需要注意的是：变频器还要进行相应的接地保护连接。检查线路正确后，合上断路器 QA，向变频器送电。

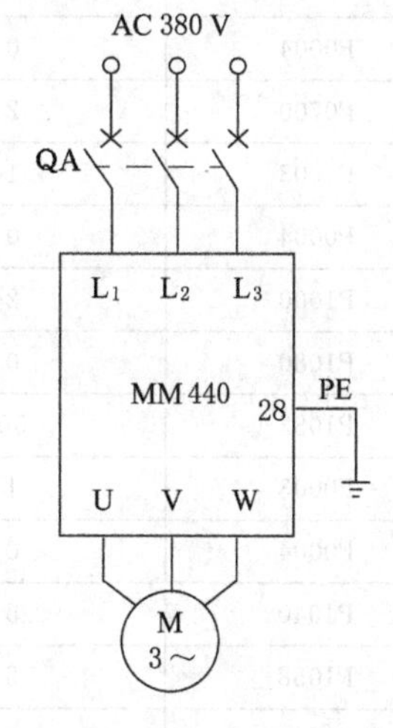

图 5-2　变频器的接线

2. 变频器参数复位

先在 BOP 上设定 P0010=30,P0970=1,然后再按下"P"键,将变频器的所有参数复位为出厂时的默认设置值,复位过程大约需 3 min 才能完成。

3. 设定电动机参数

为了使电动机与变频器相匹配以获得最优性能,须将电动机参数输入变频器,具体参数设定如表 5-4 所示。参数设定完成后,设置 P0010=0,使变频器处于预备状态,便于正常启动。

表 5-4 电动机参数的设定

参数号	出厂值	设定值	说 明
P0003	1	1	设用户访问级为标准级
P0010	0	1	快速调试
P0100	0	0	工作地区:功率以 kW 表示,频率为 50 Hz
P0304	230	380	电动机额定电压(V)
P0305	8	7.60	电动机额定电流(A)
P0307	4	3.50	电动机额定功率(kW)
P0310	50	50	电动机额定频率(Hz)
P0311	0	1440	电动机额定转速(r/min)

4. 设定变频器正反转及正反转点动控制参数

变频器正反转及正反转点动控制参数的设定如表 5-5 所示。

表 5-5 变频器正反转及正反转点动控制参数的设定

参数号	出厂值	设定值	说 明
P0003	1	1	设用户访问级为标准级
P0010	0	0	正确进行运行命令的初始化
P0004	0	7	命令和数字 I/O
P0700	2	1	由键盘输入设定值(选择命令源)
P0003	1	1	设用户访问级为标准级
P0004	0	10	设定值通道和斜坡函数发生器
P1000	2	1	由键盘(电动电位计)输入设定值
P1080	0	0	电动机运行的最低频率(Hz)
P1082	50	50	电动机运行的最高频率(Hz)
P0003	1	2	设用户访问级为扩展级
P0004	0	10	设定值通道和斜坡函数发生器
P1040	5	20	设定键盘控制的频率值(Hz)
P1058	5	10	正向点动频率(Hz)
P1059	5	10	反向点动频率(Hz)

表 5-5(续)

参数号	出厂值	设定值	说　明
P1060	10	5	点动斜坡上升时间(s)
P1061	10	5	点动斜坡下降时间(s)

5. 变频器运行操作实验

(1) 按“I”键，观察电动机是否正向启动，并升速至 20 Hz 频率所对应的 560 r/min 转速上，然后稳定运行。

(2) 在电动机转动时，按“▲”键或“▼”键，修改运行频率，观察电动机是否改变转速。

(3) 电动机反转：先按“O”键，观察电动机是否停止运转；再按“”键和“I”键，观察电动机是否反向启动，并升速至 20 Hz 频率所对应的 560 r/min 转速上，然后稳定运行。

(4) 电动机正转点动，先按“O”键，让电动机停止运转；再按住“JOG”键不放，观察电动机是否正常启动升速，并经过 1 s 后，稳定运行在 10 Hz 频率值对应的 280 r/min 转速上；松开“JOG”键，观察电动机是否开始降速，并经过 1 s 后电动机停止运转。

(5) 电动机反转点动，可先按“↶↷”键，然后重复步骤(4)的点动运行过程，观察电动机可否在变频器的驱动下实现反转点动。

5.2.5 实验报告

(1) 简述本实验的目的、器材、原理和内容。

(2) 总结实验中发现的问题、故障及解决的办法。

5.3 实验三——变频器外部端子控制电机正反转实验

5.3.1 实验目的

(1) 熟悉变频器的常规使用。

(2) 掌握变频器主电路和控制电路的连接。

(3) 掌握变频器由外部端子控制电机正反转的使用方法及相关参数的设置。

(4) 能够对所接电路进行检测、调试及电气故障排除。

5.3.2 实验器材

本实验所需实验器材如表 5-6 所示。

表 5-6　实验器材

序　号	符　号	名　称	型　号	数　量
1	QA	断路器	NB1-63,3P,D10	1
2	UF	变频器	MM440,4 kW	1
3	M	异步电动机	3.5 kW,1 440 r/min	1

表 5-6(续)

序号	符号	名称	型号	数量
4	SF	转换开关	LW5D-16	1
5	SF	按钮	LA2/380,绿色	2
6	—	万用表	FLUKE12E＋	1
7	—	工具	螺丝刀、尖嘴钳、剥线钳等	1套
8	—	辅材	导线、扎带、缠绕管、端子等	若干

5.3.3 实验要求及原理

BOP面板通常只能对变频器实现就地控制。在实际生产中,如果需要对变频器和电动机进行远程控制,则需要通过变频器的外部数字量端子来实现。外部端子可以接按钮、开关、继电器等低压电器,用以控制电动机的启动、停止、正反转、正反转点动及改变运行频率等操作,这种方法可大大提高生产的自动化水平。

1. MM440变频器数字量端子的使用说明

MM440变频器有6个数字量输入通道DIN_1～DIN_6。每个通道的功能可根据P0701～P0706的设定进行自定义:哪个作为电动机运行、停止控制,哪个作为多段频率控制完全由用户确定。

MM440变频器6个数字量输入通道的参数设定范围为“0～99”,出厂默认值为“1”,每种设定值的含义如表5-7所示。

表 5-7 数字量输入通道参数值的含义

设定值	含义	设定值	含义
0	禁止数字输入	13	MOP(电动电位计)升速(增加频率)
1	接通正转/断开停车命令1(停车命令1:正常停车方式,且为低电平有效)	14	MOP(电动电位计)降速(减少频率)
2	接通反转/断开停车命令1	15	固定频率设定值(直接选择)
3	停车命令2,按惯性自由停车,且为低电平有效。当命令有效时,变频器输出立即停止,电动机按惯性自由停车	16	固定频率设定值(直接选择＋ON命令)
4	停车命令3,按斜坡函数曲线快速降速停车,且为低电平有效。当停车命令3有效时,变频器输出立即停止,电动机按快速停车方式停车	17	固定频率设定值(二进制编码选择＋ON命令)
9	故障确认	25	直流注入制动
10	正向点动	29	由外部信号触发跳闸
11	反向点动	33	禁止附加频率设定值
12	反转	99	使能BICO参数化

2. 实验要求及原理

由外部数字量端子实现 1 台三相交流电动机的启动、停止、正反转运行、正反转点动。电动机参数为额定功率 3.5 kW，额定电流 7.6 A，额定电压 380 V，额定频率 50 Hz，额定转速 1 440 r/min。将变频器主电路和控制电路按图 5-3 进行接线，然后通过 BOP 面板对变频器相关参数进行设置，最后利用外部端子按钮进行电动机的启停和正反转控制。

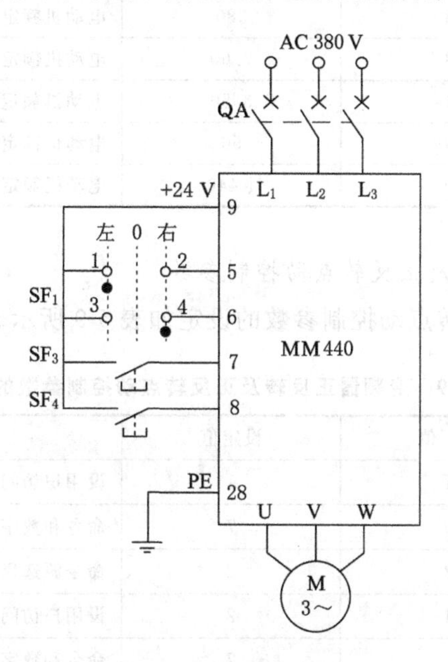

图 5-3　变频器的接线

5.3.4　实验内容与步骤

1. 实验接线

380 V 三相交流电源连接至断路器 QA，QA 出线端接至变频器的输入端“L_1、L_2、L_3”，变频器输出端“U、V、W”连接至三相电动机。需要注意的是：变频器还要进行相应的接地保护连接。外部数字量输入通道选用 DIN_1（端子 5）、DIN_2（端子 6）、DIN_3（端子 7）和 DIN_4（端子 8），其中端子 5 设置为正转，端子 6 设置为反转，端子 7 设置为正转点动，端子 8 设置为反转点动。所对应的功能通过 P0701、P0702、P0703、P0704 的参数设定实现，具体可见表 5-9。检查线路正确后，合上断路器 QA，向变频器送电。

2. 变频器参数复位

先在 BOP 上设定 P0010＝30，P0970＝1，然后再按下“P”键，将变频器的所有参数复位为出厂时的默认设置值，复位过程大约需 3 min 才能完成。

3. 设定电动机参数

为了使电动机与变频器相匹配以获得最优性能，须将电机参数输入变频器，具体参数设定如表 5-8 所示。参数设定完成后，设置 P0010＝0，使变频器处于预备状态，便于正常启动。

表 5-8　电动机参数的设定

参数号	出厂值	设定值	说　明
P0003	1	1	设用户访问级为标准级
P0010	0	1	快速调试
P0100	0	0	工作地区：功率以 kW 表示，频率为 50 Hz
P0304	230	380	电动机额定电压(V)
P0305	8	7.60	电动机额定电流(A)
P0307	4	3.50	电动机额定功率(kW)
P0310	50	50	电动机额定频率(Hz)
P0311	0	1 440	电动机额定转速(r/min)

4. 设定变频器正反转及正反转点动控制参数

变频器正反转及正反转点动控制参数的设定如表 5-9 所示。

表 5-9　变频器正反转及正反转点动控制参数的设定

参数号	出厂值	设定值	说　明
P0003	1	1	设用户访问级为标准级
P0004	0	7	命令和数字 I/O
P0700	2	2	命令源选择“由端子排输入”
P0003	1	2	设用户访问级为扩展级
P0004	0	7	命令和数字 I/O
P0701	1	1	ON 接通正转，OFF 停止
P0702	1	2	ON 接通反转，OFF 停止
P0703	9	10	正向点动
P0704	15	11	反向点动
P0003	1	1	设用户访问级为标准级
P0004	0	10	设定值通道和斜坡函数发生器
P1000	2	1	由键盘(电动电位计)输入设定值
P1080	0	0	电动机运行的最低频率(Hz)
P1082	50	50	电动机运行的最高频率(Hz)
P1120	10	5	斜坡上升时间(s)
P1121	10	5	斜坡下降时间(s)
P0003	1	2	设用户访问级为扩展级
P0004	0	10	设定值通道和斜坡函数发生器
P1040	5	30	设定键盘控制的频率值(Hz)
P1058	5	20	正向点动频率(Hz)
P1059	5	20	反向点动频率(Hz)
P1060	10	5	点动斜坡上升时间(s)
P1061	10	5	点动斜坡下降时间(s)

5. 变频器运行操作实验

(1) 变频器正向运行控制。当转换开关 SF_1 打到左边时，变频器的数字量输入通道 DIN_1 为 ON，观察电动机是否按以下过程进行运行：电动机按 5 s 斜坡上升时间正向启动，经过 2 s 后，稳定运行在 30 Hz 频率值对应的 864 r/min 转速上；当转换开关 SF_1 打到中间时，输入通道 DIN_1 为 OFF，观察电动机是否按以下过程进行运行：电动机按 5 s 斜坡下降时间开始减速，再经过 2 s 后，电动机停止运行。

(2) 变频器反向运行控制。当转换开关 SF_1 打到右边时，数字量输入通道 DIN_2 为 ON，观察电动机是否按以下过程进行运行：电动机按 5 s 斜坡上升时间反向启动，再经过 2 s 后，稳定运行在 30 Hz 频率值对应的 864 r/min 转速上；当转换开关 SF_1 打到中间时，输入通道 DIN_2 为 OFF，观察电动机是否按以下过程进行运行：电动机按 5 s 斜坡下降时间开始减速，再经过 2 s 后，电动机停止运行。

(3) 正转点动运行控制。当按下按钮 SF_3 时，数字量输入通道 DIN_3 为 ON，观察电动机是否按以下过程进行运行：电动机按 5 s 点动斜坡上升时间正向启动，再经过 1 s 后，稳定运行在正转点动 10 Hz 频率值对应的 280 r/min 转速上；当松开按钮 SF_3 时，数字量输入通道 DIN_3 为 OFF，观察电动机是否按以下过程进行运行：电动机按 5 s 点动斜坡下降时间开始减速，再经过 1 s 后，电动机停止运行。

(4) 反转点动运行控制。当按下按钮 SF_4 时，数字量输入通道 DIN_4 为 ON，观察电动机是否按以下过程进行运行：电动机按 5 s 点动斜坡上升时间反向启动，再经过 1 s 后，稳定运行在反转点动 10 Hz 频率值对应的 280 r/min 转速上；当松开按钮 SF_4 时，数字量输入通道 DIN_4 为 OFF，电动机按 5 s 点动斜坡下降时间开始减速，再经过 1 s 后，电动机停止运行。

(5) 电动机的速度调整。分别更改 P1040、P1058、P1059 的值，重复上述操作过程，观察电动机的正反转运行速度及正反转点动运行速度是否得到改变。

5.3.5 实验报告

(1) 简述本实验的目的、所需器材、原理和内容。

(2) 总结实验中发现的问题、故障及解决的办法。

5.4 实验四——变频器外部端子控制电机正反转及运行速度实验

5.4.1 实验目的

(1) 熟悉变频器的常规使用。

(2) 掌握变频器主电路和控制电路的连接。

(3) 掌握变频器由外部端子控制电动机正反转和运行速度的使用方法及相关参数的设置。

(4) 能够对所接电路进行检测、调试及电气故障排除。

5.4.2 实验器材

本实验所需实验器材如表 5-10 所示。

表 5-10 实验器材

序 号	符 号	名 称	型 号	数 量
1	QA	断路器	NB1-63,3P,D10	1
2	UF	变频器	MM440,4kW	1
3	M	异步电动机	3.5 kW,1 440 r/min	1
4	SF	转换开关	LW5D-16	1
5	RA	电位器	RXH-A8,1.1K	1
6	—	万用表	FLUKE12E+	1
7	—	工具	螺丝刀、尖嘴钳、剥线钳等	1套
8	—	辅材	导线、扎带、缠绕管、端子等	若干

5.4.3 实验要求及原理

在实际生产中,经常需要改变变频器的运行频率,其中采用外部端子改变运行频率是一种快捷而简单的方式。外部模拟量输入通道可连接两种信号,电压给定信号和电流给定信号,选择电流给定信号还是电压给定信号主要是根据信号传输距离的长短。电流信号在传输过程中不易受线路电压降、接触电阻以及杂散的热电效应和感应噪声等影响,抗干扰能力较强,故适合远距离传输。但在传输距离不远的情况下,仍可选用电压给定信号。通常电压给定信号的范围为 0～10 V、2～10 V、0～±10 V、0～5 V、1～5 V、0～±5 V 等,电流给定信号的范围为 0～20 mA、4～20 mA 等。

1. MM440 变频器模拟量输入通道的使用说明

MM440 变频器为用户提供两个模拟量输入通道,即端子 3 和 4 为第一个通道,标为 AIN_1,端子 10 和 11 为第二个通道,标为 AIN_2。在使用模拟量输入之前,必须进行以下两项的设定。

(1) I/O 板上的 DIP 拨码开关设定。该拨码开关是用于设定模拟量输入信号的类型。S_1 对应 AIN_1 通道,如果拨至 OFF,则为 0～10 V 电压信号,拨至 ON 则为 0～20 mA 电流信号;S2 对应 AIN_2 通道,具体情况与 S1 类似。

(2) 参数 P0756 的设定。通过 P0756 可以分别设定 2 个模拟量通道的属性,P0756[0]对应 AIN_1 的属性,P0756[1]对应 AIN_2 的属性,它们可能的设定值如表 5-11 所示。

表 5-11 模拟量输入通道参数值的含义

设定值	含 义	设定值	含 义
0	单极性电压输入 0～10 V	3	带监控的单极性电流输入 0～20 mA
1	带监控的单极性电压输入 0～10 V	4	双极性电压输入－10～＋10 V
2	单极性电流输入 0～20 mA		

2. 实验要求及原理

本实验要求实现由外部数字量和模拟量端子实现 1 台三相交流电动机的正反转运行和

变速。电动机参数为额定功率 3.5 kW，额定电流 7.6 A，额定电压 380 V，额定频率 50 Hz，额定转速 1 440 r/min。将变频器主电路和控制电路按图 5-4 进行接线，然后通过 BOP 面板对变频器相关参数进行设置，最后利用外部端子按钮进行电机的启停和正反转控制，并利用滑线变阻器改变变频器的运行频率。

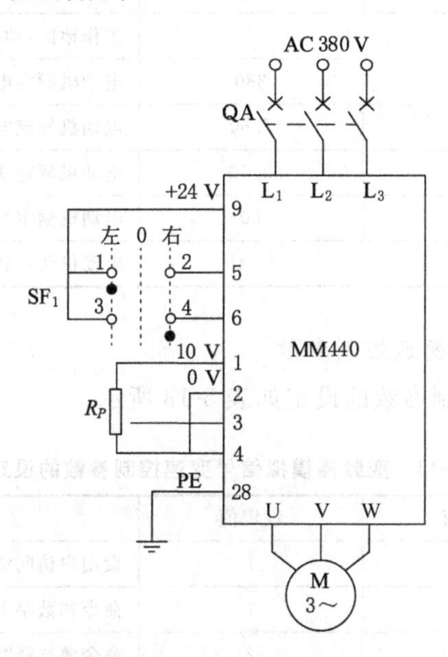

图 5-4　变频器的接线

5.4.4　实验内容与步骤

1. 实验接线

380 V 三相交流电源连接至断路器 QA，QA 出线端接至变频器的输入端"L_1、L_2、L_3"，变频器输出端"U、V、W"连接至三相电动机。需要注意的是：变频器还要进行相应的接地保护连接。外部模拟量输入通道选用 AIN_1，即端子 3 和 4。采用变频器自带的高精度 +10 V直流稳压电源（端子 1 和 2）作为电位器 R_P 的信号源。电位器的中间管脚接至端子 3，向模拟量输入通道 AIN_1 提供大小可调的模拟电压信号，使变频器不断输出频率可变的电压，从而实现电动机平滑无级调速。外部数字量端子选用 DIN_1（端子 5）、DIN_2（端子 6），其中端子 5 设置为正转控制，端子 6 设置为反转控制，所对应的功能通过设定 P0701、P0702 的参数值实现。检查线路正确后，合上断路器 QA，向变频器送电。

2. 变频器参数复位

先在 BOP 上设定 P0010＝30，P0970＝1，然后再按下"P"键，将变频器的所有参数复位为出厂时的默认设置值，复位过程大约需 3min 才能完成。

3. 设定电动机参数

为了使电动机与变频器相匹配以获得最优性能，须将电机参数输入变频器，具体参数设定如表 5-12 所示。参数设定完成后，设置 P0010＝0，使变频器处于预备状态，便于正常启动。

表 5-12　电动机参数的设定

参数号	出厂值	设定值	说　明
P0003	1	1	设用户访问级为标准级
P0010	0	1	快速调试
P0100	0	0	工作地区：功率以 kW 表示，频率为 50 Hz
P0304	230	380	电动机额定电压(V)
P0305	8	7.60	电动机额定电流(A)
P0307	4	3.50	电动机额定功率(kW)
P0310	50	50	电动机额定频率(Hz)
P0311	0	1 440	电动机额定转速(r/min)

4. 设定变频器模拟信号变速控制参数

变频器模拟信号变速控制参数的设定如表 5-13 所示。

表 5-13　变频器模拟信号变速控制参数的设定

参数号	出厂值	设定值	说　明
P0003	1	1	设用户访问级为标准级
P0004	0	7	命令和数字 I/O
P0700	2	2	命令源选择"由端子排输入"
P0701	1	1	ON 接通正转，OFF 停止
P0702	1	2	ON 接通反转，OFF 停止
P0003	1	1	设用户访问级为标准级
P1120	10	15	斜坡上升时间(s)
P1121	10	15	斜坡下降时间(s)
P0003	1	1	设用户访问级为标准级
P0004	0	10	设定值通道和斜坡函数发生器
P1000	2	2	频率设定值选择为"模拟输入"
P1080	0	0	电动机运行最低频率(Hz)
P1082	50	50	电动机运行最高频率(Hz)

5. 变频器运行操作实验

(1) 变频器正向运行控制。当转换开关 SF_1 打到右边时，变频器的数字量输入通道 DIN_1 为 ON，观察电动机是否按以下过程进行运行：电动机按 15 s 斜坡上升时间正向启动，经过 15 s 后，稳定运行在 1 440 r/min；改变外接电位器 R_P 触头的位置，使模拟量输入通道的电压信号从 0～10 V 变化，观察变频器的频率是否从 0～50 Hz 变化，观察电动机的转速是否从 0～1 440 r/min 变化；当转换开关 SF_1 打到中间时，数字量输入通道 DIN_1 为 OFF，观察电动机是否按以下过程运行：电动机按 15 s 斜坡下降时间开始减速，经过 15 s 后，电动机停止运行。

(2) 变频器反向运行控制。当转换开关 SF_1 打到左边时，变频器的数字量输入通道

DIN_2 为 ON，观察电动机是否按以下过程进行运行：电动机按 15 s 斜坡上升时间反向启动运行，经过 15 s 后，稳定运行在 1 440 r/min 转速上；改变外接电位器 R_P 触头的位置，使模拟量输入通道的电压信号从 0～10 V 变化，观察变频器的频率是否从 0～－50 Hz 变化，观察电动机的转速是否为反向从 0～1 440 r/min 变化；当转换开关 SF_1 打到中间时，数字量输入通道 DIN_2 为 OFF，观察电动机是否按以下过程进行运行：电动机按 15 s 斜坡下降时间开始减速，经过 15 s 后，电动机停止运行。

5.4.5 实验报告

(1) 简述本实验的目的、所需器材、原理和内容。

(2) 总结实验中发现的问题、故障及解决的办法。

5.5 实验五——变频器多段速控制实验

5.5.1 实验目的

(1) 熟悉变频器的常规使用。

(2) 掌握变频器主电路和控制电路的连接。

(3) 掌握变频器多段速控制的使用方法及相关参数的设置。

(4) 能够对所接电路进行检测、调试及电气故障排除。

5.5.2 实验器材

本实验所需实验器材如表 5-14 所示。

表 5-14 实验器材

序 号	符 号	名 称	型 号	数 量
1	QA	断路器	NB1-63,3P,D10	1
2	UF	变频器	MM440,4 kW	1
3	M	异步电动机	3.5 kW,1 440 r/min	1
4	SF	旋钮开关	XB2-BD21C，两挡	3
5	—	万用表	FLUKE12E＋	1
6	—	工具	螺丝刀、尖嘴钳、剥线钳等	1 套
7	—	辅材	导线、扎带、缠绕管、端子等	若干

5.5.3 实验要求及原理

在实际生产中，许多设备在不同阶段需要不同的转速，为此，需要引入变频器以实现多段速控制。变频器的多段速控制又称固定频率控制，在 MM440 变频器中，多段速控制可通过其内部的自由功能块、固定频率设定功能及 BICO 功能来实现。MM440 的多段速控制功能由于具有强大的可编程性,可大大简化整个控制系统的接线复杂程度。

1. 变频器固定频率的设定方法

MM440 变频器有 6 个数字量输入通道 DIN_1～DIN_6,对应的接线端子为 5—6—7—8—16—17。每个通道接通为“1”,断开为“0”,用户可通过多个通道的“0”“1”组合选择不同的运行频率,从而实现变频器的多段速控制。“0”“1”组合与不同运行频率之间的对应关系,可通过变频器内部参数的设置实现。在 MM440 变频器中,参数 P1001～P1015 用于设定固定频率的大小,最多可设定 15 个频率段;电动机的运行方向可由这 15 个频率段的正(+)、负(−)号决定。对于 P1001～P1015 所对应的每一个固定频率,在变频器运行时,都有 3 种选定方式,即直接选择、直接选择+ON 命令、二进制编码选择+ON 命令,具体可参考第 4 章的功能调试部分的内容。无论采用哪种方法,都必须先设定参数 P1000(频率给定源)=3(固定频率)。

2. 实验要求及原理

变频器固定频率设定采用二进制编码选择+ON 命令设定方法实现 1 台三相交流电动机的 3 段速固定频率正向运行。电动机参数为额定功率 3.5 kW,额定电流 7.6 A,额定电压 380 V,额定频率 50 Hz,额定转速 1 440 r/min。

第 1 频段:输出频率为 10 Hz,电动机转速为 288 r/min,正向运行。

第 2 频段:输出频率为 30 Hz,电动机转速为 864 r/min,正向运行。

第 3 频段:输出频率为 50 Hz,电动机转速为 1 440 r/min,正向运行。

将变频器主电路和控制电路按图 5-5 进行接线;然后通过 BOP 面板对变频器相关参数进行设置;最后利用外部端子按钮进行电动机的多段速控制。

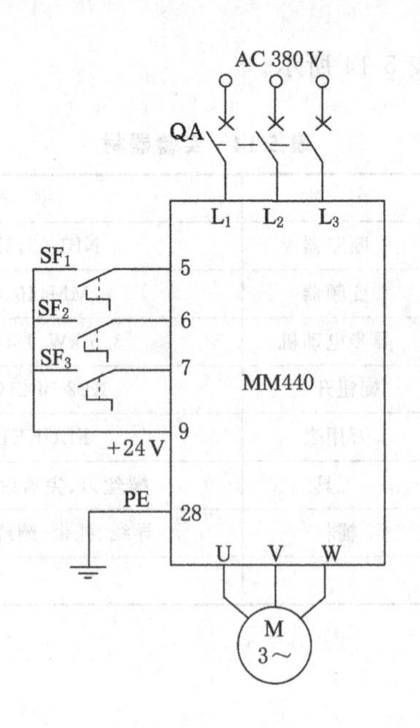

图 5-5　变频器的接线

5.4 实验内容与步骤

1. 实验接线

380 V三相交流电源连接至断路器QA,QA出线端接至变频器的输入端“L_1、L_2、L_3”,变频器输出端“U、V、W”连接至三相电动机。需要注意的是:变频器还要进行相应的接地保护连接。变频器的3段速控制至少需要3个数字输入通道,现选用DIN1(端子5)、DIN2(端子6)和DIN3(端子7)。端子5、端子6设为3段速控制端,由选择开关SF1和SF2组合成不同的状态进行频率的选择。本实验中选择二进制编码“01、10、11”对应变频器参数P1001、P1002、P1003中的固定频率。端子7设置为电动机启动和停止的控制端,所对应的功能通过P0703的参数值设定。检查线路正确后,合上断路器QA,向变频器送电。

2. 变频器参数复位

先在BOP上设定P0010=30,P0970=1,然后再按下“P”键,将变频器的所有参数复位为出厂时的默认设置值,复位过程大约需3 min才能完成。

3. 设定电动机参数

为了使电动机与变频器相匹配以获得最优性能,须将电机参数输入变频器,具体参数设定如表5-15所示。参数设定完成后,设置P0010=0,使变频器处于预备状态,便于正常启动。

表5-15 电动机参数的设定

参数号	出厂值	设定值	说 明
P0003	1	1	设用户访问级为标准级
P0010	0	1	快速调试
P0100	0	0	工作地区:功率以kW表示,频率为50 Hz
P0304	230	380	电动机额定电压(V)
P0305	8	7.60	电动机额定电流(A)
P0307	4	3.50	电动机额定功率(kW)
P0310	50	50	电动机额定频率(Hz)
P0311	0	1 440	电动机额定转速(r/min)

4. 设定变频器3段速控制参数

变频器3段速控制参数的设定如表5-16所示。其中3个频段的频率值可根据用户要求通过参数P1001、P1002、P1003来设定。当电动机需要反向运行时,只要将相对应频段的频率值设定为负值(如-10 Hz)即可。

表 5-16　变频器 3 段速控制参数的设定

参数号	出厂值	设定值	说　明
P0003	1	1	设用户访问级为标准级
P0004	0	7	命令和数字 I/O
P0700	2	2	命令源选择“由端子排输入”
P0003	1	2	设用户访问级为扩展级
P0004	0	7	命令和数字 I/O
P0701	1	17	二进制编码选择＋ON 命令
P0702	1	17	二进制编码选择＋ON 命令
P0703	9	1	ON 接通正转，OFF 停止
P0003	1	1	设用户访问级为标准级
P0004	2	10	设定值通道和斜坡函数发生器
P1000	2	3	选择固定频率设定值
P0003	1	2	设用户访问级为扩展级
P0004	0	10	设定值通道和斜坡函数发生器
P1001	0	10	固定频率 1(10 Hz)
P1002	5	30	固定频率 2(30 Hz)
P1003	10	50	固定频率 3(50 Hz)

5. 变频器运行操作实验

(1) 电动机启动允许。将选择开关 SF_3 打到右边，使数字量输入通道 DIN_3 为 ON，从而允许电动机启动。

(2) 第 1 频段控制。将选择开关 SF_1 打到右边且保证 SF_2 处于中间位置，此时二进制编码为“01”，数字量输入通道 DIN_1 为 ON、DIN_2 为 OFF，观察变频器是否稳定输出 10 Hz 频率电压，观察电动机是否运行在 288 r/min 转速上(正向运行)。

(3) 第 2 频段控制。将选择开关 SF_2 打到右边、且保证 SF_1 处于中间位置，此时二进制编码为“10”，数字量输入通道 DIN_1 为 OFF、DIN_2 为 ON，观察变频器是否稳定输出 30 Hz 频率电压，观察电动机是否运行在 864 r/min 转速上(正向运行)。

(4) 第 3 频段控制。将选择开关 SF_1 和 SF_2 都打到右边，此时二进制编码为“11”，数字量输入通道 DIN_1 和 DIN_2 都为 ON，观察变频器是否稳定输出 50 Hz 频率电压，观察电动机是否运行在 1 440 r/min 转速上(正向运行)。

(5) 电动机停止运行(0 频段)。操作方法 1：将选择开关 SF_1 和 SF_2 都打到中间位置，此时二进制编码为“00”，数字量输入通道 DIN_1 和 DIN_2 都为 OFF，观察电动机是否停止运行(0 频段)。操作方法 2：在电动机正常运行的任何频段，将 SF_3 打到中间位置，使数字量输入通道 DIN_3 为 OFF，观察电动机是否停止运行。

5.5.5　实验报告

(1) 简述本实验的目的、所需器材、原理和内容。

(2) 总结实验中发现的问题、故障及解决办法。

5.6　实验六——变频器转速 PID 闭环控制实验

5.6.1　实验目的

(1) 熟悉变频器的常规使用。

(2) 掌握变频器主电路和控制电路的连接。

(3) 掌握变频器 PID 闭环控制的使用方法及相关参数的设置。

(4) 能够对所接电路进行检测、调试及电气故障排除。

5.6.2　实验器材

本实验所需实验器材如表 5-17 所示。

表 5-17　实验器材

序号	符号	名称	型号	数量
1	QA	断路器	NB1-63,3P,D10	1
2	UF	变频器	MM440,4 kW	1
3	M	异步电动机	3.5 kW,1 440 r/min	1
4	SF	旋钮开关	XB2-BD21C,两挡	1
5	—	转速变送器	TR 转速变送器,4～20 mA,0～5 000 r/min,二线制	1
6	—	万用表	FLUKE12E+	1
7	—	工具	螺丝刀、尖嘴钳、剥线钳等	1套
8	—	辅材	导线、扎带、缠绕管、端子等	若干

5.6.3　实验要求及原理

1. PID 控制简介

PID 控制,又称比例-积分-微分控制,是一种常用的闭环控制,它由比例单元 P、积分单元 I 和微分单元 D 组成。所谓闭环控制,就是使被控物理量能够迅速而准确地无限接近控制目标的一种手段。为了达到该目标,在 PID 控制中至少需要两种控制信号,即目标信号和反馈信号。目标信号是某物理量预期要达到的稳定值所对应的电信号,而该物理量通过传感器测量到的实际值对应的电信号称为反馈信号。在具体应用过程中,为了使某个物理量稳定在预期的目标值上,必须将被控量的信号反馈给 PID 控制器并与被控量的目标信号不断地进行比较,以判断是否已经达到预定的控制目标。如果尚未达到,则根据两者的差值进行实时地调整,直至达到预定的控制目标为止。

在企业生产实际中,由于工艺的要求,往往需要有稳定的压力、温度、流量、液位或转速，用以保证产品的质量，这就需要 PID 控制器来满足这些生产工艺的要求。MM440 变频器内部配置有 PID 控制功能，可以直接应用于闭环控制系统，这可大大简化控制系统的复杂度，从而提高系统的可靠性和经济效益。

2. 实验要求及原理

利用 MM440 变频器内部有 PID 调节器，实现 1 台三相交流电动机的正向稳速运行。电动机参数为：额定功率 3.5 kW，额定电流 7.6 A，额定电压 380 V，额定频率 50 Hz，额定转速 1 440 r/min。

MM440 变频器的 PID 闭环控制原理如图 5-6 所示。

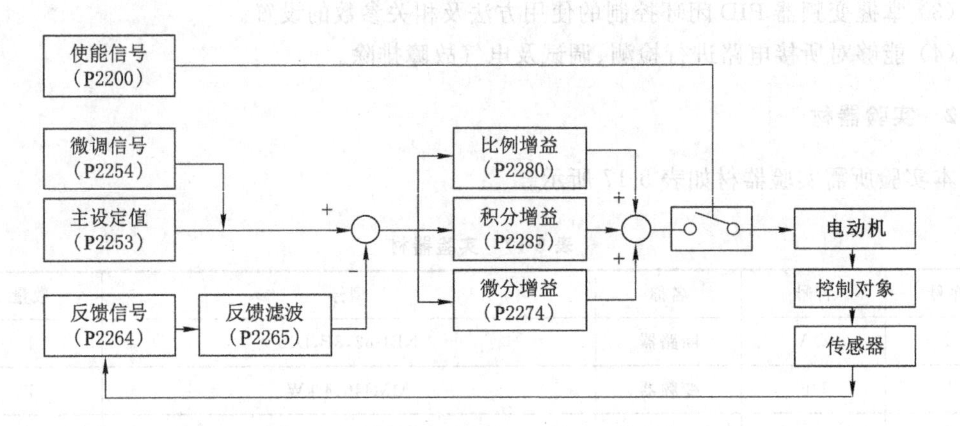

图 5-6　变频器 PID 控制原理

其中 PID 控制的给定源和反馈源的设置如表 5-18 和表 5-19 所示。本实验中设定给定源 P2253=2250，即目标信号由 BOP 给定，反馈源 P2264=755.1，即反馈信号由模拟通道 2 给定。

表 5-18　变频器 PID 控制的给定源设定

PID 给定源	设定值	功能解释	说　明
P2253	2250	BOP	通过改变 P2240 改变目标值
	755.0	模拟通道 1	通过改变模拟量大小改变目标值
	755.1	模拟通道 2	

表 5-19　变频器 PID 控制的反馈源设定

PID 反馈源	设定值	功能解释	说　明
P2264	755.0	模拟通道 1	当模拟量波动较大时，可适当加大滤波时间，确保系统稳定
	755.1	模拟通道 2	

将变频器主电路和控制电路按图 5-7 进行接线，然后通过 BOP 面板对变频器相关参数进行设置，最后利用内置 PID 控制器实现电动机转速的闭环控制。

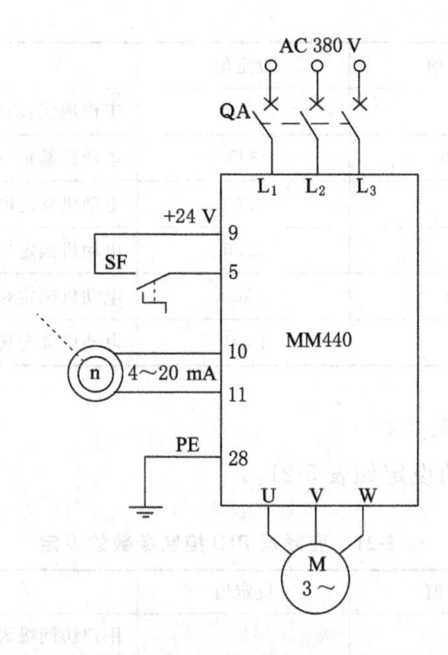

图 5-7　变频器的接线

5.6.4　实验内容与步骤

1. 实验接线

380V 三相交流电源连接至断路器 QA，QA 出线端接至变频器的输入端"L_1、L_2、L_3"，变频器输出端"U、V、W"连接至三相电动机。需要注意的是：变频器还要进行相应的接地保护连接。将 I/O 板上的 DIP 拨码开关 S_2 设定为 ON，表示 AIN_2 模拟量输入的类型为 4～20 mA电流信号。在模拟输通道 AIN_2 上（端子 10 和 11）接入 4～20 mA 的转速传感器，数字量输入通道 DIN_1（端子 5 和 9）接旋钮开关 SF 控制电动机的启停。检查线路正确后，合上断路器 QA，向变频器送电。

2. 变频器参数复位

先在 BOP 上设定 P0010＝30，P0970＝1，然后再按下"P"键，将变频器的所有参数复位为出厂时的默认设置值，复位过程大约需 3 min 才能完成。

3. 设定电动机参数

为了使电动机与变频器相匹配以获得最优性能，须将电机参数输入变频器，具体参数设定如表 5-20 所示。参数设定完成后，设置 P0010＝0，使变频器处于预备状态，便于正常启动。

表 5-20　电动机参数的设定

参数号	出厂值	设定值	说　明
P0003	1	1	设用户访问级为标准级
P0010	0	1	快速调试

表 5-20(续)

参数号	出厂值	设定值	说明
P0100	0	0	工作地区:功率以kW表示,频率为50 Hz
P0304	230	380	电动机额定电压(V)
P0305	8	7.60	电动机额定电流(A)
P0307	4	3.50	电动机额定功率(kW)
P0310	50	50	电动机额定频率(Hz)
P0311	0	1 440	电动机额定转速(r/min)

4. 设定变频器PID控制参数

变频器PID控制参数的设定如表5-21。

表 5-21　变频器PID控制参数的设定

参数号	出厂值	设定值	说明
P0003	1	2	用户访问级为扩展级
P0004	0	0	参数过滤显示全部参数
P0700	2	2	由端子排输入(选择命令源)
P0701	1	1	端子 DIN_1 功能为ON接通正转,OFF停止
P0702	12	0	端子 DIN_2 禁用
P0703	9	0	端子 DIN_3 禁用
P0704	0	0	端子 DIN_4 禁用
P0725	1	1	端子DIN输入为高电平有效
P1000	2	1	频率设定由BOP键盘设置
P1080	0	20	电动机运行的最低频率(下限频率)(Hz)
P1082	50	50	电动机运行的最高频率(上限频率)(Hz)
P2200	0	1	PID控制功能有效
P0003	1	3	用户访问级为专家级
P0004	0	0	参数过滤显示全部参数
P2280	3	25	PID比例增益系数
P2285	0	5	PID积分时间
P2291	100	100	PID输出上限(%)
P2292	0	0	PID输出下限(%)
P2293	1	1	PID限幅的斜坡上升/下降时间(s)

5. 设定变频器目标信号参数

本实验的目标信号源为BOP面板,因此设置参数P2253=2 250,其他目标信号参数的具体设置如表5-22所示。

表 5-22　变频器目标信号参数的设定

参数号	出厂值	设定值	说　明
P0003	1	3	用户访问级为专家级
P0004	0	0	参数过滤显示全部参数
P2253	0	2 250	已激活的 PID 设定值(PID 设定值信号源)
P2240	10	60	由面板 BOP 设定的目标值(%)
P2254	0	0	无 PID 微调信号源
P2255	100	100	PID 设定值的增益系数
P2256	100	0	PID 微调信号增益系数
P2257	1	1	PID 设定值的斜坡上升时间(s)
P2258	1	1	PID 设定值的斜坡下降时间(s)
P2261	0	0	PID 设定值无滤波

这里需要注意的是目标值的计算与设定。由于反馈信号通常是通过模数转换过的数字量,与物理量预期稳定值不是同一种量纲,难以直接进行比较,因此目标信号的设定值一般用物理量预期稳定值与传感器量程之比的百分数来表示,即:目标信号设定值=物理量预期稳定值/传感器量程×100%。

例如,电动机转速(物理量)预期稳定值 1 000 r/min,所选用的转速传感器的量程为 5 000 r/min,则目标信号的设定值为:1000/5 000×100%=20%。

当反馈信号输入的范围为 4~20 mA 时,4 mA 对应的转速为 0 r/min,20 mA 对应的转速为 5 000 r/min,当实际电机转速为 1 500 r/min 时所对应的反馈信号输入电流为 7.2 mA,这时的反馈信号百分比为 30%。

6. 设定变频器反馈信号参数

反馈信号参数的设定如表 5-23 所示,其中反馈源参数 P2264=755.1 表示反馈信号由模拟通道 2 给定。

表 5-23　变频器反馈信号参数的设定

参数号	出厂值	设定值	说　明
P0003	1	3	用户访问级为专家级
P0004	0	0	参数过滤显示全部参数
P2264	755.0	755.1	PID 反馈信号由 AIN_2+(即模拟输入 2)设定
P2265	0	0	PID 反馈信号无滤波
P2267	100	100	PID 反馈信号的上限值(%)
P2268	0	0	PID 反馈信号的下限值(%)
P2269	100	100	PID 反馈信号的增益(%)
P2270	0	0	不用 PID 反馈器的数学模型
P2271	0	0	PID 传感器的反馈形式为正常

7. 变频器运行操作

(1) 将选择开关转至右边,变频器数字量输入通道端 DIN_1 为 ON,观察电动机是否按 1 s斜坡上升时间升速至 1 000 r/min,且保持稳定运行。

(2) 增加电动机负载,观察电动机是否能够快速恢复至 1 000 r/min,且保持稳定运行。

(3) 在 BOP 操作面板上按动"▲"键或"▼"键改变给定目标值,观察电动机转速是否可以快速跟踪给定目标值(当设定 P2231=1 时,通过"▲"键或"▼"键改变了的目标信号设定值将被保存在内存中)。

(4) 将选择开关转至中间,变频器数字量输入通道端 DIN_1 为 OFF,观察电动机是否停止运行。

5.6.5 实验报告

(1) 简述本实验的目的、所需器材、原理和内容。

(2) 总结实验中发现的问题、故障及解决的办法。

5.7 实验七——变频器本地-远程控制实验

5.7.1 实验目的

(1) 熟悉变频器的常规使用。

(2) 掌握变频器主电路和控制电路的连接。

(3) 掌握变频器本地-远程控制的使用方法及相关参数的设置。

(4) 能够对所接电路进行检测、调试及电气故障排除。

5.7.2 实验器材

本实验所需实验器材如表 5-24 所示。

表 5-24 实验器材

序号	符号	名称	型 号	数 量
1	QA	断路器	NB1-63,3P,D10	1
2	UF	变频器	MM440,4 kW	1
3	M	异步电动机	3.5 kW,1 440 r/min	1
4	SF	旋钮开关	XB2-BD21C,两挡	2
5	RA	滑线变阻器	RXH-A8,1.1K	1
6	—	智能信号发生器	MIK-C702	1
7	—	万用表	FLUKE12E+	1
8	—	工具	螺丝刀、尖嘴钳、剥线钳等	1套
9	—	辅材	导线、扎带、缠绕管、端子等	若干

5.7.3　实验要求及原理

1. 变频器 BICO 功能简介及原理

本地及远程控制是指在两个地方可以相互独立、互不干扰地对同一台变频器进行启停控制和频率给定。其中,两地启停控制比较容易通过增加万能转换开关实现,但对于频率给定往往难于无缝切换或不能完全独立控制。因此可以利用变频器的 BICO 功能,通过切换控制参数组(CDS)来实现本地及远程的独立控制。BICO 功能是西门子变频器特有的功能,其工作原理如下:

MM440 变频器为用户提供了 3 套 CDS,在每套 CDS 里可以设定不同的给定源和命令源。CDS 在变频器运行过程中是可以切换的,当选择不同的 CDS 控制变频器运行时,即可实现本地及远程控制。需要注意的是:第 2 套 CDS 是专为 BOP 操作面板准备的,不能设定为其他控制方式,如果本地与远程控制都是通过端子操作的,则只能使用第 1 套或第 3 套 CDS。

CDS 的选择切换主要通过 2 个参数实现:CDS 位 0(P0810)参数和 CDS 位 1(P0811)参数。参数 P0810 和 P0811 的不同组合,可以实现多组控制参数组的选择切换,其对应关系如图 5-8 所示。

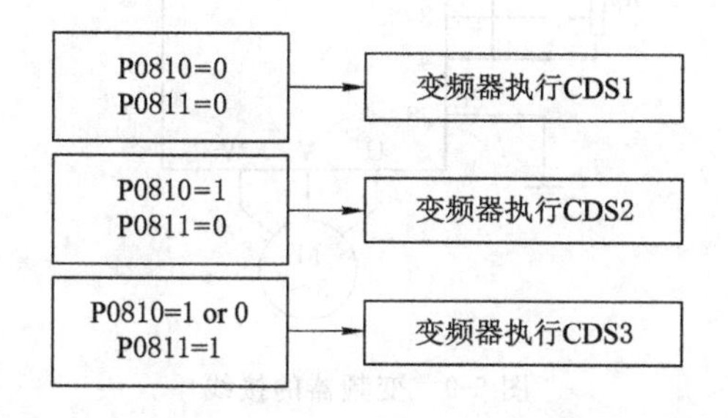

图 5-8　参数 P0810 和 P0811 与参数组的对应关系

然而,在实际应用中通常需要用数字输入端子来控制变频器参数组的切换,为了建立输入端子与参数 P0810 和 P0811 之间的对应关系,具体方法如下(以数字输入 3 为例):首先设置 P0703＝99,然后将数字输入 3 的状态赋给参数 P0810,即 P0810＝722.2,就可以通过数字端子 3 来实现第一、二组参数的切换。所谓的远程与本地之间的切换即将第一组参数设置成外围端子控制,第二组参数设置成 BOP 面板控制。同时,可以进行两路模拟通道之间的切换。除了例子之外,参数 P0810 和 P0811 还可能的设定值如下。

“722.0”——数字输入 1 通道,要求 P0701 设定为“99”BICO。

“722.1”——数字输入 2 通道,要求 P0702 设定为“99”BICO。

“722.3”——数字输入 4 通道,要求 P0704 设定为“99”BICO。

“722.4”——数字输入 5 通道,要求 P0705 设定为“99”BICO。

“722.5”——数字输入 6 通道,要求 P0706 设定为“99”BICO。

“722.6”——数字输入 7 通道经由模拟输入 1,要求 P0707 设定为“99”。

“722.7”——数字输入 8 通道经由模拟输入 2,要求 P0708 设定为“99”。

2. 实验要求

通过变频器 CDS 的切换实现本地(第 1 参数组运行)及远程(第 3 参数组运行)的独立控制,其中本地控制由 AIN_1 输入模拟电压信号调节频率,远程控制由 AIN_2 输入模拟电流信号调节频率。电动机参数:额定功率 3.5 kW,额定电流 7.6 A,额定电压 380 V,额定频率 50 Hz,额定转速 1 440 r/min。

将变频器主电路和控制电路按图 5-9 进行接线,然后通过 BOP 面板对变频器相关参数进行设置,最后利用变频器的 BICO 功能实现电机的本地-远程控制。

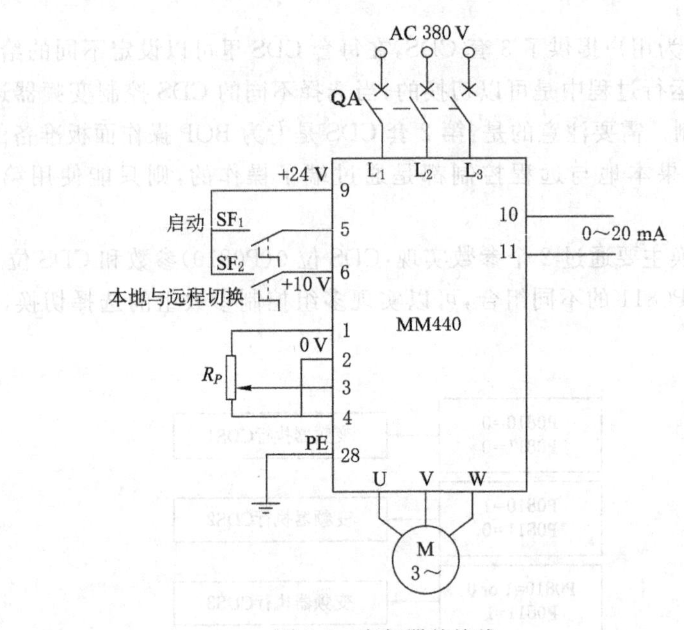

图 5-9　变频器的接线

5.7.4　实验内容与步骤

1. 实验接线

380 V 三相交流电源连接至断路器 QA,QA 出线端接至变频器的输入端“L_1、L_2、L_3”,变频器输出端“U、V、W”连接至三相电动机。需要注意的是:变频器还要进行相应的接地保护连接。模拟量输入通道 AIN_1(端子 3 和 4)作为本地频率控制,通过变频器自带的高精度+10 V 模拟电压信号调节频率。模拟量输入通道 AIN_2(端子 10 和 11)作为远程频率控制,通过 0～20 mA 的模拟电流信号调节频率(来自智能信号发生器)。数字量通道 DIN_1(端子 5)作为启停控制,DIN_2(端子 6)作为本地及远程切换控制。I/O 板上的 DIP 拨码开关 S_1 设定为 OFF,表示 AIN_1 为 0～10 V 电压信号,S_2 设定为 ON,表示 AIN_2 为 0～20 mA 电流信号。检查线路正确后,合上断路器 QA,向变频器送电。

2. 变频器参数复位

先在 BOP 上设定 P0010=30,P0970=1,然后再按下“P”键,将变频器的所有参数复位为出厂时的默认设置值,复位过程大约需 3 min 才能完成。

3. 设定电动机参数

为了使电动机与变频器相匹配以获得最优性能，须将电机参数输入变频器，具体参数设定如表5-25所示。参数设定完成后，设置P0010＝0，使变频器处于预备状态，便于正常启动。

表5-25　电动机参数的设定

参数号	出厂值	设定值	说　明
P0003	1	1	设用户访问级为标准级
P0010	0	1	快速调试
P0100	0	0	工作地区：功率以kW表示，频率为50 Hz
P0304	230	380	电动机额定电压(V)
P0305	8	7.60	电动机额定电流(A)
P0307	4	3.50	电动机额定功率(kW)
P0310	50	50	电动机额定频率(Hz)
P0311	0	1 440	电动机额定转速(r/min)

4. 设定变频器本地及远程控制参数

变频器本地及远程控制参数的设定见表5-26。

表5-26　变频器本地及远程控制参数的设定

参数号	出厂值	设定值	说　明
P0003	1	3	设用户访问级为专家级(应用BICO功能时，必须进入专家级)
P0004	0	0	全部参数
P0700[0]	2	2	命令源选择由端子排输入(第1参数组)
P0700[2]	2	2	命令源选择由端子排输入(第3参数组)
P0701[0]	1	1	命令端子(5)“ON”启动，“OFF”停止(第1参数组)
P0701[2]	1	1	命令端子(5)“ON”启动，“OFF”停止(第3参数组)
P0702[0]	2	99	命令端子(6)使能BICO参数化，“ON”远程，“OFF”本地(第1参数组)
P0702[2]	2	99	命令端子(6)使能BICO参数化，“ON”远程，“OFF”本地(第3参数组)
P0811	0.0	722.1	命令端子(6)“ON”选择第3参数组，“OFF”选择第1参数组
P0810	0.0	722.1	要求将P0702设定为“99”，并将端子(6)的状态复制给P0810
P1000[0]	2	2	命令运行第1参数组时，频率设定值选择AIN_1通道(第1参数组)
P1000[2]	2	7	命令运行第3参数组时，频率设定值选择AIN_2通道(第3参数组)

表 5-26(续)

参数号	出厂值	设定值	说明
P0756[0]	0	0	命令 AIN_1 选择输入电压信号(第 1 参数组)
P0756[1]	0	2	命令 AIN_2 选择输入电流信号(第 3 参数组)
P0759[0]	10	10	命令电压 10 V 对应的 100%标度为 50Hz(第 1 参数组)
P0759[1]	10	20	命令电流 20 mA 对应的 100%标度为 50Hz(第 3 参数组)

5. 变频器运行操作实验

(1) 电动机启动允许。将选择开关 SF_1 打到右边,使数字量输入通道 DIN_1 为 ON,从而允许电动机启动。

(2) 本地运行控制。将选择开关 SF_2 保持在中间位置,使数字量输入通道 DIN_2 为 OFF,变频器选择第 1 参数组本地运行,旋转电位器,观察电动机是否根据电位器的输入进行调速转动。

(3) 远程运行控制。将选择开关 SF_2 打到右边位置,使数字量输入通道 DIN_2 为 ON,变频器选择第 3 参数组远程运行,利用智能信号发生器改变通入 AIN_2 的模拟电流信号,观察电动机是否根据该电流信号进行调速转动。

(4) 电动机停止运行。将选择开关 SF_1 打到中间位置,使数字量输入通道 DIN_1 为 OFF,观察电动机是否停止运行。

5.7.5 实验报告

(1) 简述本实验的目的、所需器材、原理和内容。

(2) 总结实验中发现的问题、故障及解决的办法。

第二部分

S7-1200PLC 实验

第 6 章　S7-1200PLC 的硬件基础

S7-1200 是西门子公司 2009 年推出的新一代小型 PLC，主要面向中小型自动化任务。它集成了 PROFINET 接口，采用模块化设计并具备强大的集成工艺功能，可满足不同自动化系统的需求。S7-1200PLC 目前有 7 种型号 CPU 模块，CPU 1211C、CPU 1212C、CPU 1214C、CPU 1215C、CPU 1217C、CPU 1214FC、CPU 1215FC，具体类型如图 6-1 所示。其中除了 CPU1211C 外，其他每种 CPU 模块都还可以在其右侧连接信号模块、通信模块，进一步扩展 I/O 容量和通信功能，以完全满足实际系统需要。此外，S7-1200PLC 另一个特别之处是：可在 CPU 的前端面加装一个信号板，用于扩展少量的数字量或模拟量 I/O，且不影响 CPU 模块的实际大小和布局安装。

6.1　CPU 模块及其拆装

6.1.1　CPU 模块的外形结构

S7-1200 PLC 不同型号的 CPU 模块的外形结构类似，在此以 CPU 1214C 为例进行介绍，其具体外形及结构如图 6-2 所示。

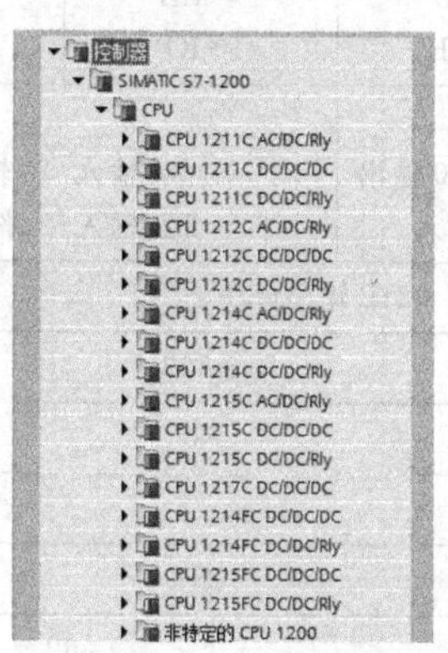

图 6-1　CPU 模块类型

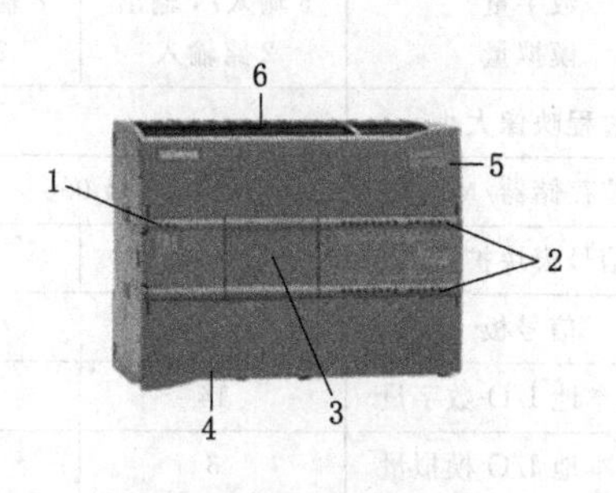

图 6-2　CPU 模块外形与结构

(1) 图中“1”是 3 个指示 CPU 运行状态的 LED(发光二极管)：STOP/RUN 指示灯的颜色为纯绿色时指示 RUN 模式，纯橙色时指示 STOP 模式，绿色和橙色交替闪烁指示 CPU 正在启动；ERROR 指示灯为纯红色时指示硬件出现故障，红色闪烁状态时指示有错误，如 CPU 内部错误、存储卡错误或组态错误(模块不匹配)等；MAINT 指示灯在每次插入存储卡时闪烁。

(2) 图中“2”是集成I/O(输入/输出)的状态LED,用于指示各数字量输入或输出的信号状态。

(3) 图中“3”是安装信号板(安装时拆除盖板):拆卸下CPU上的挡板可以安装一个信号板(signal board,SB),通过信号板可以在不增加空间的前提下给CPU增加数字量或模块量的I/O点数。

(4) 图中“4”是PROFINET以太网接口,形式是RJ-45连接器,用于实现以太网通信,还提供了两个可指示以太网通信状态的指示灯。其中“Link”(绿色)点亮表示连接成功,“R×/T×”(黄色)点亮指示传输活动。

(5) 图中“5”是存储器插槽(在盖板下面),用于程序和数据的存储。

(6) 图中“6”是可拆卸的接线端子板,用于外接输入输出信号。

6.1.2 CPU技术性能指标

S7-1200 PLC是面向离散、独立自动化系统的紧凑型产品,定位在原S7-200 PLC和S7-300 PLC产品之间,它在S7-200PLC原有功能的基础上新增了许多功能。表6-1给出了目前S7-1200 PLC系列不同型号的性能指标。

表6-1 S7-1200 PLC系列CPU的性能指标

型 号	CPU 1211C	CPU 1212C	CPU 1214C	CPU 1215C	CPU 1217C
电源/输入/输出	DC/DC/DC, AC/DC/RLY, DC/DC/ RLY				DC/DC/DC
物理尺寸/mm	90×100×75	110×100×75	130×100×75	150×100×75	
用户存储器 工作存储器 装载存储器 保持性存储器	 50 KB 1 MB 10 KB	 75 KB 1 MB 10 KB	 100 KB 4 MB 10 KB	 125 KB 4 MB 10 KB	 150 KB 4 MB 10 KB
本机集成I/O 数字量 模拟量	 6输入/4输出 2路输入	 8输入/6输出 2路输入	 14输入/10输出 2路输入	 14输入/10输出 2路输入/2路输出	
过程映像大小	1 024B输入(I)和1 024B输出(Q)				
位存储器/MB	4 096		8 192		
信号模块扩展	无	2	8		
信号板	1				
最大本地I/O-数字量	14	82	284		
最大本地I/O-模拟量	3	19	67	69	
通信模块	3(左侧扩展)				
高速计数器 单相 正交相位	3路 3个,100 kHz 3个,80 kHz	5路 3个,100 kHz 1个,30 kHz 3个,80 kHz 1个,20 kHz	6路 3个,100 kHz 3个,30 kHz 3个,80 kHz 3个,20 kHz	6路 3个,100 kHz 3个,30 kHz 3个,80 kHz 3个,20 kHz	6路 4个,1 MHz 2个,100 kHz 3个,1 MHz 3个,100 kHz
脉冲输出	最多4路,CPU本体100 kHz,通过信号板可输出200 kHz(CPU1217最多支持1 MHz)				

表 6-1(续)

型　号	CPU 1211C	CPU 1212C	CPU 1214C	CPU 1215C	CPU 1217C
存储卡	SIMATIC 存储卡(选件)				
实时时间保持时间	通常为 20 d,40 ℃时最少 12 d				
PROFINET	1 个以太网通信端口			2 个以大网通信端口	
实数数学运算执行速度	2.3 μs/指令				
布尔运算执行速度	0.08 μs/指令				

对于最常用的四款 CPU(CPU 1211C、CPU 1212C、CPU 1214C、CPU 1215C),又可根据电源/输入信号/输出信号的类型分成 3 个版本,分别为 DC/DC/DC、DC/DC/RLY、AC/DC/RLY,其中 DC 表示直流、AC 表示交流、RLY(Relay)表示继电器。每种版本的电源和输入\输出信号的技术参数如表 6-2 所示。

表 6-2　S7-1200 常用 CPU 的 3 种版本

版　本	电源电压	DI 输入电压	DO 输出电压	DO 输出电流
DC/DC/DC	DC 24V	DC 24V	MOSFET 有源输出:DC 24V	MOSFET 有源输出:0.5 A
DC/DC/RLY	DC 24V	DC 24V	无源节点:DC 5～30V,AC 5～250V	无源节点:2A,DC 30W/AC 200W
AC/DC/RLY	AC 85～264V	DC 24V	无源节点:DC 5～30V,AC 5～250V	无源节点:2A,DC 30W/AC 200W

6.1.3　CPU 安装和拆卸

CPU 模块可以通过导轨卡夹很方便地安装到 35 mm 的标准 DIN 导轨或面板上,具体如图 6-3 所示。如果有通信模块,则需要先将其连接到 CPU 上,然后将它们作为一个整体安装到导轨上。

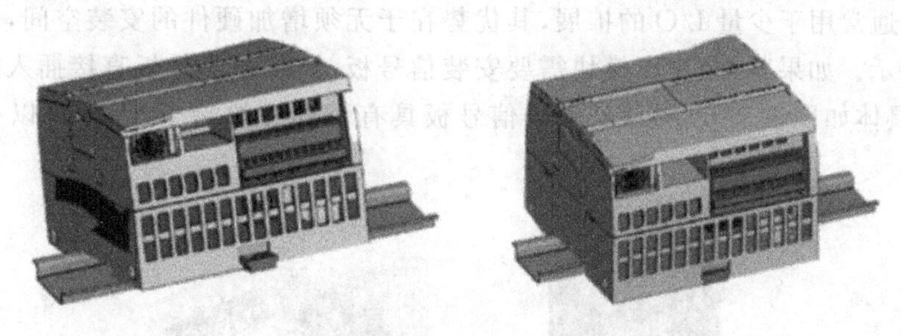

图 6-3　CPU 安装示意图

CPU 模块安装到 DIN 导轨上的步骤如下:

(1) 安装 DIN 导轨,每隔 75 mm 固定一个螺丝;

(2) 将 CPU 模块卡口的上沿挂到 DIN 导轨上方;

(3) 拉出 CPU 模块卡口下方的导轨卡夹;

(4) 向下转动 CPU 模块使其贴合在导轨上,以便将 CPU 固定到 DIN 导轨上;

(5) 推入卡夹将 CPU 模块锁定到导轨上。

如果要拆卸一台正在运行的 CPU,则需要先断开电源、I/O 连接器以及接线或电缆,然后将CPU和通信模块作为一个整体进行拆卸，其他信号模块可保持原来安装状态。如果信号模块已连接到CPU，则需要先缩回总线连接器，具体如图6-4所示。

CPU模块的拆卸过程如下：

(1) 将一字螺丝刀放入信号模块左边的小接头旁；

(2) 向下按压使连接器与CPU分离，直到小接头完全滑到右侧；

(3) 拉出CPU模块的导轨卡夹，以便CPU从导轨上松开；

(4) 向上转动CPU，使其脱离导轨。

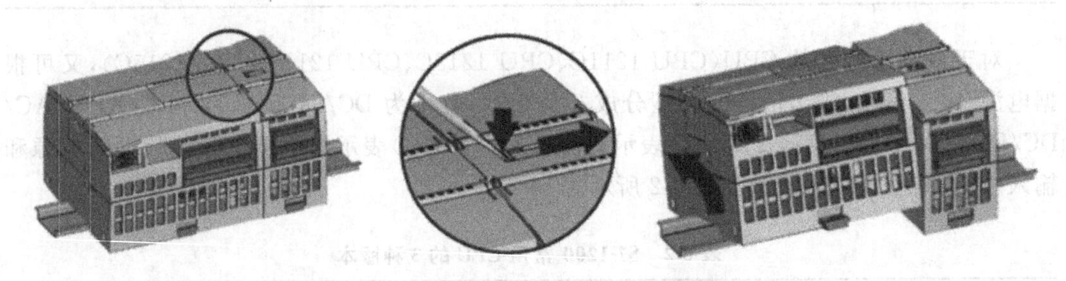

图6-4　含信号模块的CPU拆卸示意图

6.2　信号板与信号模块及其拆装

S7-1200 PLC提供多种I/O信号板和信号模块，用于扩展其CPU输入输出。每个CPU的正面都可以增加一块信号板，右边可以增加信号模块，各种CPU连接扩展模块数量见表1-1所示。

6.2.1　信号板

信号板通常用于少量I/O的扩展，其优势在于无须增加硬件的安装空间，外形结构如图6-5(a)所示。如果某个CPU模块需要安装信号板，只需将信号板直接插入模块正面的槽内即可，具体如图6-5(b)所示。由于信号板具有可拆卸的端子，因此可以很容易进行更换。

(a) 信号板外形

(b) 信号板安装

图6-5　信号板

信号板的种类较多，主要包括数字量输入、数字量输出、数字量输入/输出、模拟量输入和模拟量输出等，具体如表 6-3 所示。

表 6-3　S7-1200 PLC 的信号板类型

型号	SB 1221 DC 200 kHz	SB 1222 DC 200 kHz	SB 1223 DC/DC 200 kHz	SB 1231	SB 1232
参数	DI 4×24 V DC	DQ 4×24 V DC	DI 2×24 V DC/ DQ 2×24 V DC	AI 1×12 BIT 5 V、10 V、0～20 mA	AQ 1×12 BIT ±10 V DC/0～20 mA
	DI 4×5V DC	DQ 4×5V DC	DI 2×5V DC/ DQ 2×5V DC	AI 1×RTD	
				AI 1×TC	

6.2.2　信号板安装和拆卸

(1) 安装信号板：首先断开 CPU 的电源，并卸下 CPU 上下部的端子板盖子；然后，才能开始安装信号板，具体安装过程如下(见图 6-6)：

① 将一字螺丝刀插入 CPU 模块上部接线盒盖背面的卡槽中；

② 轻轻将盖板撬起将其从 CPU 上卸下；

③ 将信号板直接向下放入 CPU 正面的卡槽内；

④ 用力按压信号板，直到卡入就位；

⑤ 重新装上端子板盖子。

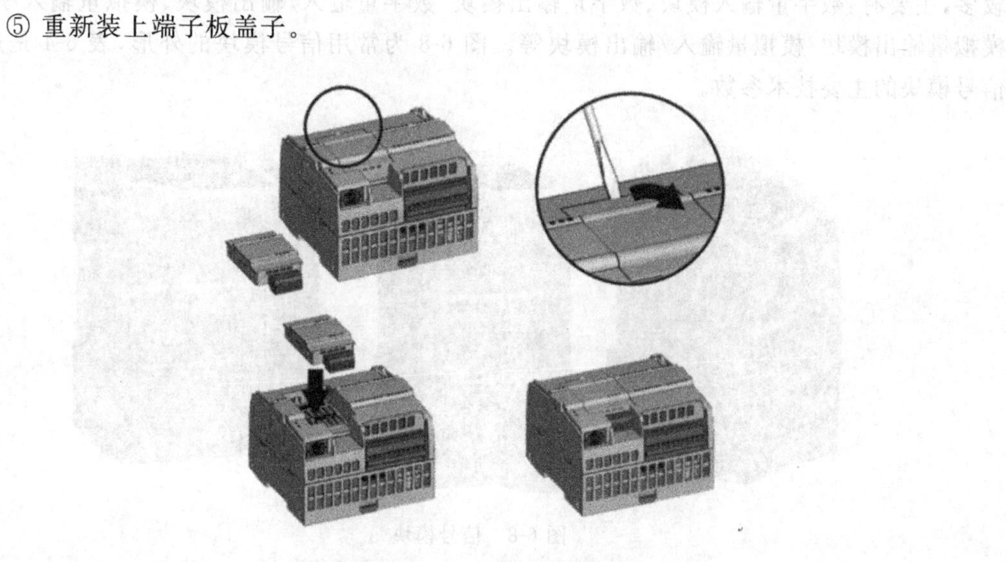

图 6-6　安装信号板示意图

(2) 拆卸信号板：同样需要先断开 CPU 的电源，卸下 CPU 上下部的端子板盖子，然后，才能开始拆卸，具体拆卸过程如下(见图 6-7)：

① 将一字螺丝刀插入 CPU 上部接线盒盖背面上部的卡槽中；

② 轻轻将信号板撬起，使其与 CPU 分离；

③ 重新装上接线盒盖；

④ 重新装上端子盖板。

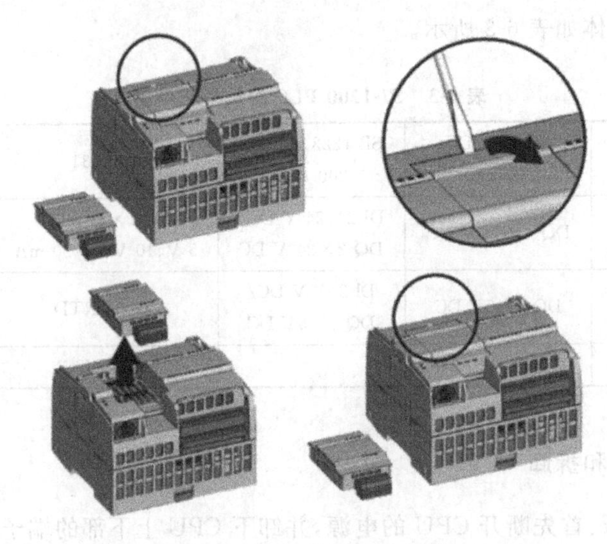

图 6-7　拆卸信号板示意图

6.2.3　信号模块

与信号板相比,信号模块可以为 CPU 模块提供更多的 I/O 点数。信号模块的类型也较多,主要有:数字量输入模块、数字量输出模块、数字量输入/输出模块、模拟量输入模块、模拟量输出模块、模拟量输入/输出模块等。图 6-8 为常用信号模块的外形,表 6-4 是这些信号模块的主要技术参数。

图 6-8　信号模块

表 6-4　S7-1200 PLC 信号模块类型及主要参数

信号模块	SM 1221 DC	SM 1221 DC		
数字量输入	DI 8×24V DC	DI 16×24V DC		
信号模块	SM 1222 DC	SM 1222 DC	SM 1222 RLY	SM 1222 RLY
数字量输出	DO 8×24V DC 0.5A	DO 16×24V DC 0.5A	DO 8×RLY 30V DC/250V AC 2A	DO16×RLY 30V DC/250V AC 2A

表 6-4(续)

信号模块	SM 1223 DC/DC	SM 1223 DC/DC	SM 1223 DC/RLY	SM 1223 DC/RLY
数字量输入/输出	DI8×24V DC/DO 8×24V DC 0.5A	DI16×24V DC/DO 16×24V DC 0.5A	DI8×24V DC/DO 8×RLY 30V DC/ 250V AC 2A	DI16×24V DC/DO 16×RLY 30V DC/ 250V AC 2A
信号模块	SM 1231 AI	SM 1231 AI		
模拟量输入	AI 4×13 Bit ±10V DC/0～20 mA	AI 8×13 Bit ±10V DC/0～20 mA		
信号模块	SM 1232 AQ	SM 1232 AQ		
模拟量输出	AQ 2×14 Bit ±10V DC/0～20 mA	AQ 4×14 Bit ±10V DC/0～20 mA		
信号模块	SM 1234 AI/AQ			
模拟量输入/输出	AI 4×13 Bit ±10V DC/0～20 mA AQ 2×14 Bit ±10V DC/0～20 mA			

各 I/O 模块提供了指示模块状态的指示灯，绿色指示模块处于运行状态，红色指示模块有故障或处于非运行状态。此外，各模拟量信号模块还提供 I/O 状态指示灯，其中，绿色指示通道已组态且处于激活状态，红色指示个别模拟量输入或输出处于错误状态。

6.2.4　信号模块安装与拆卸

(1) 信号模块的安装通常在 CPU 模块之后，具体安装过程如下(见图 6-9)：

① 拆卸连接器盖：将一字螺丝刀插入 CPU 模块右侧连接器盖上方的插槽中，轻轻将其撬出并卸下。

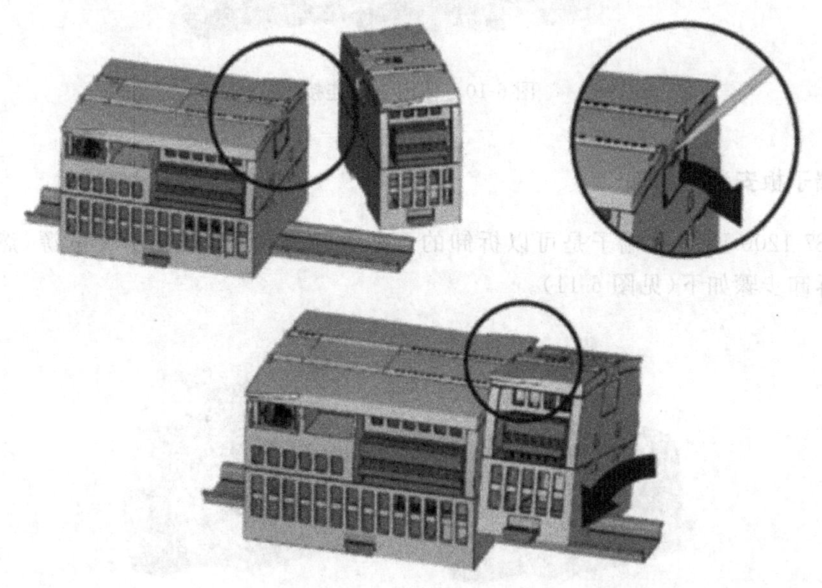

图 6-9　安装信号模块

② 将信号模块背面卡槽的上沿挂到 DIN 导轨上方，并拉出信号模块的导轨卡夹。

③ 向下转动信号模块使其背面卡槽贴合导轨，以便将模块安装到导轨上。

④ 推入下方的卡夹，将模块锁定到导轨上。

⑤ 用螺丝刀将信号模块正面的总线连接器向左滑动使其伸出，为信号模块与 CPU 模块建立机械和电气连接。

(2) 信号模块可直接拆卸，不会影响到其他模块。在拆卸过程中，需先断开电源，并卸下信号模块的 I/O 连接器和接线，具体拆卸步骤如下(见图 6-10)。

① 使用一字螺丝刀按压信号模块正面的总线连接器并向右滑动，直到完全缩回。

② 拉出信号模块下方的导轨卡夹，使其从导轨上松开。

③ 向上转动信号模块使其脱离导轨。

④ 盖上 CPU 的总线连接器。

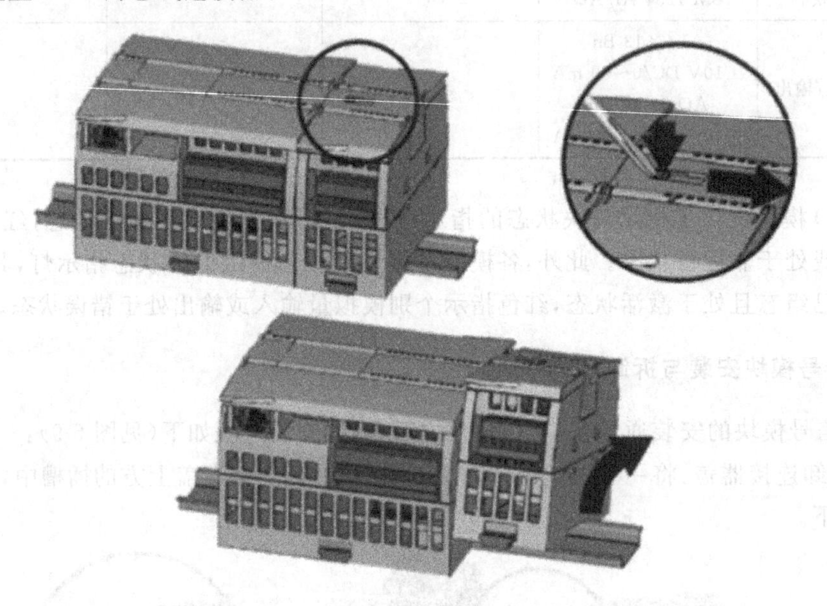

图 6-10　伸出总线连接器

6.2.5　端子板安装与拆卸

(1) S7-1200 PLC 的端子是可以拆卸的。在拆卸过程中，需先断开电源，然后进行拆卸，具体拆卸步骤如下(见图 6-11)。

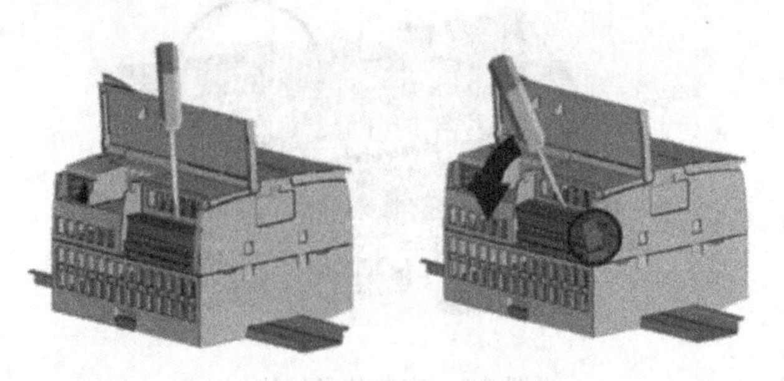

图 6-11　拆卸端子板示意图

① 打开端子连接器上的盖板。

② 查看连接器的顶部并找到可插入一字螺丝刀的槽。

③ 将螺丝刀插入槽中，轻轻撬起连接器顶部，使其与模块分离。

(2) 端子板的安装同样需要先断开电源，然后进行相应的操作，具体安装过程如下(见图 6-12)。

① 打开端子的盖板，将连接器与模块上的插针对齐。

② 将连接器的接线边对准连接器座沿的内侧。

③ 用力按下并转动连接器，直到卡入到位。

④ 仔细检查，以确保连接器已正确对齐并完全啮合。

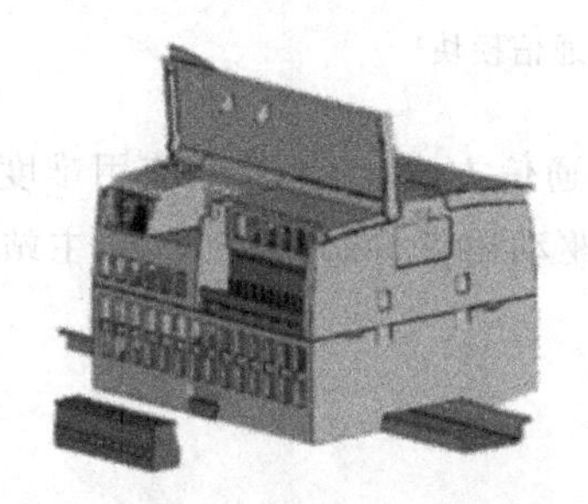
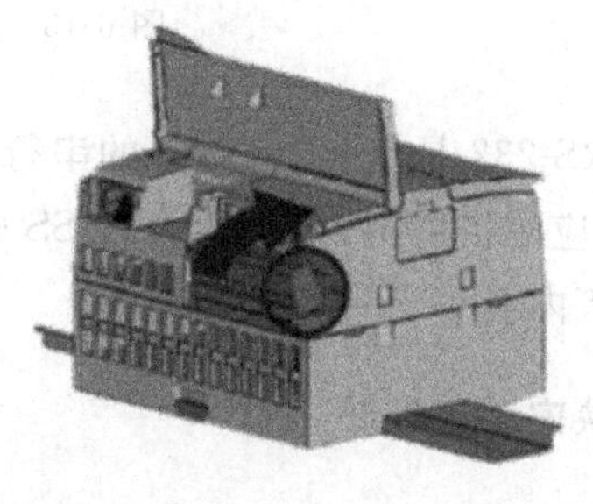

图 6-12　安装端子板连接器示意图

6.3　集成通信接口与通信模块

6.3.1　集成 PROFINET 接口

工业以太网是现场总线发展的趋势，已在现场实际中开展应用和推广。PROFINET 是基于工业以太网的现场总线，是开放式的工业以太网标准，它使工业以太网的应用扩展到了控制网络最底层的现场设备。

S7-1200PLC 的 CPU 模块上集成了一个或二个 PROFINET 接口，可与编程软件 TIA 博途、SIMATIC HMI 面板以及其他 PLC 进行通信。同时，还可通过开放的以太网协议 TCP/IP 和 ISO-on-TCP 支持与第三方设备进行通信。这个 PROFINET 物理接口支持 10 M/100 M bit/s 的 RJ-45 连接器，且具有自动交叉网线功能，但最多只支持 16 个以太网连接。

6.3.2　通信模块

S7-1200PLC 除了支持以太网通信，同时还支持其他形式的通信，比如 RS-485 和 RS-232。这些通信形式可以通过在 CPU 模块的左边或 CPU 的面板上增加通信模块或通信信号板来实现。在 S7-1200PLC 系统中常用的通信模块或通信信号板有：CM 1241 RS232、CM 1241 RS485、CP1241 RS232、CP1241 RS485、CB1241 RS485，它们的外形结构如图 6-13 所示。

图 6-13　通信模块

RS-485 和 RS-232 是点对点(PtP)的串行通信方式,为了降低使用难度,TIA 博途软件还提供了与之对应的扩展指令/库功能、USS 驱动协议、Modbus RTU 主站协议和 Modbus RTU 从站协议等内容。

6.3.3　通信模块安装与拆卸

(1) 安装通信模块:首先将通信模块与 CPU 模块进行组装形成一个整体,然后再将这个组合单元安装于 DIN 导轨。由于前面已经介绍了 CPU 模块的安装,本节主要介绍通信模块与 CPU 模块间的装配。具体的安装过程如下(见图 6-14)。

① 卸下 CPU 左侧的总线盖,将一字螺丝刀插入总线盖上方的插槽中,轻轻撬出总线盖。

② 将通信模块的总线连接器和接线柱与 CPU 上的孔对齐。

③ 用力将两者压紧,直到接线柱卡入到位。

④ 将两者的组合单元安装到 DIN 导轨或面板上。

图 6-14　安装通信模块示意图

(2) 通信模块的拆卸此处仍然只介绍与 CPU 模块间的拆卸操作。具体的拆卸步骤如下(见图 6-15)。

① 拆除 CPU 模块和通信模块上的所有接线及电缆。

② 将 CPU 模块和通信模块从导轨上卸下。

③ 用力抓住 CPU 模块和通信模块,并将它们分开。

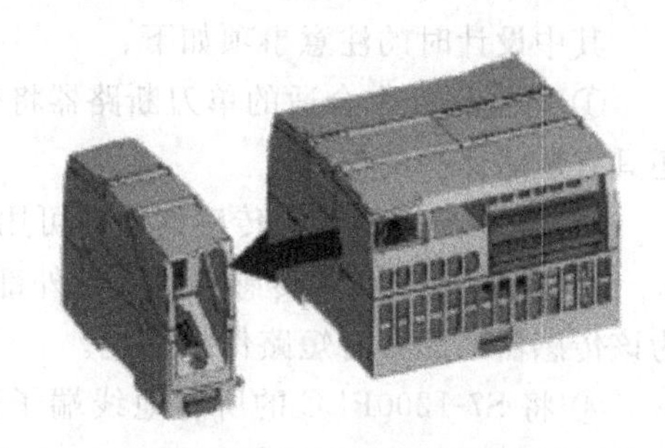

图 6-15　拆卸通信模块示意图

6.4　S7-1200PLC 的接线

6.4.1　现场安装接线

(1) S7-1200 PLC 设计安装和现场接线的注意事项如下:

① 确保断开所有的电源。

② 选用合适的导线,导线规格一般为 1.50～0.50 mm^2。

③ 尽量降低接线距离,屏蔽线不超过 500 m,非屏蔽线不超过 300 m,导线要尽量成对使用,用一根中性或公共导线与一根火线或信号线相配对。

④ 将交流信号线与直流信号线,电源线、高能量快速开关的直流线与低能量的信号线应进行隔离分开敷设。

⑤ 配备合适的浪涌抑制模块/设备。

⑥ 禁止外部电源与直流输出点并联驱动负载,如果没有使用二极管或隔离栅的话,可能导致反向电流冲击输出点。

6.4.2　电源连接方式

根据型号的不同,S7-1200PLC 的供电电源即可以是交流 110/220 V,也可以是直流 24 V电源。但是接线时有一定的区别和不同的注意事项。

1. 交流供电接线

图 6-16 为交流供电时的 PLC 电源接线形式。

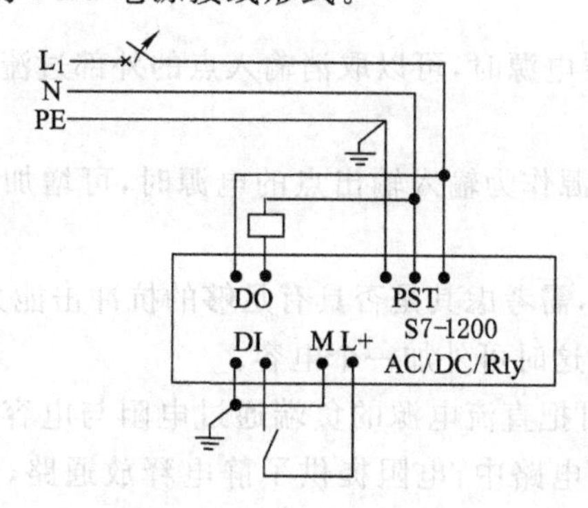

图 6-16　交流供电示意图

其中设计时的注意事项如下：

① 可选用一个合适的单刀断路器将交流电源与 CPU 和输出（负载）电路隔离开，同时还具有短路保护的作用。

② CPU 模块的直流传感器电源可用来作为本机单元的输入。

③ 当使用 PLC 的传感器电源给外部电路供电时，可以取消输入点的外部过流保护，因为该传感器电源具有短路保护功能。

④ 将 S7-1200PLC 的所有地线端子同最近接地点相连接，可以获得最好的抗干扰能力；建议所有的接地端子都使用 1.5 mm^2 的电线独立连接到导电点上。

⑤ 在大部分情况下，如果把传感器的供电 M 端子接到地上可以获得最佳的噪声抑制。

2. 直流供电接线

图 6-17 为直流供电时的 PLC 电源接线示意图，设计时的注意事项如下：

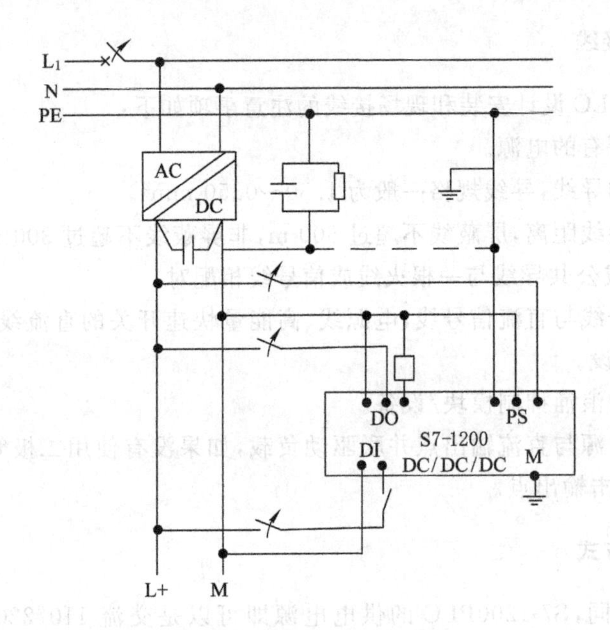

图 6-17　直流供电示意图

① 可选用一个合适的单刀断路器将交流电与直流电源进行隔离，同时还具有短路保护的作用。

② 当使用 PLC 传感器电源时，可以取消输入点的外部过流保护，因为传感器电源内部具有限流功能。

③ 当使用其他直流电源作为输入输出点的电源时，可增加过流保护元件，以防止出现短路故障。

④ 在选用直流电源时，需考虑其是否具有足够的抗冲击能力，以保证在负载突变时，仍然能维持一个稳定的电压，这时可外加一个电容。

⑤ 在大部分情况下，可把直流电源的负端通过电阻与电容的并联与保护地进行连接，起到最佳的噪声抑制；在该电路中，电阻提供了静电释放通路，电容提供高频噪声通路，它们的典型值是 1 MΩ 和 4 700 pF。

⑥ PLC 的所有接地端子应同最近接地点连接，以获得最好的抗干扰能力；建议使用 1.5 mm^2 的电线独立连接到导电点上。

6.4.3　数字量输入接线

数字量输入类型有源型和漏型两种。信号板上的输入点一般只支持其中的一种输入形式，源型或者漏型，接线时需要注意技术手册上的说明。而 CPU 模块和信号模块上的输入点可同时支持源型和漏型这两种输入形式。数字量输入通道的接线不但跟通道类型有关，同时还与外接信号的有源或无源类型有关。

如果外部数字量信号为无源触点，比如：行程开关、接点温度计等，其接线方式如图6-18 所示。

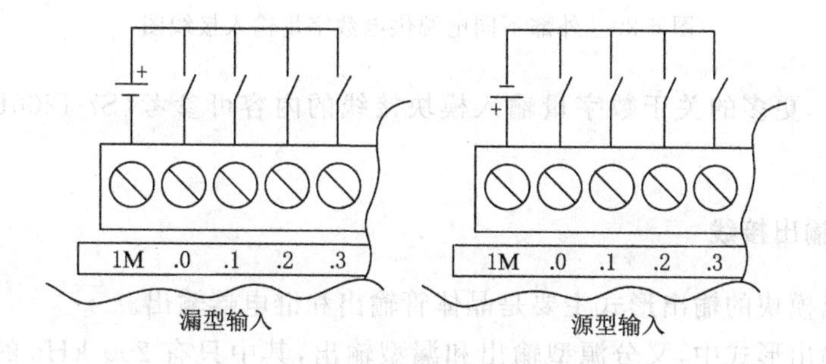

图 6-18　无源触点数字量输入接线图

对于直流有源输入信号，比如 5 V、12 V、24 V 等（不能超过输入模块的最大电压 30 V），按照图 6-19 所示进行接线。需要注意的是：当多个直流电压信号混合接入 PLC 输入点时，一定注意电压 0 V 点的连接。

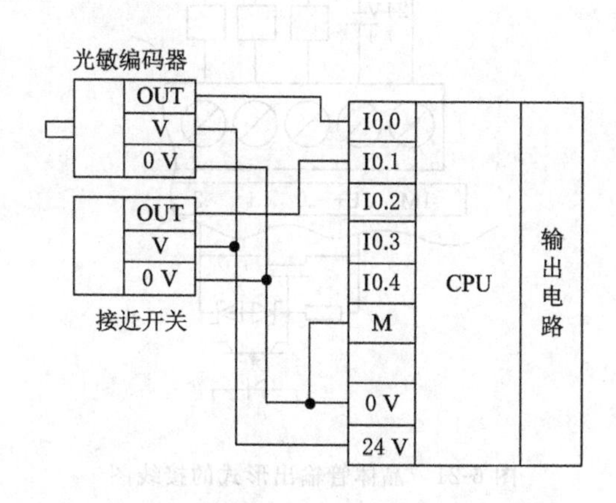

图 6-19　有源触点数字量输入接线图

PLC 集成的传感器电源（24 V）的容量是有限的，无法支持过多的负载，同时也无法给其他电压等级的设备供电，比如 5 V、12 V 等。这就要求配备外部电源，为这些设备供电，并且这些设备输出的信号电压也可能不同。在这种情况下，数字量输入模块的具体接法如图 6-20 所示。

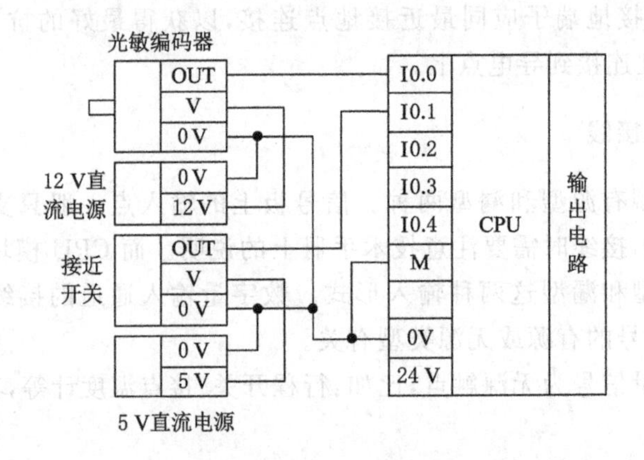

图 6-20 外部不同电源供电数字量输入接线图

除上述内容之外，更多的关于数字量输入模块接线的内容可参考《S7-1200PLC 系统手册》或样本手册。

6.4.4 数字量输出接线

数字量输出模块的输出形式主要是晶体管输出和继电器输出。

在晶体管输出形式中，又分源型输出和漏型输出，其中只有 200 kHz 的信号板既支持漏型输出又支持源型输出，其他信号板、信号模块和 CPU 集成的晶体管输出都只支持源型输出。与继电器输出形式相比，晶体管输出的带负载能力较弱，可用于驱动小型指示灯、小型继电器线圈等，但响应速度较快，其接线示意图如图 6-21 所示。

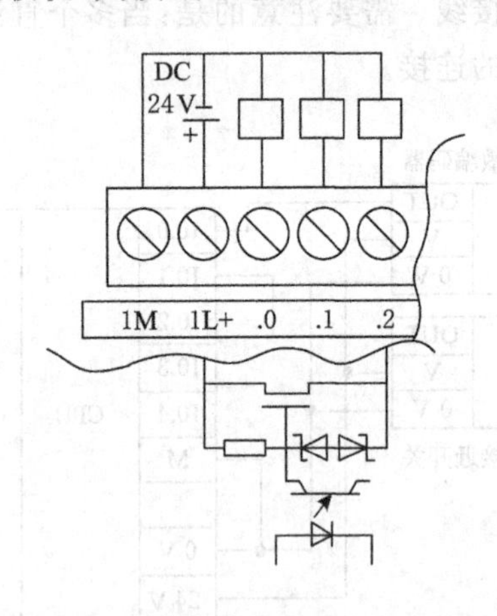

图 6-21 晶体管输出形式的接线图

继电器输出形式具有较强的带负载能力，能够直接能驱动接触器、电磁阀等设备，但是响应相对较慢。该输出形式的接线方式如图 6-22 所示。

更多关于数字量输出模块接线的相关内容可参考《S7-1200PLC 系统手册》和样本手册。

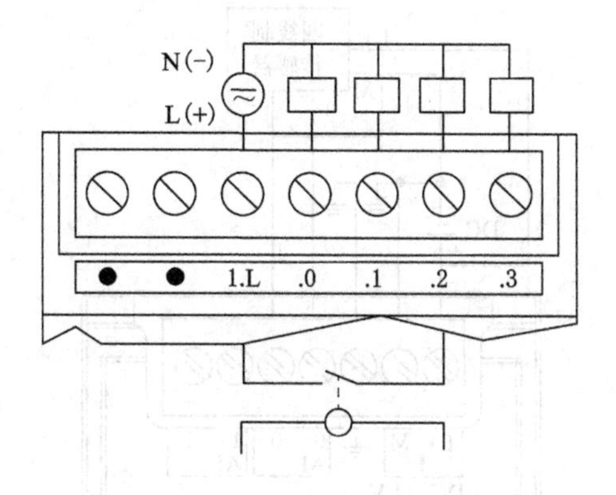

图 6-22　继电器输出形式接线图

6.4.5　模拟量输入接线

由于传感器从线制上可分为二线制、三线制和四线制，它们在与模拟量模块进行接线时存在差异，具体如下：

(1) 二线制：两根线既能传输电能又传输信号，在连接的时候，电源、传感和模拟量输入模块是“手拉手”式的串联在一起，具体如图 6-23 所示。

(2) 三线制：电源正端和信号输出的正端分离，但它们共用一个 COM 端，在接线时注意电源回路和信号回路都要构成完成的回路，具体如图 6-24 所示。

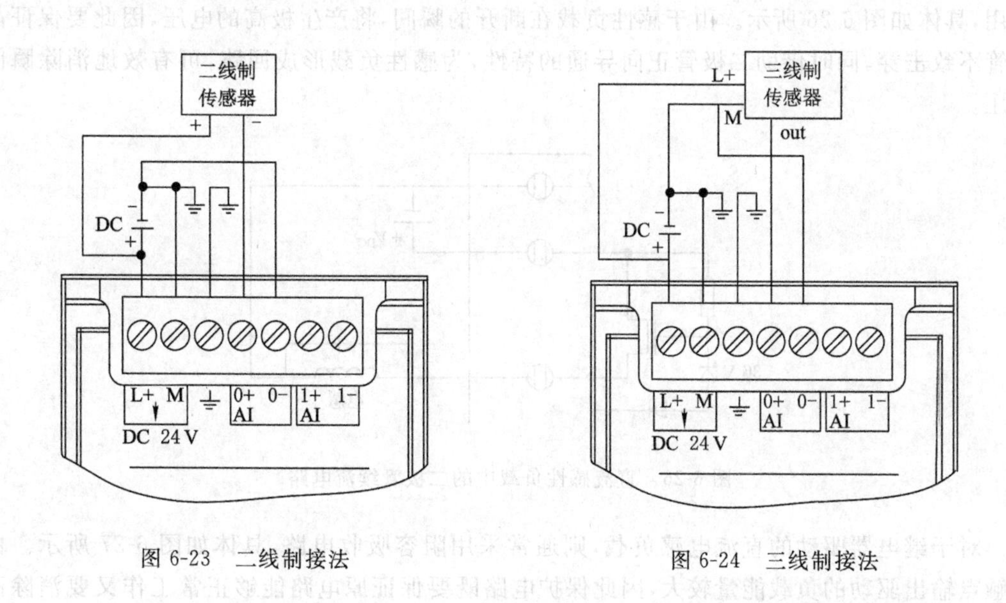

图 6-23　二线制接法　　图 6-24　三线制接法

(3) 四线制：两根电源线，两根信号线，电源和信号相互分开。四线制与模拟量输入模块的接法相对简单，具体如图 6-25 所示。

关于模拟量模块接线的更多详细内容可参考《S7-1200PLC 系统手册》或样本手册。

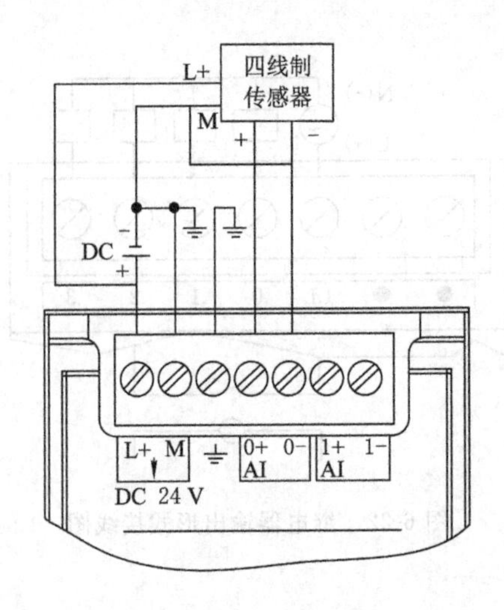

图 6-25　四线制接法

6.4.6　外部电路抗干扰措施

外部感性负载在断电时，由于感性负载储存了磁场能，将通过电磁干扰的方式释放出大量的能量，这就可能引起器件的损坏，从而影响系统的正常工作。为解决这个问题，根据驱动电路的形式和电源的类型不同，应采取不同的抗干扰措施。

对于晶体管直流驱动的电感负载，可以在负载两端反向并联一个二极管，起到续流的作用，具体如图 6-26 所示。由于感性负载在断开的瞬间，将产生极高的电压，因此要保证晶体管不致击穿，同时借助二极管正向导通的特性，为感性负载形成回路，可有效地消除瞬间高压。

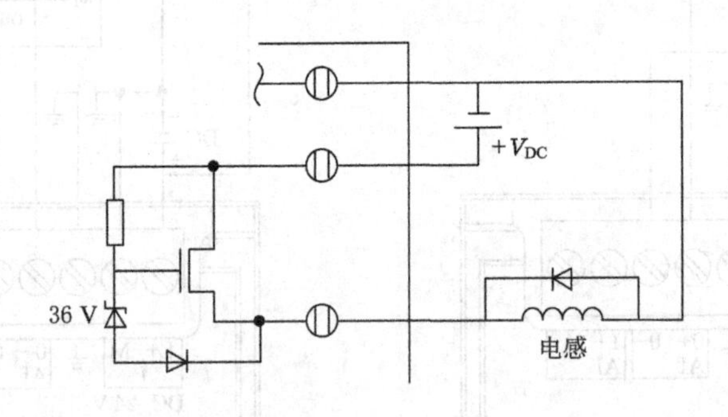

图 6-26　直流感性负载中的二极管续流电路

对于继电器驱动的直流电感负载，则通常采用阻容吸收电路，具体如图 6-27 所示。由于触点输出驱动的负载能量较大，因此保护电路既要保证原电路能够正常工作又要消除高频的电磁干扰。在触点断开瞬间，储存在负载中的能量将立即以高频形式释放。在感性负载两端并联阻容电路可为高频能量提供一条泄放的通路，从而抑制了空间干扰。触点闭合时，这段阻容电路视同开路。

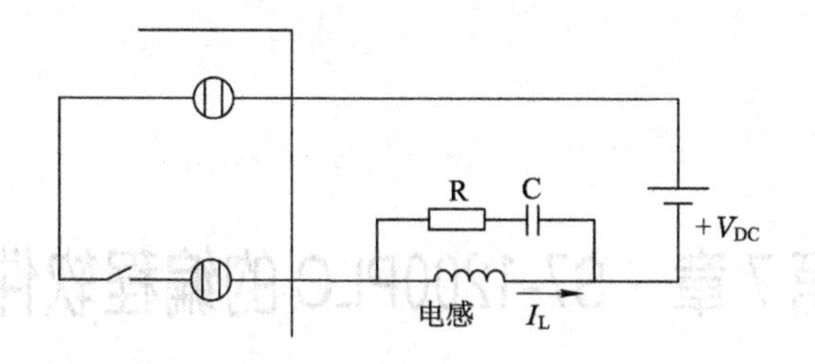

图 6-27　阻容吸收电路

对于交流感性负载同样可以采用阻容吸收电路进行保护，具体如图 6-28 所示。在交流感性负载断电的瞬间，触点间会产生电火花（高频干扰），在触点上并联的阻容电路可为其提供高频泄放通道。在触点接通时，对于冲击性负载（如白炽灯负载），还会产生很高的浪涌电流，对继电器触点具有较强的破坏性，因此对于像灯这样的冲击性负载，建议使用可更换继电器或者浪涌限制器。

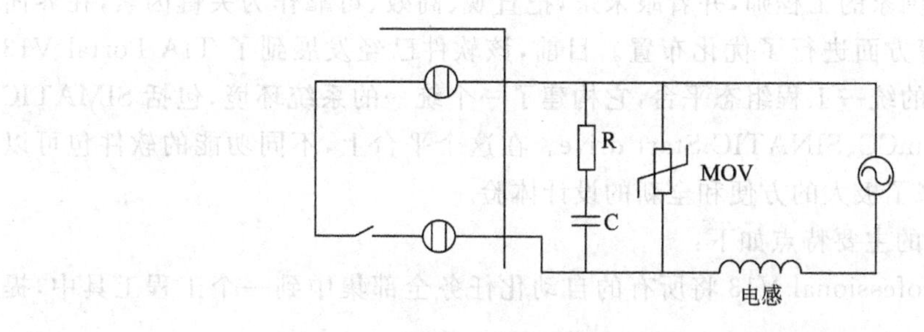

图 6-28　交流感性负载下的阻容电路

第7章　S7-1200PLC的编程软件

7.1　TIA博图集成软件

7.1.1　TIA博图集成软件简介

TIA博图软件是一个几乎可以解决所有自动化任务的工程软件平台。该软件的设计、开发人员走访了多个国家的工程师，并着眼未来，把直观、高效、可靠作为关键因素，在界面设置、窗口规划布局等方面进行了优化布置。目前，该软件已经发展到了TIA Portal V13版本。作为整个系统的统一工程组态平台，它构建了一个统一的系统环境，包括SIMATIC STEP7、SIMATIC WinCC、SINATIC Start drive。在这个平台上，不同功能的软件包可以同时运行，给用户带来了极大的方便和全新的设计体验。

TIA Portal V13的主要特点如下：

(1) TIA博图Professional V13将所有的自动化任务全部集中到一个工程工具中，提高了设计效率。

(2) 兼容和支持各种设备：① 控制器方面：SIMATIC S7-1200 PLC、S7-300 PLC、S7-400PLC以及S7-1500 PLC；② I/O方面：可与SIMATIC ET200SP进行通信；③ HMI方面：支持SIMATIC Comfort操作屏；④ 驱动方面：可组态SIMATIC G120变频器。

(3) 改进和新增的功能：自动系统诊断、集成安全功能、强大的在线功能和高性能PROFINET通信。

(4) 软件平台直观、高效、可靠。

① 直观：基于项目的方式，简便易用，学习起来更加简单。

② 高效：高效的功能，便于快速编程、调试、诊断和维护。

③ 可靠：可重复利用已有的自动化解决方案，在软件平台上可以非常简易地复制并增加新的产品复制，扩展已经验证解决的方案。

(5) 高效的设计与调试：具有自动系统诊断和强大的库功能，以及PLC与HMI驱动直接交互功能和创新的编程语言。

(6) 有强大的兼容性和最大的投资保护功能，多层次的知识产权保护功能；具有可量身打造的系统解决方案功能。

7.1.2　TIA博图软件的界面

TIA博图集成软件为了提高工作效率，给用户提供了两个不同的视图——博图视图和项目视图，博图视图和项目视图在TIA博图集成软件中可以相互切换。本节主要介绍项目视图的使用和操作。

1. 博图视图

博图视图：它是一种面向任务的工作模式，使用简单、直观，可以更快地开始项目设计。通过博图视图，可以访问项目的所有组件，具体如图 7-1 所示。

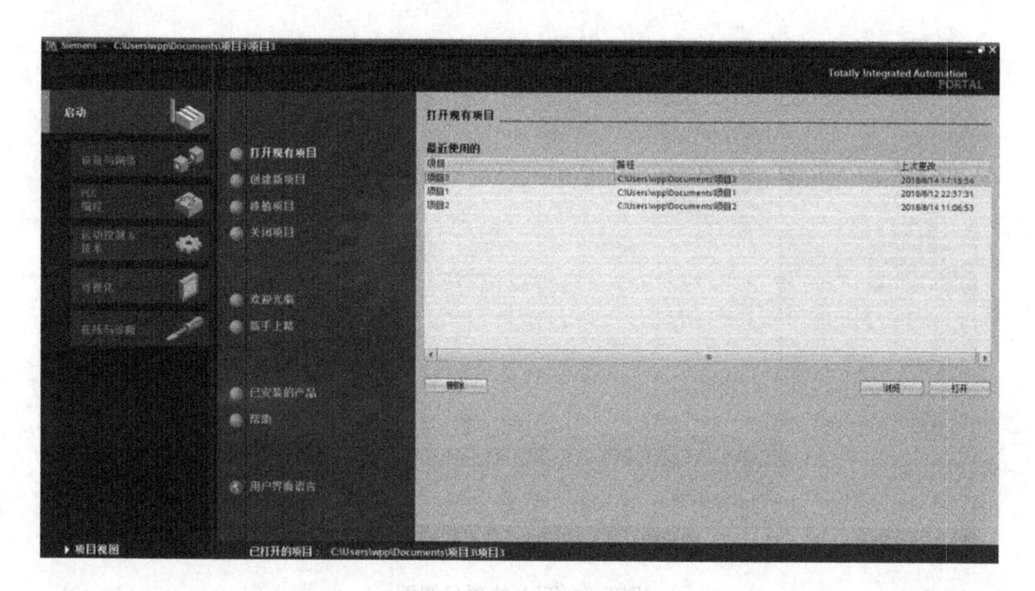

图 7-1　TIA 的博图视图

在博图视图的布局中，左边栏是启动选项，列出了安装软件包所涵盖的功能，用于不同任务的入口；根据不同启动项的选择，中间栏会自动筛选出可以进行的操作；对于不同的操作，最右面的操作面板会更详细地列出具体的操作项目。在这过程中，操作面板可以查看已经选定的导航入口中可使用的动作；选择面板显示的内容可根据当前选择而定。博图视图的具体布局如图 7-2 所示。

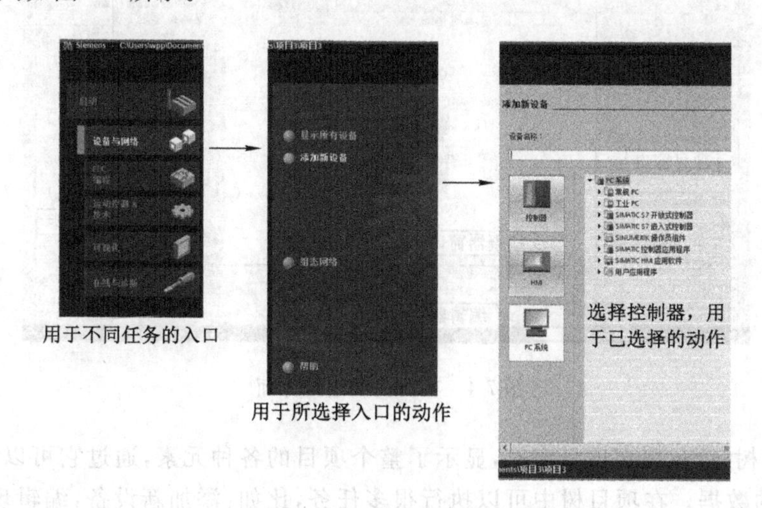

图 7-2　博图视图的布局

2. 项目视图

项目视图是包含项目所有组件和相关工作区的视图，在该视图中，可以方便地访问设备和块。项目的层次化结构，编辑器、参数和数据等全部显示在一个视图之中，具体如图 7-3 所示。

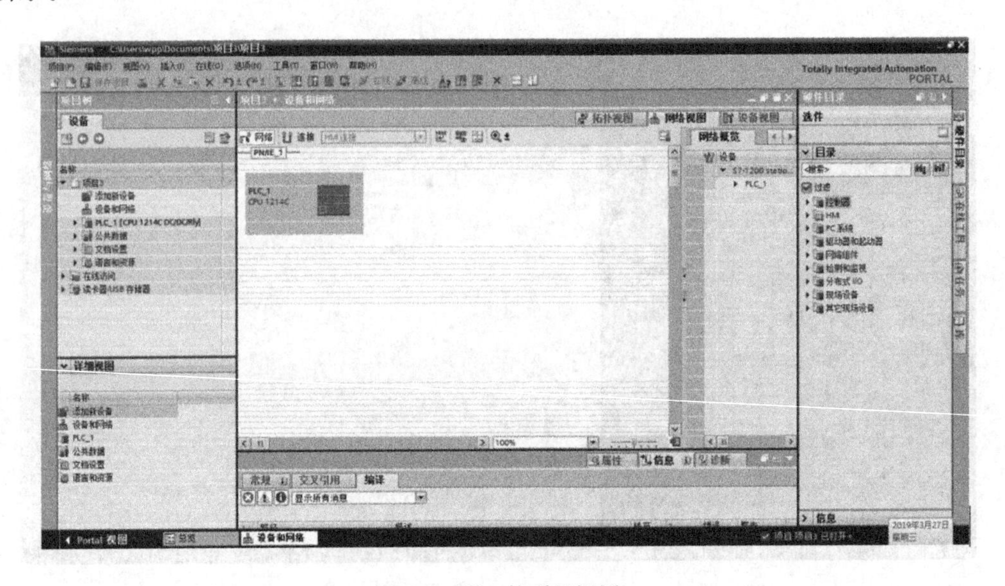

图 7-3 TIA 的项目视图

项目视图的主要编辑界面如图 7-4 所示，图中最上面的是菜单栏和工具栏；图的左边分别是项目窗口和详细视图；中间为工作区，工作区下方分别是检查器窗口和编辑器栏；图的右边是任务卡。下面对主要区域做一个简要介绍。

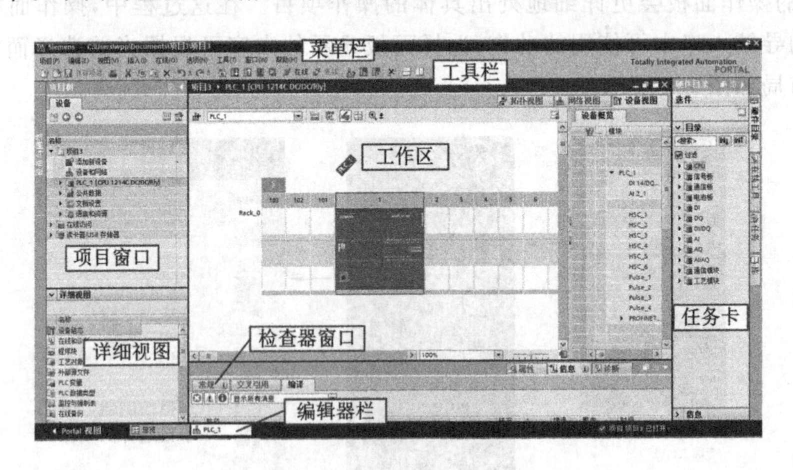

图 7-4 项目视图编辑界面

(1) 项目树：项目树在项目窗口，显示了整个项目的各种元素，通过它可以访问所有的设备和项目的数据。在项目树中可以执行很多任务，比如：添加新设备，编辑现有的设备，扫描并更改现有项目数据等。

(2) 工作区：工作区在整个界面中所占空间最大，用于显示、编辑各种对象，这类对象包括编辑器、视图和表。

(3) 检查器窗口：检查器窗口位于工作区底部，用于显示已选对象或者已执行活动等有关的附加信息。

(4) 编辑器栏：用于显示和切换已打开的编辑器。

(5) 任务卡：任务卡可为被编辑或被选定的对象，自动提供执行的附加操作。这些活动包括从库或者硬件目录中选择对象等。

(6) 详细视图：用于显示项目树中所选对象的特定内容。

7.1.3　项目视图中各部分的作用和常用操作

1. 项目树

在项目树中，可以访问所有的设备和项目数据，比如：添加新设备、编辑已有的设备、打开处理数据的编辑器等。项目树如图 7-5 所示，其中各条目的作用如下：

(1) 添加新设备：用于在项目中添加设备，比如添加一个 S7-1200PLC、一个 HMI 等。在同一项目中，可以添加单个设备，也可添加多个设备。

(2) 设备与网络：进入该工作界面可以浏览项目的拓扑视图、网络视图和设备视图，同时还可以对系统的网络进行设置和编辑。

(3) 已成设备：对于在项目树中已添加的设备，都有一个独立的文件夹，且有对应的名称，属于该设备的对象和活动均存放在该文件夹中。

(4) 语言和资源：该条目可以指定项目语言，以及该文件夹内所使用的语言。

图 7-5　项目树

(5) 在线访问："在线访问"项目窗口的底部，通过它可以找到编程设备与被连接目标在线连接时可以使用的全部网络接入方法。

2. 任务卡

任务卡位于项目视图界面右侧的工具栏中，如图 7-6 所示，其使用的种类和数量取决于已经安装的软件产品。根据工作区被编辑或被选定对象的不同，任务卡可自动提供可执行的附加动作。这些动作包括：从某个库中选择对象、从硬件目录中选择对象、搜索和替换项目中的对象、已选定对象的诊断信息。

3. 检查器窗口

检查器窗口用于显示已选对象、已执行动作等内容的附加信息。检查器窗口包括 3 个选项卡：属性、信息和诊断，具体如图 7-7 所示。

(1) 属性：该选项卡用于显示被选择对象的属性，在该选项卡中可以更改允许编辑的属性。

图 7-6　任务卡

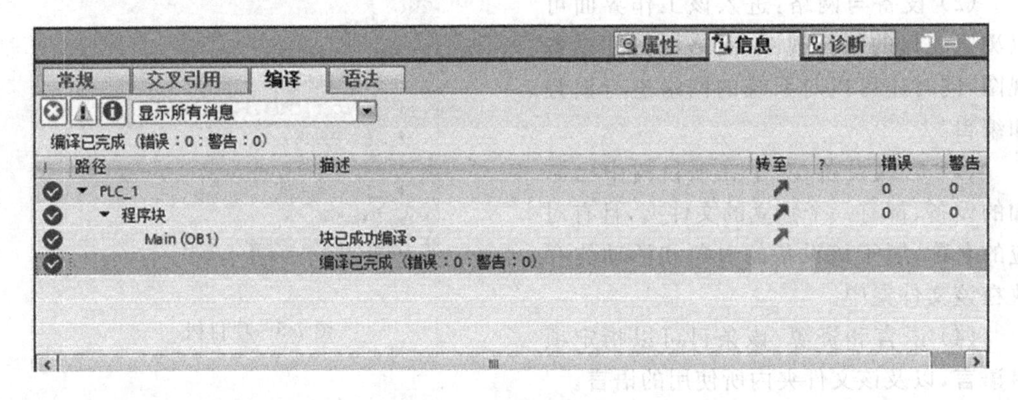

图 7-7　检查器窗口

（2）信息：用于显示被选对象的其他信息，以及与被执行动作有关的信息。在信息选项卡下还包括常规、交叉引用、编译和语法 4 个子选项卡。

（3）诊断：用于提供与系统诊断事件和已组态报警事件等有关的信息。在该选项卡中还包括设备信息、连接信息和报警显示。

4. 语言的选择

要更改软件界面语言，可按以下步骤进行操作：

（1）在“选项”菜单中，选择“设置”命令。

（2）在导航区中选择“常规”组。

（3）从“用户界面语言”下拉列表中选择所需要的语言，则用户界面语言将会更改成所选择的语言，具体如图 7-8 所示。下次打开该程序时，将显示为已经选定的用户界面语言。

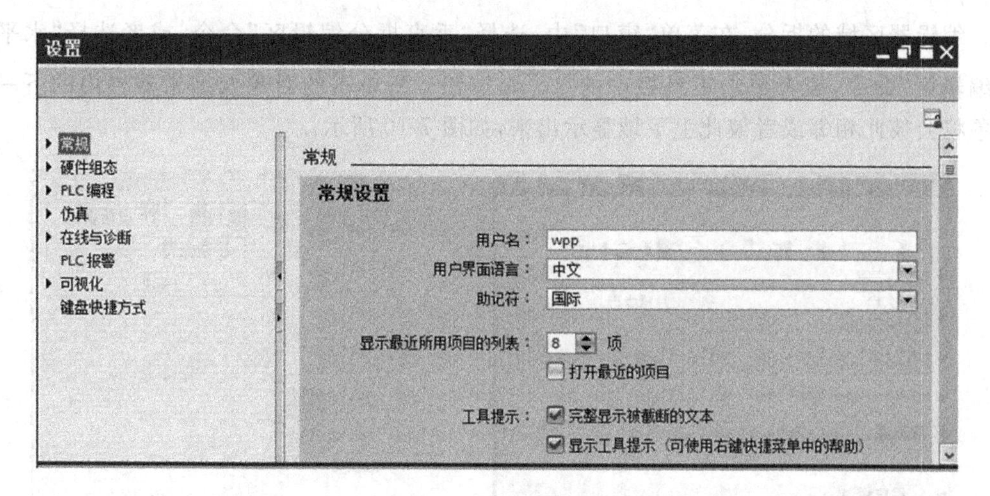

图 7-8　选择语言

5. 工作区

各个对象的编辑和主要的编程工作都在工作区进行，这个区域有分割线，用于分隔界面的各个组件，可以用分割线上的箭头显示或隐藏相邻部分，具体如图 7-9 所示。

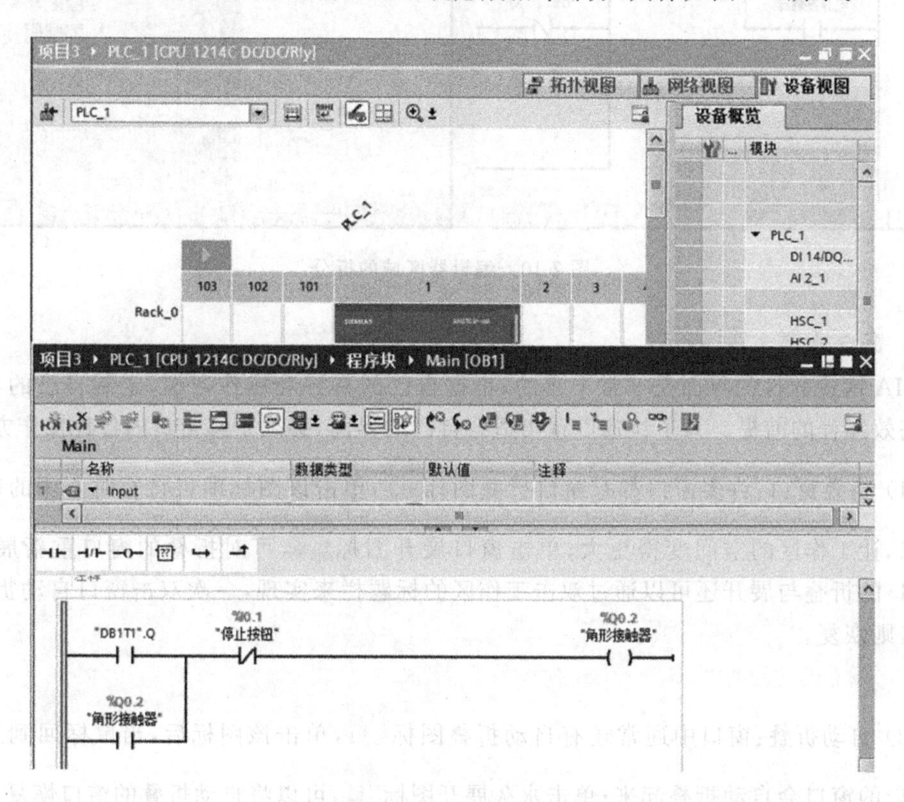

图 7-9　工作区内的窗口

在工作区中，可以同时打开多个对象，各个对象的编辑工作界面可以通过编辑栏上的选项卡进行快速切换。如果某个任务需要同时显示两个对象，则可以水平或垂直拆分工作区。编辑器区域的拆分：在菜单“窗口”中，选择“垂直拆分编辑区”命令，或者选择“水平拆分编辑区”命令，或者单击工具栏中的按钮。所单击的对象及编辑器栏内的下一个对象将会彼此相邻或者彼此上下地显示出来，如图 7-10 所示。

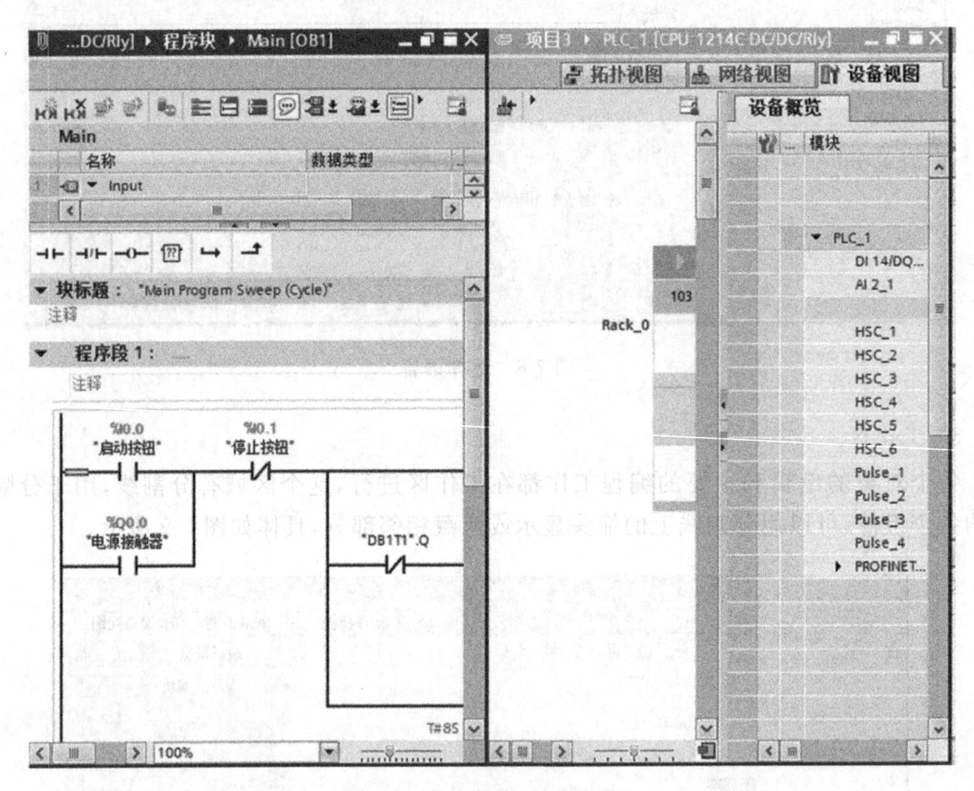

图 7-10　编辑器区域的拆分

6. 窗口操作

TIA 博途软件的界面是非常丰富的，根据自己的喜好和操作习惯，定制自己的界面是实现高效编程的前提。为了快速设置出适合自己的界面，必须了解窗口的各种操作方式。

(1) 折叠窗口：许多窗口都有窗口折叠图标，单击该图标即可将暂时不用的窗口折叠起来，让工作区的空间变得更大；单击窗口展开图标，可对折叠的窗口重新展开；此外，窗口的折叠与展开还可以通过双击工作区的标题栏来实现，一次双击窗口自动折叠，再次双击则恢复。

(2) 自动折叠：窗口中通常还有自动折叠图标，单击该图标后，当鼠标回到工作区时，相应的窗口会自动折叠起来；单击永久展开图标，可以将自动折叠的窗口恢复为永久展开。

(3) 窗口浮动：窗口中的另一个图标是窗口浮动图标，单击该图标可以将窗口浮动起来，这样可以将浮动的窗口拖到其他地方。对于多屏显示，可以将窗口拖到其他屏幕，实现多屏编辑,单击图标可以还原。

(4)恢复默认布局:如果希望恢复到原来的默认窗口布局,可单击菜单栏中的“窗口”菜单,从窗口下拉菜单中选择“默认的窗口布局”选项,即可将窗口恢复为默认布局,具体如图 7-11 所示。

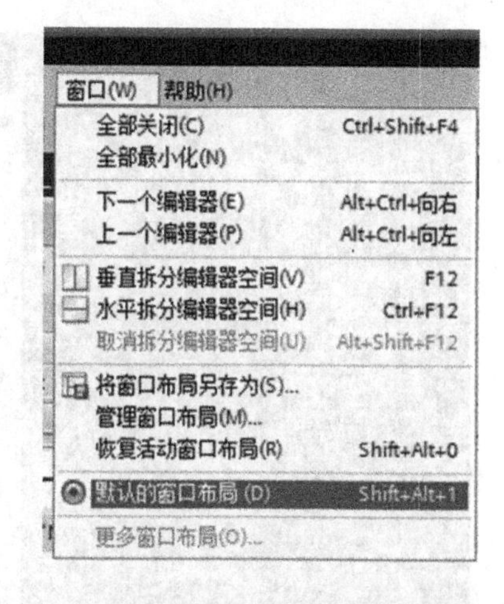

图 7-11　恢复默认布局

7. 项目保存

对于项目的保存,只需要按一下工具栏中的“保存项目”按钮即可,具体如图 7-12 所示。TIA 博图软件在保存功能上相较 STEP7 软件有所改进,即使项目中包含有错误也可以保存。

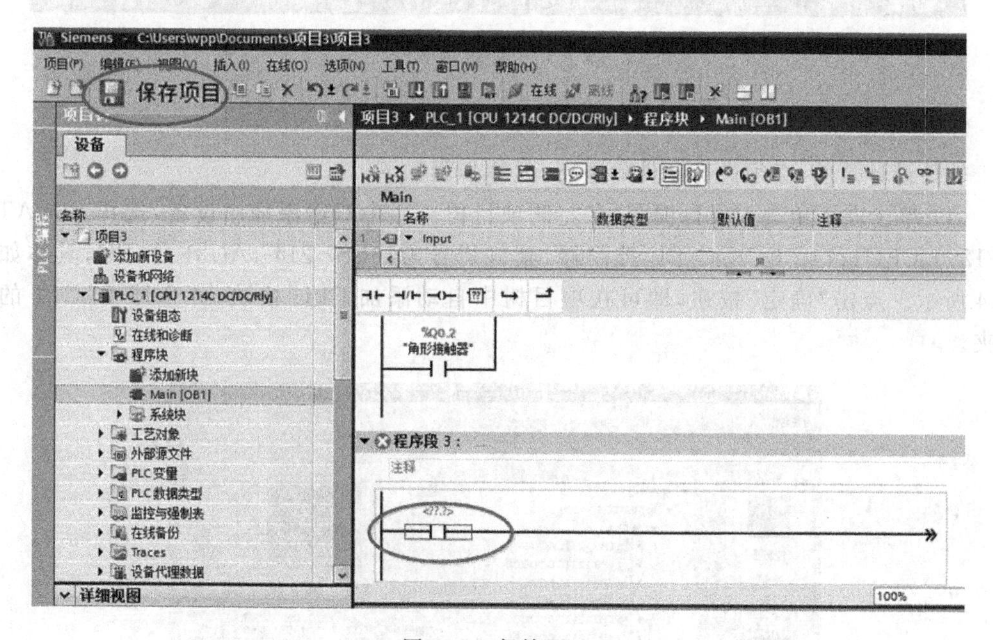

图 7-12　保持项目

7.2　入门实例

现以电动机的启-保-停控制为例,来说明 TIA 博图软件的使用过程。启-保-停控制要求:按下启动按钮 I0.0,电动机输出 Q0.0 启动并保持;按下停止按钮 I0.1,电动机输出 Q0.0 停止。在 TIA 博图软件中,对该案例进行设计与实现,具体内容包括:创建项目、硬件组态、编辑变量、编写程序、下载程序、调试程序。

1. 创建项目

双击 TIA 博图软件图标,启动软件,直接在博图视图中创建一个新项目,项目名称为“电动机启保停控制”,并选择合适的保存路径,也可保存于默认路径,具体如图 7-13 所示。

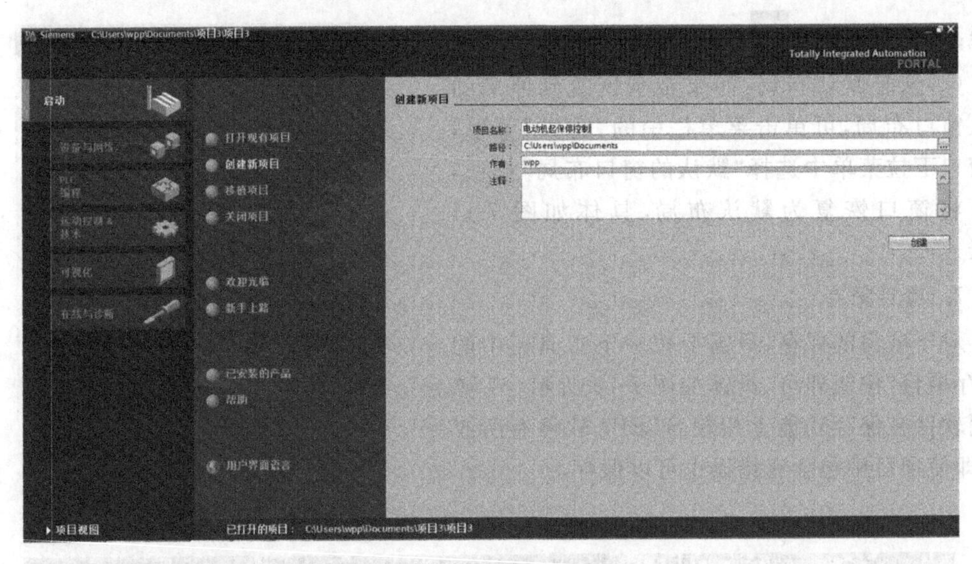

图 7-13 创建新项目

2. 硬件组态

软件设计之前,必须进行硬件的组态,具体步骤如下:

(1) 单击左下角进入项目视图,在左侧项目树一栏中双击添加新设备,选择 SIMATIC S7-1200/CPU1214C DC/DC/DC 控制器,其订货号为:6ES7 214-1AG31-OXBO,具体如图 7-14 所示。点击"确定"按钮,即可在项目树中自动添加 CPU 模块,并生成 PLC_1 的文件夹。

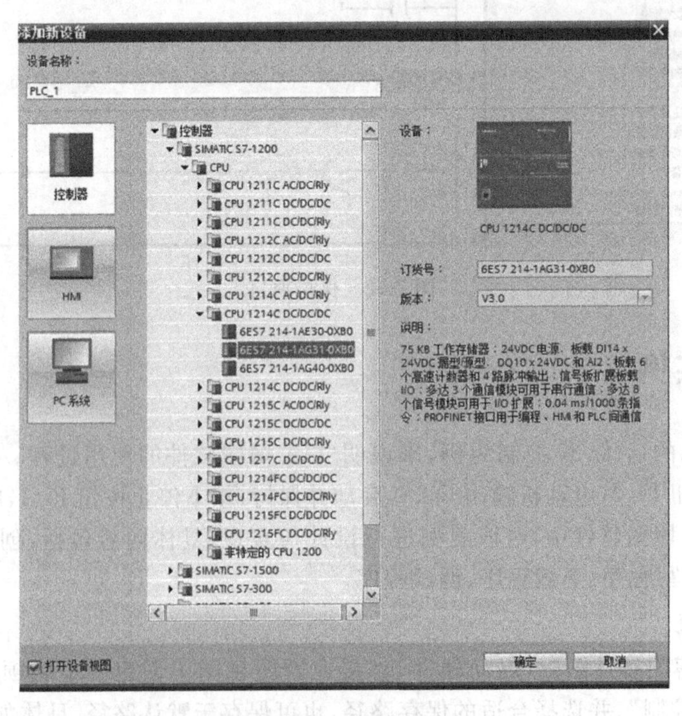

图 7-14 添加设备

(2) 在项目树中展开 PLC_1 文件夹,双击其中的“设备组态”,在工作区显示了 PLC 的整个机架,界面的右边展示了设备的概览窗口,如图 7-15 所示。从图中可以看出:CPU 模块(1214C)集成了 14 路数字量输入通道,对应的地址字节为 I 区的“0…1”,具体为 I0.0～I1.5;集成了 10 路数字量输出通道,对应的地址字节为 Q 区的“0…1”,具体为 Q0.0～Q1.1;同时还集成了两路模拟量输入通道,其地址为 AI64 和 AI66。

设备概览

模块	插槽	I 地址	Q 地址	类型	订货号	固件
	103					
	102					
	101					
▼ PLC_1	1			CPU 1214C DC/DC/DC	6ES7 214-1AG31-0XB0	V3.0
DI 14/DQ 10_1	1 1	0…1	0…1	DI 14/DQ 10		
AI 2_1	1 2	64…67		AI 2		
	1 3					
HSC_1	1 16	1000…10…		HSC		
HSC_2	1 17	1004…10…		HSC		
HSC_3	1 18	1008…10…		HSC		
HSC_4	1 19	1012…10…		HSC		
HSC_5	1 20	1016…10…		HSC		
HSC_6	1 21	1020…10…		HSC		
Pulse_1	1 32		1000…10…	脉冲发生器 (PTO/PWM)		
Pulse_2	1 33		1002…10…	脉冲发生器 (PTO/PWM)		
Pulse_3	1 34		1004…10…	脉冲发生器 (PTO/PWM)		
Pulse_4	1 35		1006…10…	脉冲发生器 (PTO/PWM)		
▼ PROFINET 接口_1	1 X1			PROFINET 接口		
端口_1	1 X1 P1			端口		

图 7-15　设备组态

(3) 在设备组态界面,展开 PLC 左侧的通信模块机架,可将 DP、RS485 等通信模块拖至 101 号槽,如图 7-16 所示。本案例中我们选用 DP 通信模块 CM1243-5,订货号为 6GK7 243-5DX30-0XE0。对于电机启-保-停控制中并不需要该通信模块,但是为了介绍软件的使用,特地引入该环节。

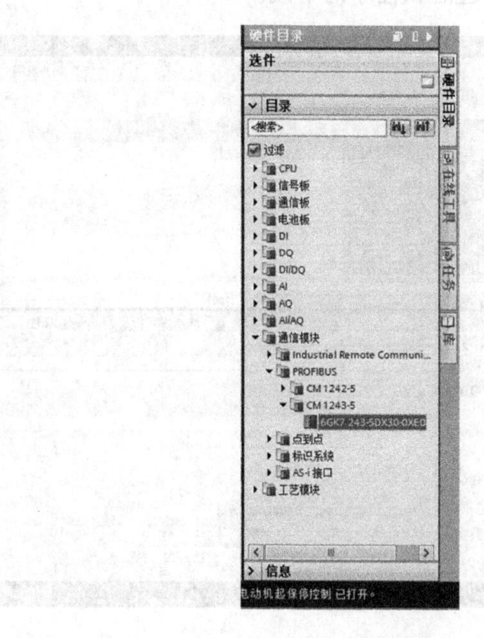

图 7-16　通信模块

(4) 对于本案例并不需要扩展I/O量，但是为了说明信号板的组态，特地增加该步骤。将信号板SB1232从硬件目录中拖入1214C的可选槽内，如图7-17所示。信号板SB1232具有1路模拟量输出通道，订货号为6ES7 232-4HA30-0XB0，其默认的地址为AQ80。

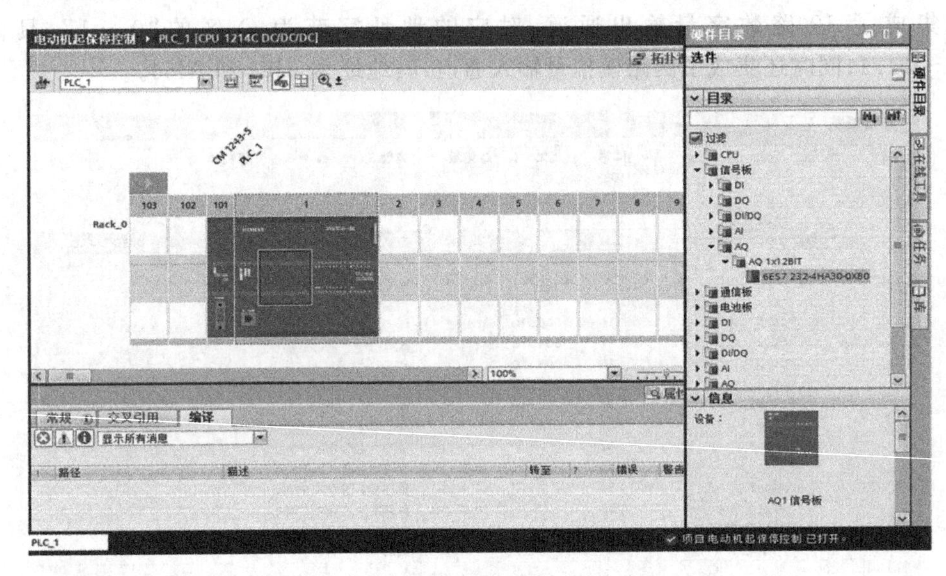

图7-17　插入信号板

(5) 设置CPU模块的IP地址：单击CPU→选中巡视窗口中的“属性”选项卡→选择“常规”选项卡→选中“以太网地址”选项→配置网络，具体如图7-18所示。在该配置界面，先单击添加新子网，然后将IP地址改为192.168.0.1，子网掩码默认为255.255.255.0。需要注意的是：PLC的IP地址必须与计算机的IP地址在同一网段内，即前3个字节相同，最后字节不同，便于后续进行以太网通信和程序的下载。

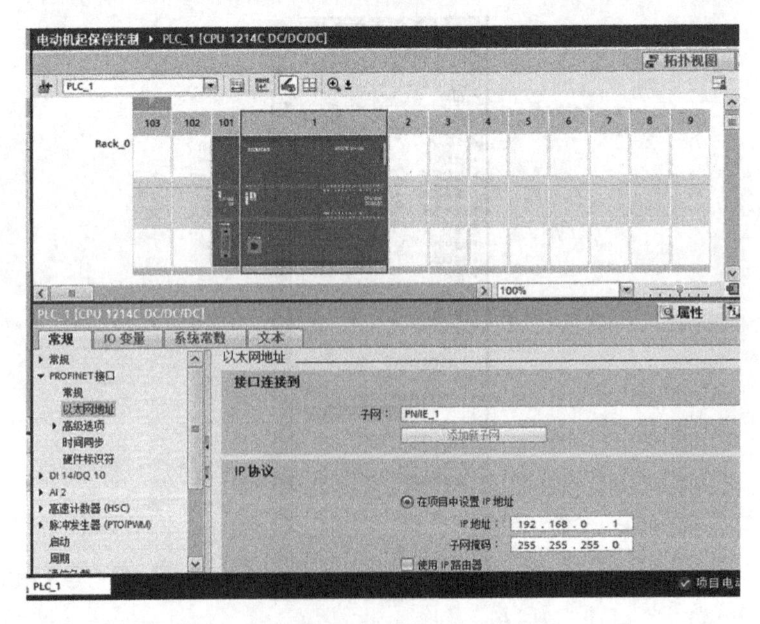

图7-18　设置IP地址

(6) 硬件组态下载。硬件组态完成后,便可以下载组态数据。在项目树中,选中 PLC_1→单击工具栏中的"下载"按钮,弹出图 7-19 所示界面→选择 PG/PC 接口的类型为 PN/IE,其中 PG/PC 接口为实际的连接以太网的网卡名称→子网的连接可任选→在"目标子网中的兼容设备"搜索查找实际 PLC→找到后单击"下载"按钮,进行下载。在下载过程中,会跳出是否停止 PLC 的对话框,直接点击确定即可,下载后可重新启动 PLC。下载完成后,如果各个设备都显示为绿色,则说明硬件组态成功,若不能正常运行,则说明组态错误,可使用 CPU 的在线与诊断工具进行诊断与排错。

需要大家注意的是:若固件版本不同,可能会引起下载失败,可用在线访问检查固件版本。在组态下载之前,务必保证 PC 机与实际 PLC 之间的物理通路是正确的。

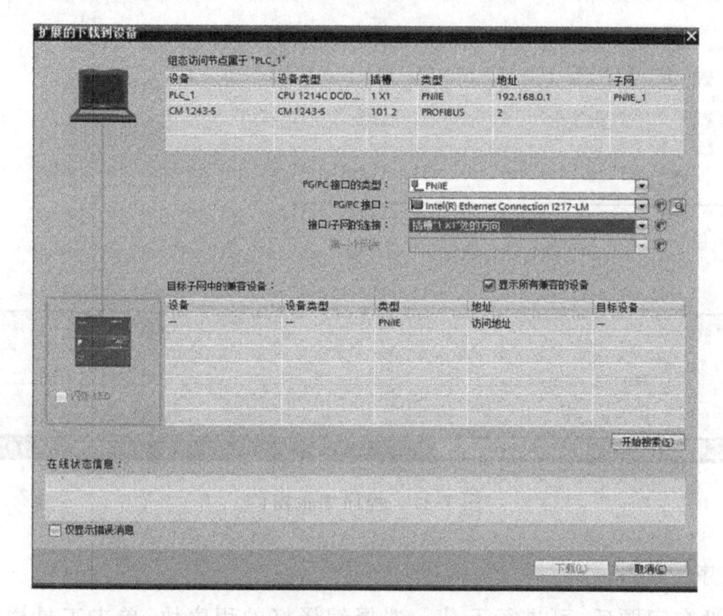

图 7-19　下载界面

3. 编辑变量

编辑变量主要针对符号变量,因为在 TIA 博图软件的编程理念中,特别强调符号变量的使用。在开始编写正式程序之前,需要为输入、输出、中间变量定义相应的符号名。

编辑变量的具体步骤:首先需要添加变量表,界面如图 7-20 所示→在 PLC 变量表中建立变量名称→选择变量数据类型→选择变量对应的实际地址。

电动机起保停控制 ▸ PLC_1 [CPU 1214C DC/DC/DC] ▸ PLC 变量 ▸ 默认变量表 [21]

默认变量表

	名称	数据类型	地址	保持	在 H...	可从 ...	注释
1	start	Bool	%I0.0	☐	☑	☑	
2	stop	Bool	%I0.1	☐	☑	☑	
3	motor	Bool	%Q0.0	☐	☑	☑	
4	<添加>			☐	☑	☑	

图 7-20　变量定义

4. 程序编写

展开项目树中 PLC_1 文件夹，展开程序块对象，双击该对象列表中的主程序 Main，进入 OB1 编辑界面，如图 7-21 所示。常用的触点、梯形图的连接操作可以直接点击程序界面上的工具按钮，编写完成后可进行编译检查，查找语法错误。

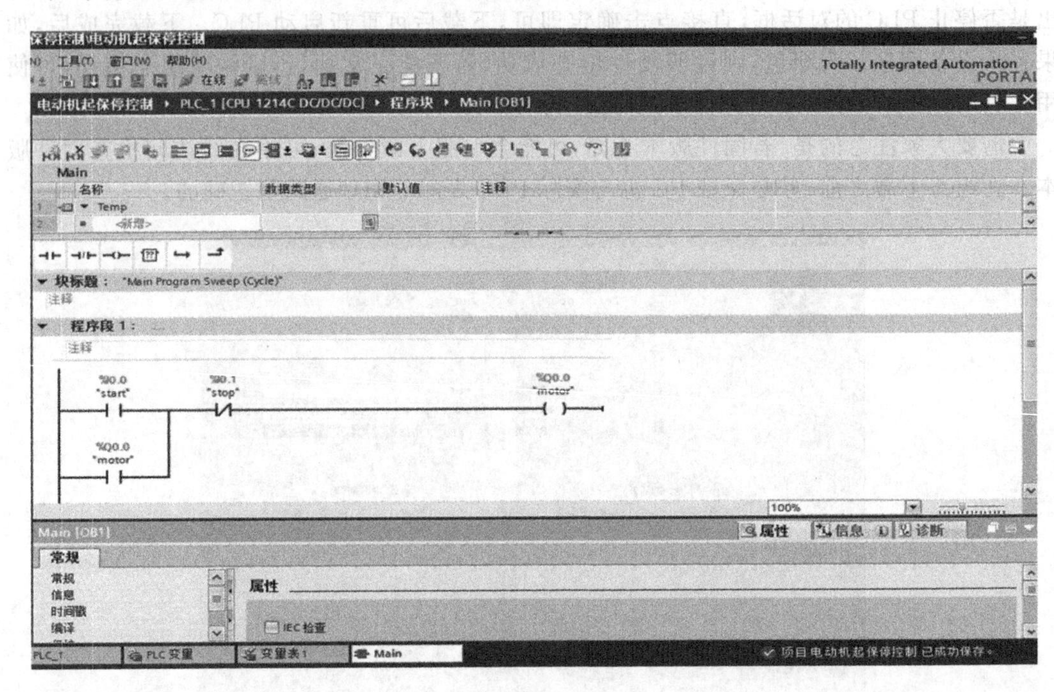

图 7-21　程序编辑窗口

5. 下载程序

程序编译没有问题后，可进行下载。选择编译好的程序块，单击工具栏中的“下载”按钮，将程序块下载到 PLC 中，下载界面如图 7-22 所示。

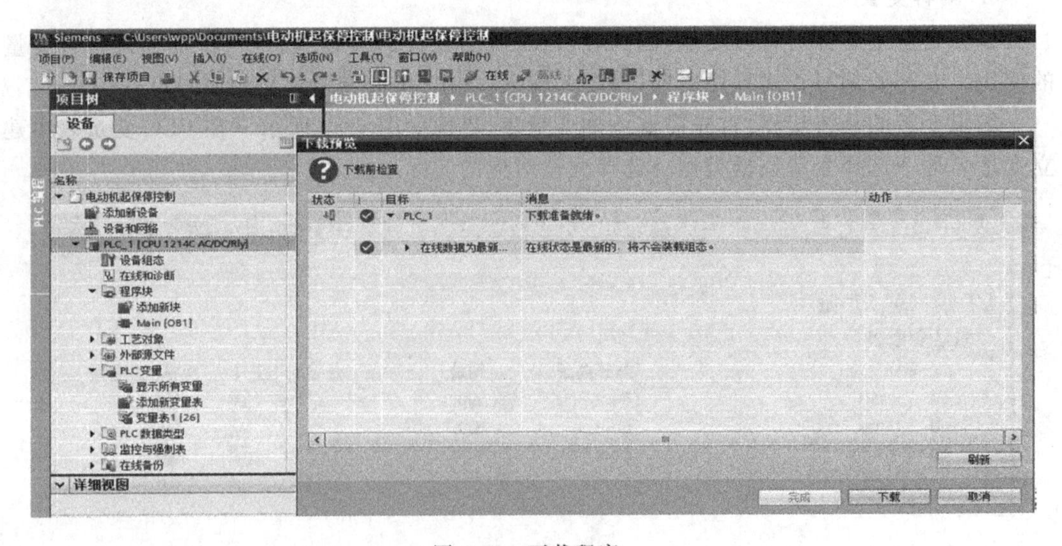

图 7-22　下载程序

6. 调试程序

调试程序最常用的方式是:程序监视调试和监控表调试。

(1) 程序监视调试。硬件组态和程序下载成功后,即可进行调试。单击工具栏上的"转到在线"按钮,然后单击启用/禁用监视,效果如图 7-23 所示。

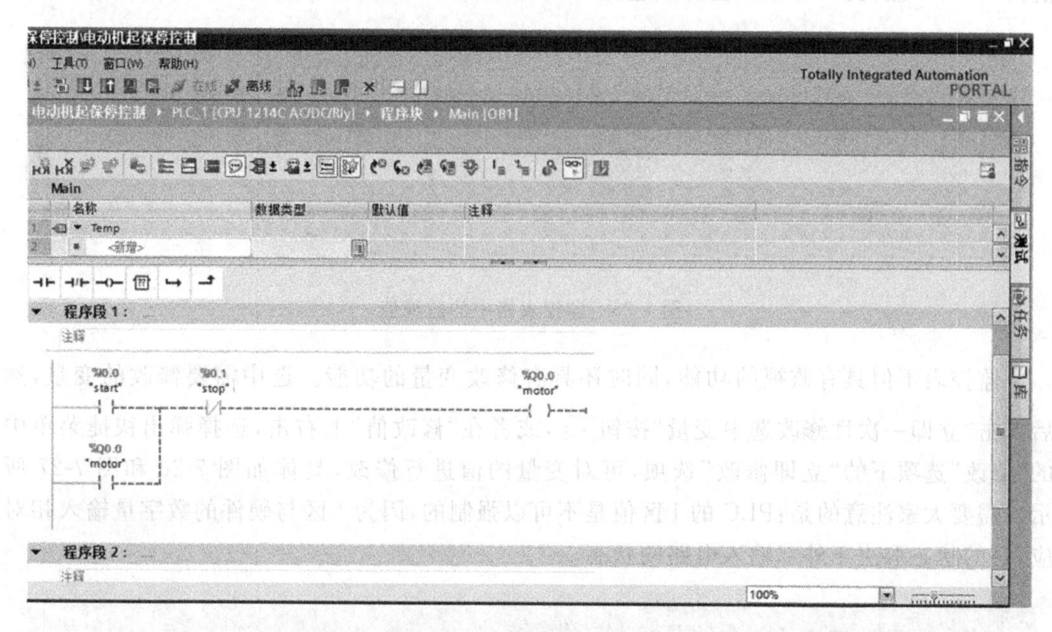

图 7-23　程序运行监视界面

在硬件设备上,按下启动按钮 I0.0,图 7-23 中的常开触点 I0.0 闭合,能流从母线流到线圈 Q0.0,Q0.0 为"1";当释放启动按钮,常开触点 I0.0 断开,但能流通过与之并联的常开触点 Q0.0 保持通路,仍能保证 Q0.0 处于得电状态,具体如图 7-24 所示。

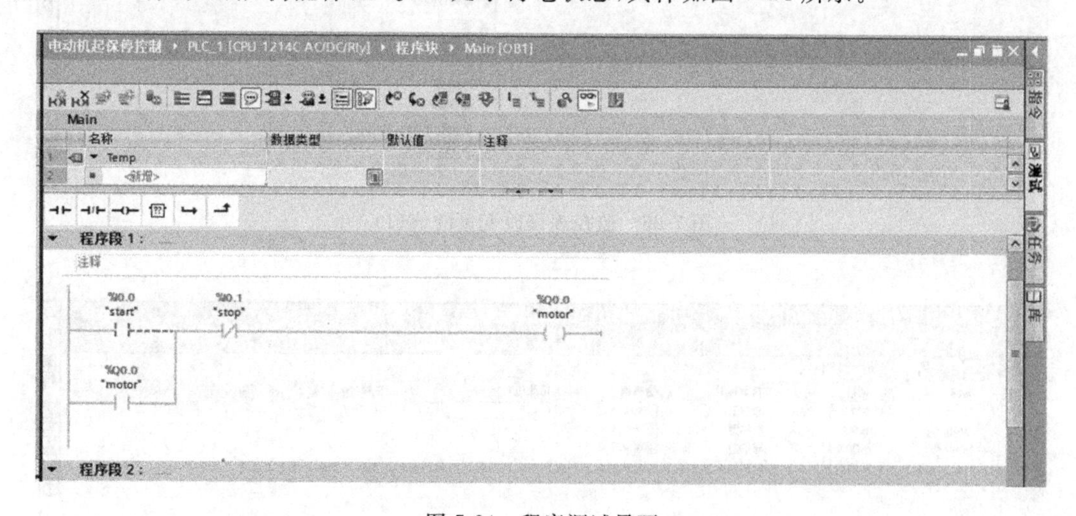

图 7-24　程序调试界面

(2) 监控表调试:在 PLC 项目树中,展开"监控与强制表"对象,双击添加新监控表格,则自动建立并打开一个名称为"监控表_1"的监控表格,将 PLC 的变量名称输入到监控表的变量名称一栏，则该变量名称所对应的地址和数据类型将自动生成。单击“监控表_1”工具栏中的监视按钮，则在表格中会显示变量的监视值，具体如图 7-25 所示。当监视变量的值为“1”时，“监视值”对应颜色为绿色并显示 TRUE，比如图中的第 1、3 行，当监视变量的值为“0”时，“监视值”对应颜色为灰色并显示 FALSE，比如图中第 2 行。

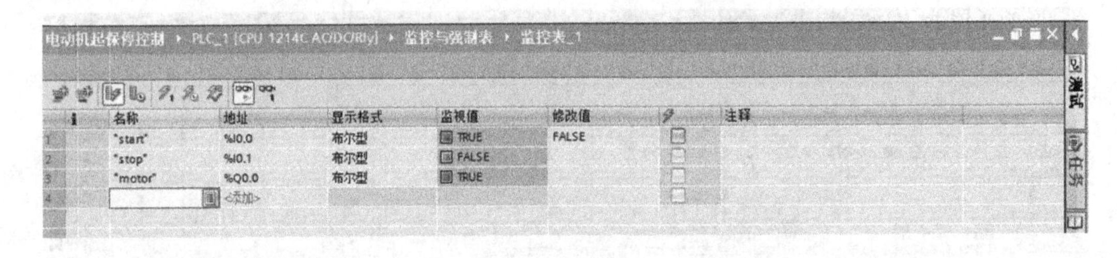

图 7-25 监控表格中的监视值

监控表不但具有监视的功能，同时还具有修改变量的功能。选中需要修改的变量，然后单击“立即一次性修改选中变量”按钮，或者在“修改值”上右击，选择弹出快捷菜单中的“修改”选项下的“立即修改”选项，可对变量的值进行修改，具体如图 7-26 和图 7-27 所示。需要大家注意的是：PLC 的 I 区值是不可以强制的，因为 I 区与硬件的数字量输入相对应，它的状态取决于外部输入电路的状态。

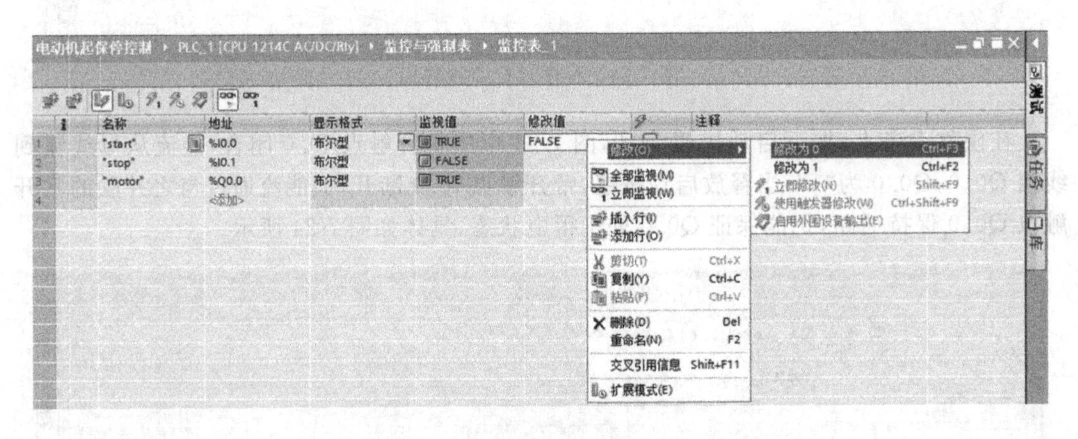

图 7-26 监控表修改变量的值(1)

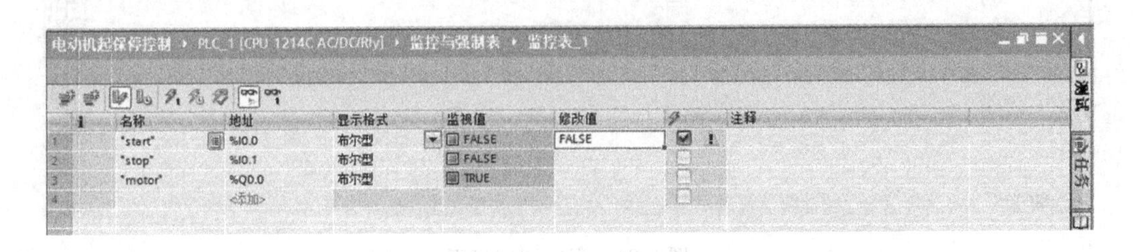

图 7-27 监控表修改变量的值(2)

第 8 章　S71200PLC 实验

8.1　实验一——位逻辑指令编程练习

8.1.1　实验目的

(1) 掌握基本位逻辑指令的特点和功能。

(2) 熟悉可编程控制器 S7-1200。

(3) 进一步熟悉 TIA Portal V13 编程软件的功能及使用方法。

8.1.2　实验装置

(1) 西门子 S7-1200 系列 CPU1215C 主机 1 台。

(2) 可编程半实物虚拟被控对象 1 台。

(3) 线缆、工具及辅材若干。

8.1.3　实验内容

1. 取反 RLO 指令与线圈取反指令

将图 8-1 中的梯形图下载至 CPU，并使 CPU 处于运行状态。按动输入按钮 I0.2，I0.3，观察 Q0.3 与 Q0.4 是否与逻辑运算理论值相吻合。

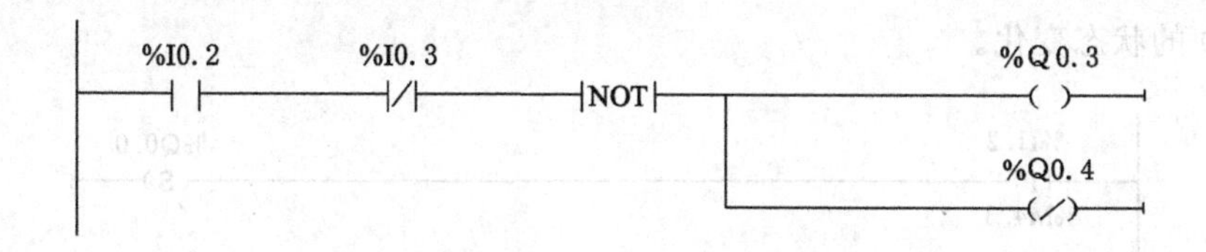

图 8-1　取反 RLO 指令与线圈取反指令梯形图

2. 置/复位输出指令与置/复位域指令

将图 8-2 中的梯形图下载至 CPU，并使 CPU 处于运行状态。按动输入按钮 I0.4，I0.5，观察 Q0.5 与 M5.0～M5.3 是否与逻辑运算理论值相吻合。

3. SR/RS 触发器指令

将图 8-3 中的梯形图下载至 CPU，并使 CPU 处于运行状态。按动输入按钮 I0.6，I0.7，I1.0，I1.1，观察 Q0.6，Q0.7，Q1.0，Q1.1 是否与 SR/RS 触发器的逻辑运算理论值相一致。

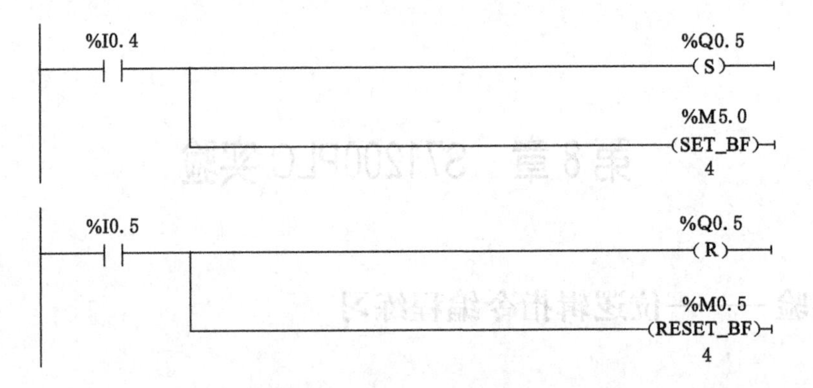

图 8-2　置/复位输出指令与置/复位域指令梯形图

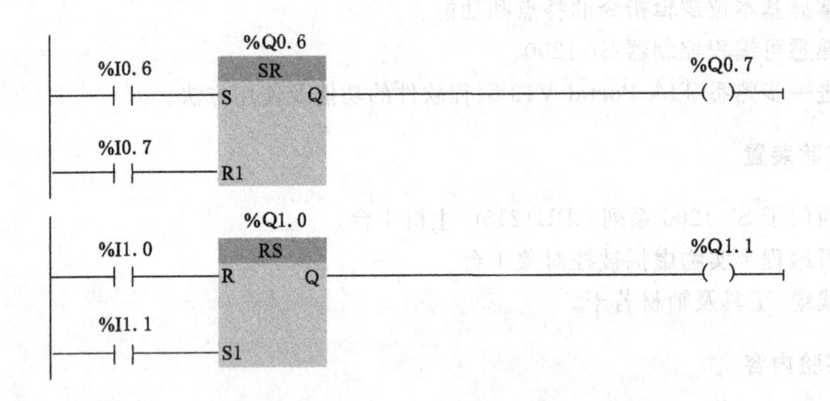

图 8-3　置/复位输出指令与置/复位域指令梯形图

4. 扫描操作数信号边沿指令

将图 8-4 中的梯形图下载至 CPU,并使 CPU 处于运行状态。缓慢按动输入按钮 I1.2,观察 Q0.0 的状态变化。

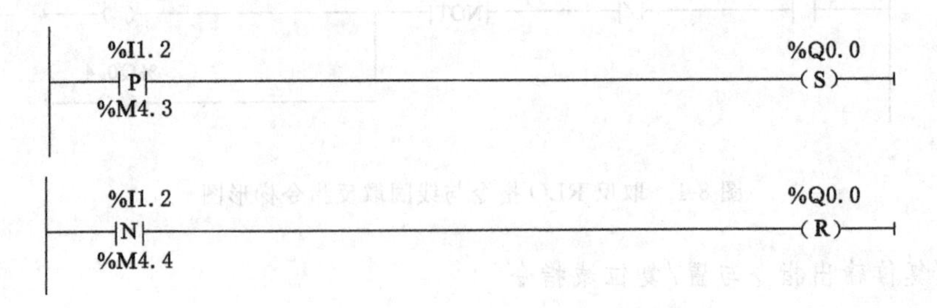

图 8-4　扫描操作数信号边沿指令梯形图

5. 在信号边沿置位操作数指令

将图 8-5 中的梯形图下载至 CPU,并使 CPU 处于运行状态。缓慢按动输入按钮 I1.3,观察 Q0.1 和 Q0.2 的状态变化。

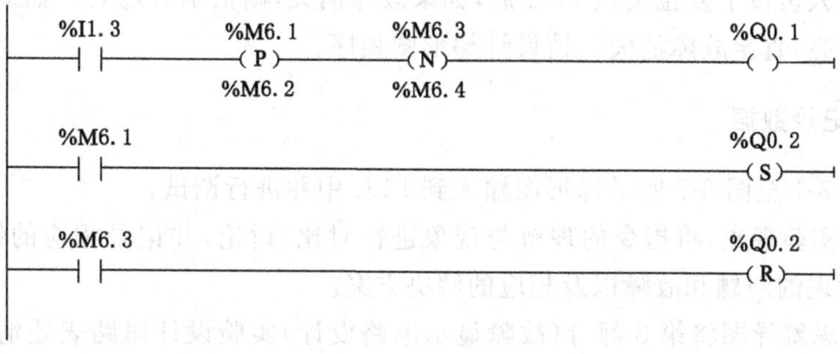

%I1.3　%M6.1 (P) %M6.2　%M6.3 (N) %M6.4　%Q0.1 ( )

%M6.1　%Q0.2 (S)

%M6.3　%Q0.2 (R)

图 8-5　在信号边沿置位操作数指令梯形图

6. 扫描 RLO 的信号边沿指令

将图 8-6 中的梯形图下载至 CPU，并使 CPU 处于运行状态。缓慢按动输入按钮 I1.4，观察 Q0.3 的状态变化。

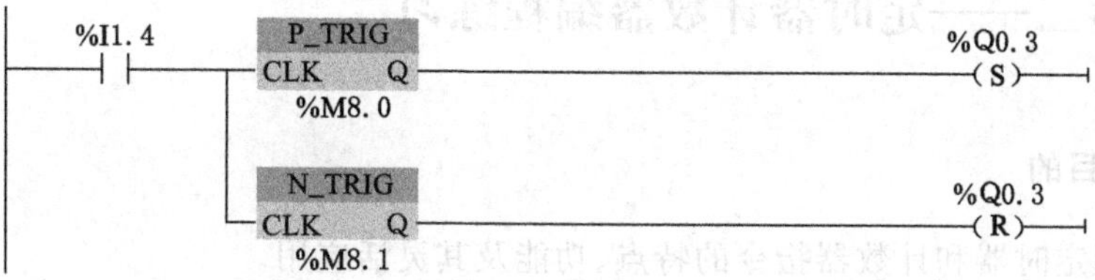

%I1.4　P_TRIG CLK Q %M8.0　%Q0.3 (S)

N_TRIG CLK Q %M8.1　%Q0.3 (R)

图 8-6　扫描 RLO 的信号边沿指令梯形图

7. 检测信号边沿指令

将图 8-7 中的梯形图下载至 CPU，并使 CPU 处于运行状态。缓慢按动输入按钮 I1.5，观察 Q0.4 的状态变化。

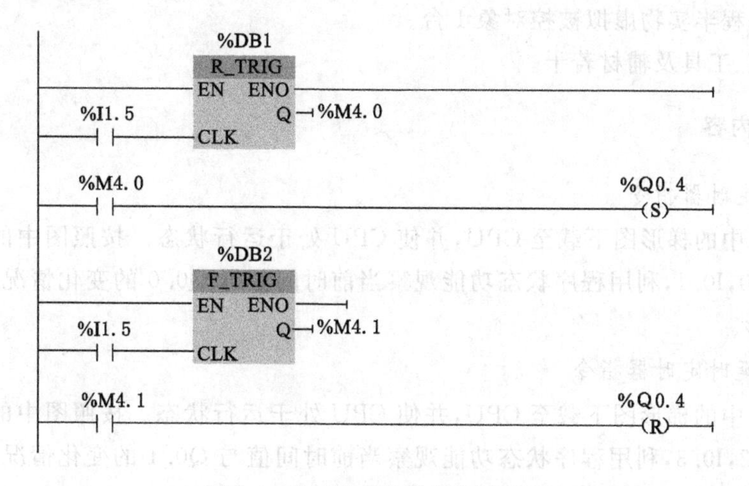

图 8-7　检测信号边沿指令梯形图

8. 故障显示电路设计

设计故障信息显示电路，从故障 I0.0 的上升沿开始，Q0.7 控制的指示灯以 1Hz 的频率闪烁。操作人员按下复位按钮 I0.1 后,如果故障消失,则指示灯熄灭。如果没有消失,则指示灯转为常亮,直至故障消失。请设计梯形图程序。

8.1.4 实验记录数据

(1) 将图 8-1 至图 8-7 所示梯形图输入到 PLC 中并进行调试。

(2) 观察实验现象,将指令的理解与现象进行对比、讨论,并记录相应的结论。记录在调试过程中发现的问题和故障以及相应的解决方案。

(3) 利用思维导图将第 8 部分(故障显示电路设计)实验设计思路表述清楚,并给出梯形图程序,记录在设计和调试过程中的问题和相应的解决方案。

8.1.5 实验记录数据

总结本次实验所学到的知识点、遇到的问题,以及解决问题的方法和思路。

8.2 实验二——定时器计数器编程练习

8.2.1 实验目的

(1) 掌握定时器和计数器指令的特点、功能及其灵活应用。

(2) 熟悉可编程控制器 S7-1200。

(3) 进一步熟悉 TIA Portal V13 编程软件的功能及使用方法。

8.2.2 实验装置

(1) 西门子 S7-1200 系列 CPU1215C 主机 1 台。

(2) 可编程半实物虚拟被控对象 1 台。

(3) 线缆、工具及辅材若干。

8.2.3 实验内容

1. 脉冲定时器指令

将图 8-8 中的梯形图下载至 CPU,并使 CPU 处于运行状态。按照图中的时序图按动输入按钮 I0.0,I0.1,利用程序状态功能观察当前时间值与 Q0.0 的变化情况,同时画出两者的时序波形。

2. 接通延时定时器指令

将图 8-9 中的梯形图下载至 CPU,并使 CPU 处于运行状态。按照图中的时序图按动输入按钮 I0.2,I0.3,利用程序状态功能观察当前时间值与 Q0.1 的变化情况,同时画出两者的时序波形。

3. 关断延时定时器指令

将图 8-10 中的梯形图下载至 CPU,并使 CPU 处于运行状态。按照图中的时序图按动输入按钮 I0.4,I0.5,利用程序状态功能观察当前时间值与 Q0.2 的变化情况,同时画出两者的时序波形。

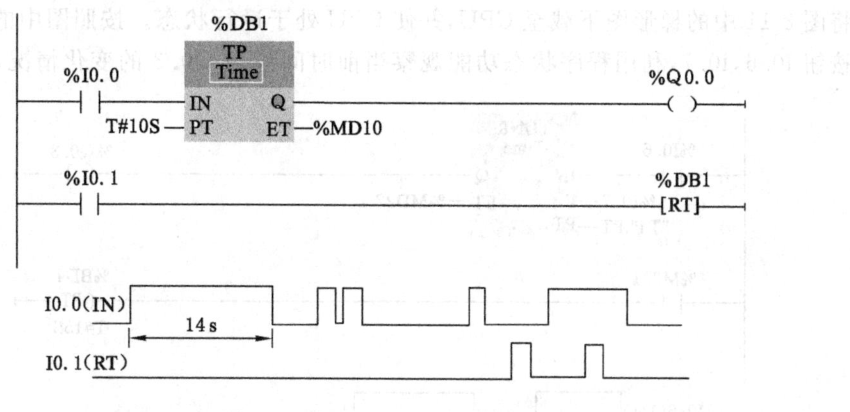

图 8-8　脉冲定时器指令梯形图

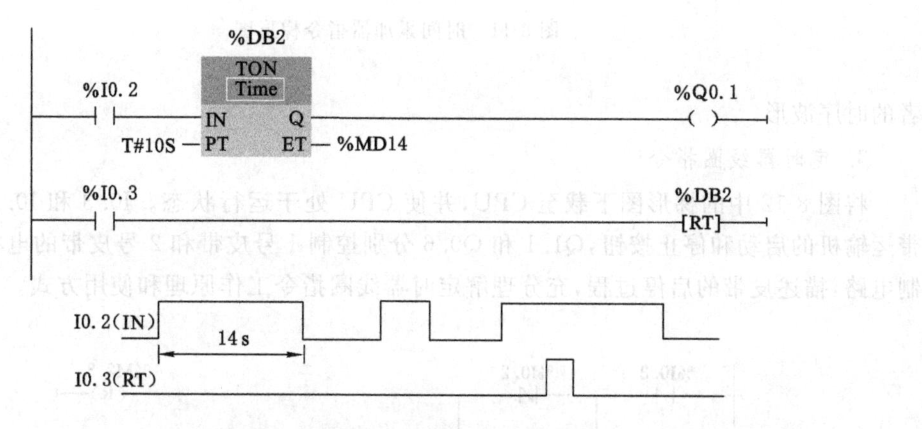

图 8-9　接通延时定时器指令梯形图

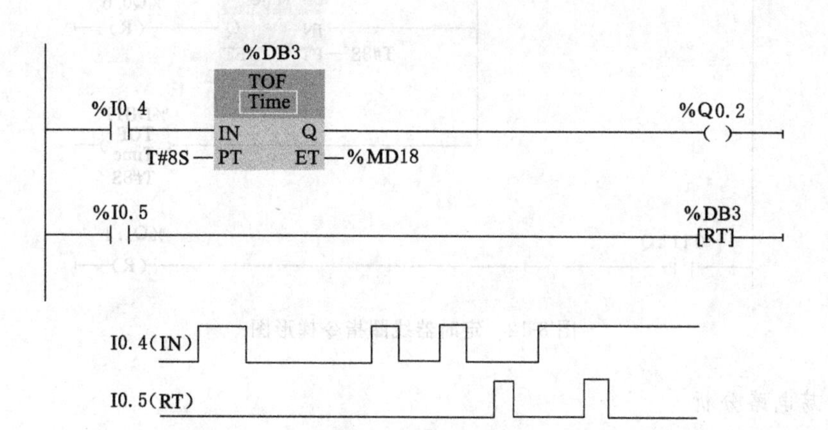

图 8-10　关断延时定时器指令梯形图

4. 时间累加器指令

将图 8-11 中的梯形图下载至 CPU,并使 CPU 处于运行状态。按照图中的时序图按动输入按钮 I0.6,I0.7,利用程序状态功能观察当前时间值与 Q0.3 的变化情况,同时画出两

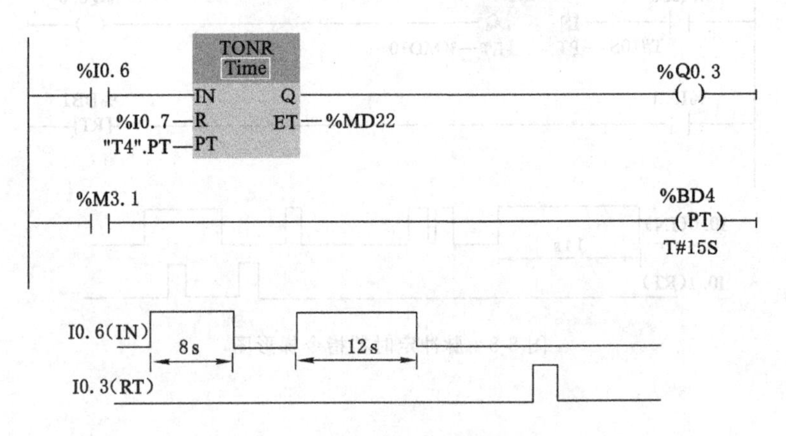

图 8-11　时间累加器指令梯形图

者的时序波形。

5. 定时器线圈指令

将图 8-12 中的梯形图下载至 CPU,并使 CPU 处于运行状态。I0.3 和 I0.2 分别是皮带运输机的启动和停止按钮,Q1.1 和 Q0.6 分别控制 1 号皮带和 2 号皮带的电机。分析控制电路,描述皮带的启停过程,充分理解定时器线圈指令工作原理和使用方式。

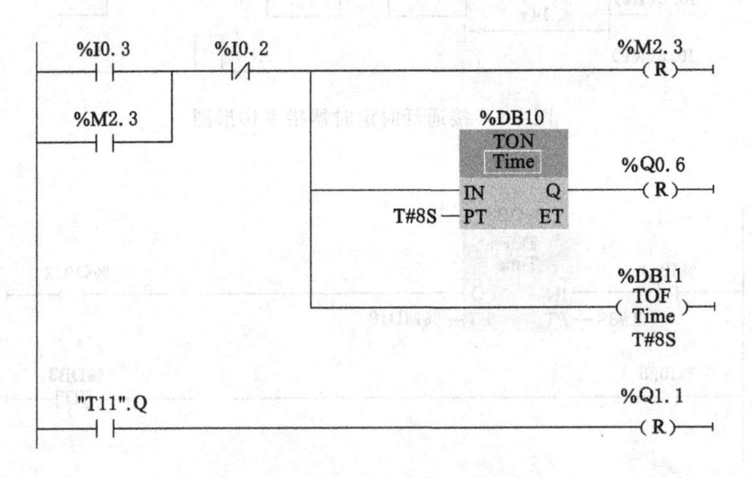

图 8-12　定时器线圈指令梯形图

6. 振荡电路分析

将图 8-13 中的梯形图下载至 CPU,并使 CPU 处于运行状态。按照图中的时序图按动输入按钮 I1.1,观察 Q0.7 的变化情况,同时画出其时序波形,分析电路是否满足周期和占空比可调。

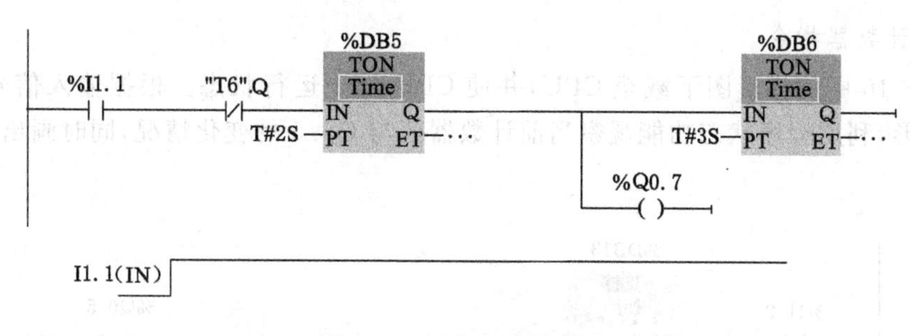

图 8-13　振荡电路梯形图

7. 卫生间冲水控制电路分析

将图 8-14 中的梯形图下载至 CPU，并使 CPU 处于运行状态。I0.7 上升沿代表有人开始使用，请分析该电路，画出冲水电磁阀 Q1.2 的控制波形，描述该控制电路的工作过程，判断是否与日常生活中厕所冲水控制功能相一致。

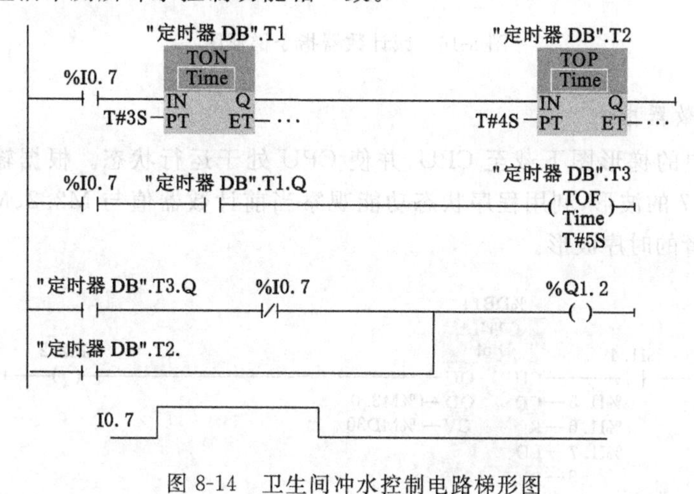

图 8-14　卫生间冲水控制电路梯形图

8. 加计数器指令

将图 8-15 中的梯形图下载至 CPU，并使 CPU 处于运行状态。根据输入信号 I1.0 和 I1.1 的波形，利用程序状态功能观察当前计数器值与 Q0.4 的变化情况，同时画出两者的时序波形。

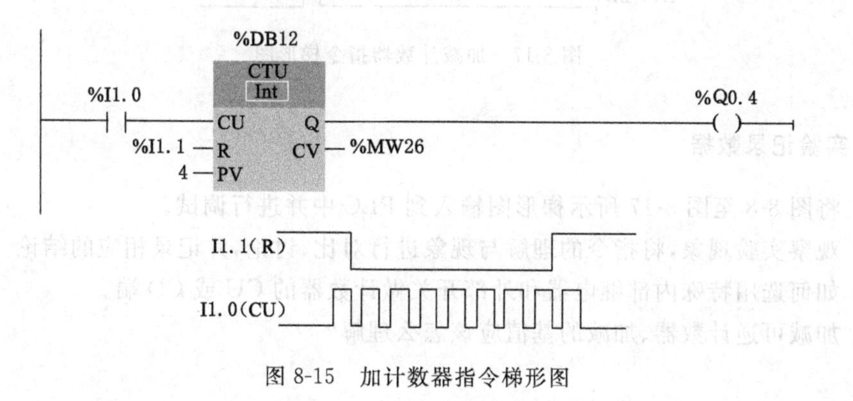

图 8-15　加计数器指令梯形图

9. 减计数器指令

将图 8-16 中的梯形图下载至 CPU,并使 CPU 处于运行状态。根据输入信号 I1.2 和 I1.3 的波形,利用程序状态功能观察当前计数器值与 Q0.5 的变化情况,同时画出两者的时序波形。

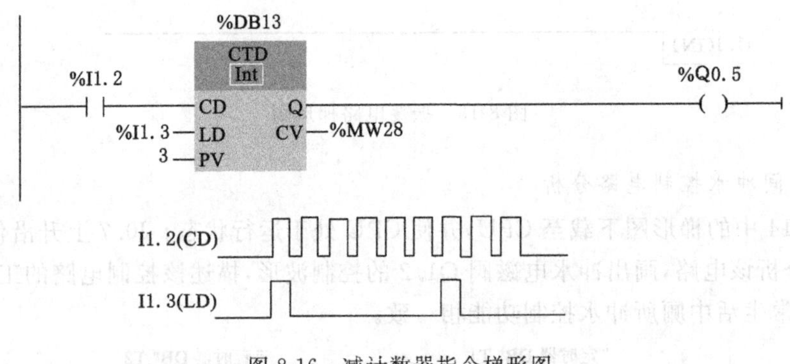

图 8-16 减计数器指令梯形图

10. 加减计数器指令

将图 8-17 中的梯形图下载至 CPU,并使 CPU 处于运行状态。根据输入信号 I1.4、I1.5、I1.6 和 I1.7 的波形,利用程序状态功能观察当前计数器值与 M2.2、M3.0 的变化情况,同时画出两者的时序波形。

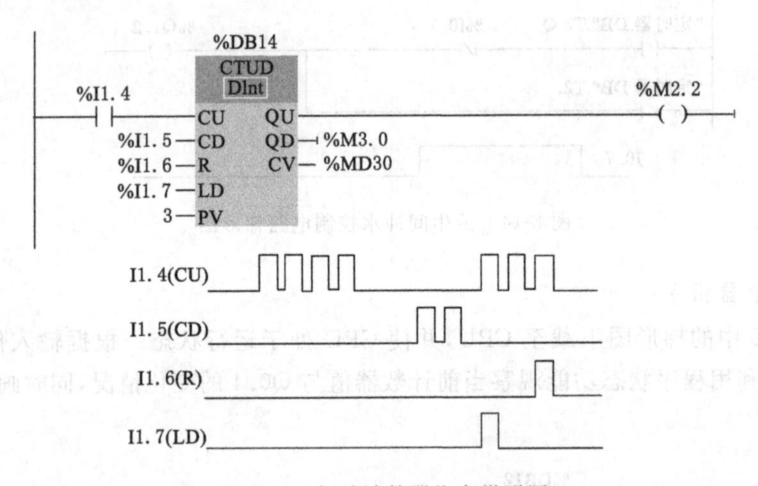

图 8-17 加减计数器指令梯形图

8.2.4 实验记录数据

(1) 将图 8-8 至图 8-17 所示梯形图输入到 PLC 中并进行调试。

(2) 观察实验现象,将指令的理解与现象进行对比、讨论,并记录相应的结论。

(3) 如何选用特殊内部继电器和外部开关做计数器的 CU 或 CD 端。

(4) 加减可逆计数器、加减的基值应该怎么理解?

8.2.5　实验记录数据

总结本次实验所学到的知识点、遇到的问题，以及解决问题的方法和思路。

8.3　实验三——数据处理指令编程练习

8.3.1　实验目的

(1) 掌握数据处理指令的特点、功能及其使用方式。
(2) 熟悉可编程控制器 S7-1200。
(3) 进一步熟悉 TIA Portal V13 编程软件的功能及使用方法。

8.3.2　实验装置

(1) 西门子 S7-1200 系列 CPU1215C 主机 1 台。
(2) 可编程半实物虚拟被控对象 1 台。
(3) 线缆、工具及辅材若干。

8.3.3　实验内容

1. 比较指令与值在范围内外指令

将图 8-18 中的梯形图下载至 CPU，并使 CPU 处于运行状态。启动程序状态监控，修改图中比较指令上各变量的值，利用程序状态功能观察对应的比较触点状态变化；修改图中 MW22 和 MB20 的值，观察 IN_RANGE 和 OUT_RANGE 等效触点状态的变化。

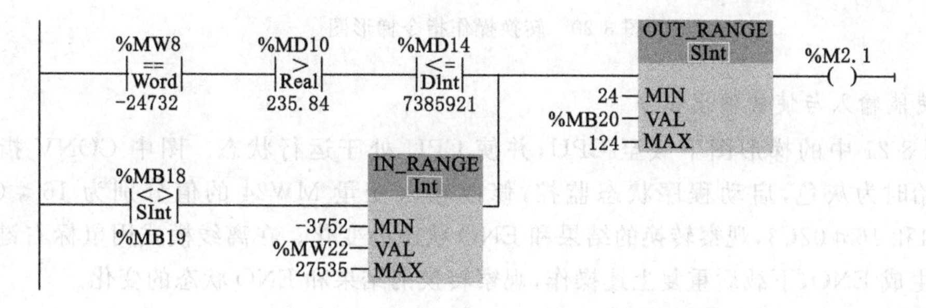

图 8-18　比较指令与值在范围内外指令梯形图

2. 脉冲发生器(比较指令应用)

将图 8-19 中的梯形图下载至 CPU，并使 CPU 处于运行状态。利用程序状态功能观察定时器当前定时时间、定时器输出 T1.Q，以及 Q1.0 的变化情况。分析该电路的工作原理，画出当前定时时间、定时器输出 T1.Q 以及 Q1.0 的时序波形。

3. 转换操作指令

某温度变送器的量程为－200～850 ℃，输出信号为 4～20 mA，符号地址为“模拟值”IW96；地址为 QW96 中的整型变量“AQ 输入”转换后的 DC0～10V 电压作为变频器的模拟量输入，通过变频器内部参数的设置，0～10V电压对应的转速0～1 800 r/min。将图8-20中的梯形图下载至CPU，并使CPU处于运行状态。启动程序状态监控，修改图中“模拟值”IW96分别为0、27 648和小于27 648的正数，观察MD74中的“温度值”是否符合理论值。修改图中“转速”MW80分别为0、1 800和小于1 800的正数，观察QW96中的“AQ输入”的值是否符合理论值。

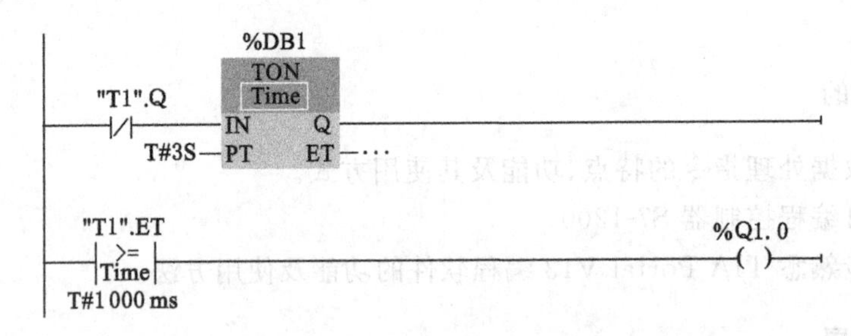

图 8-19　脉冲发生器梯形图

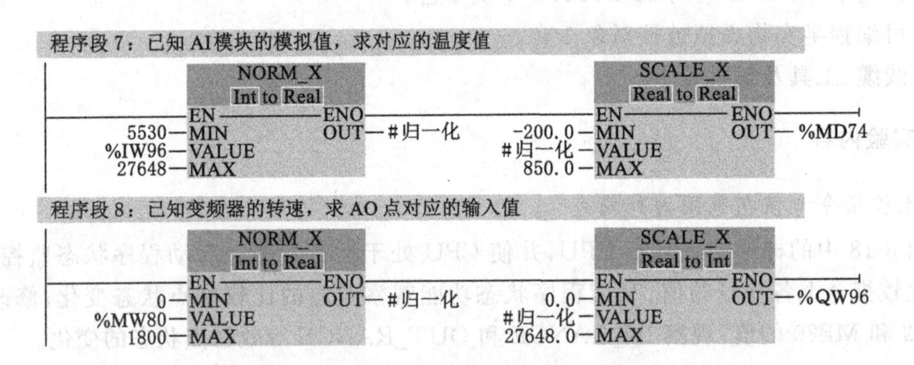

图 8-20　转换操作指令梯形图

4. 使能输入与使能输出指令

将图8-21中的梯形图下载至CPU，并使CPU处于运行状态。图中CONV指令的ENO开始时为灰色，启动程序状态监控，修改输入变量MW24的值分别为16＃0234、16＃F234和16＃02C3，观察转换的结果和ENO状态的变化。在离线模式用鼠标右键单击指令框，生成ENO，下载后重复上述操作，观察转换的结果和ENO状态的变化。

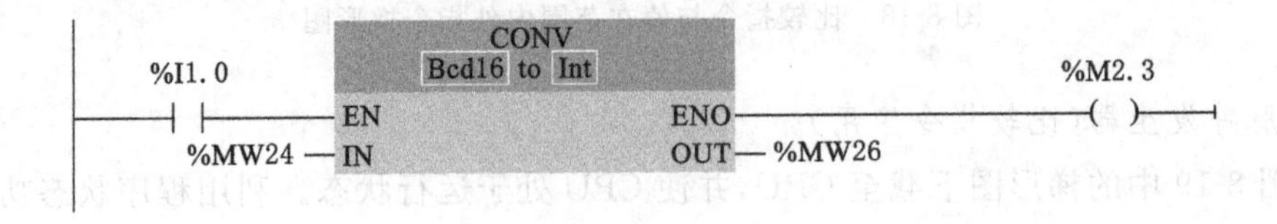

图 8-21　使能输入与使能输出指令梯形图

5. 填充存储区指令

将图8-22中的梯形图下载至CPU，并使CPU处于运行状态。启动程序状态监控，修改输入变量I0.4为1，观察FILL_BLK与UFILL_BLK指令的执行结果是否正确。

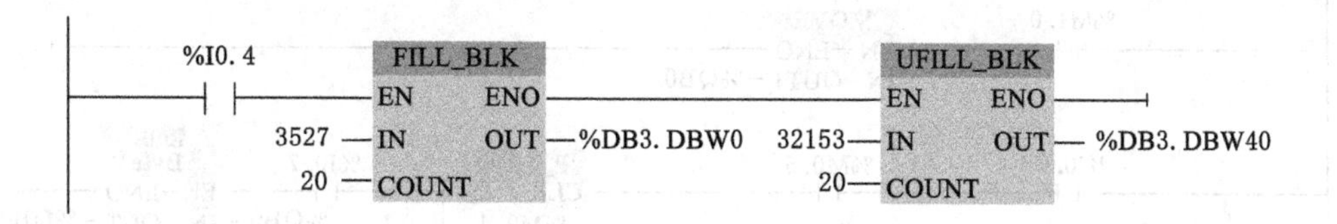

图 8-22　填充存储区指令梯形图

6. 存储区移动指令

将图 8-23 中的梯形图下载至 CPU，并使 CPU 处于运行状态。启动程序状态监控，修改输入变量 I0.3 为 1，观察 MOVE_BLK 与 UMOVE_BLK 指令的执行结果是否正确。

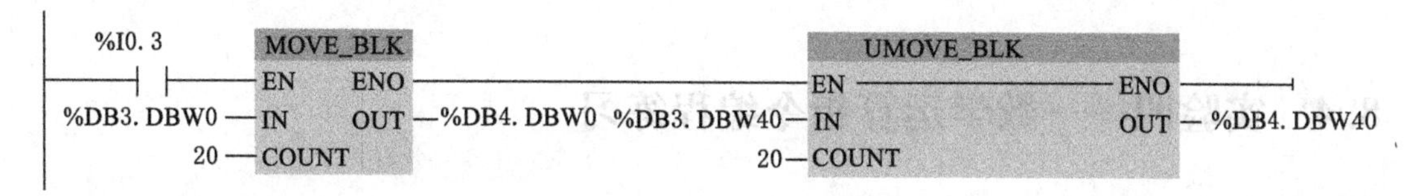

图 8-23　存储区移动指令梯形图

7. 移位指令

将图 8-24 中的梯形图下载至 CPU，并使 CPU 处于运行状态。启动程序状态监控移位，修改输入变量 I0.5 为 1，MW102 为任意正数或负数，观察输出值 MW104 的绝对值是否是输入值的绝对值的 1/4。设置 MW106 的值为十六进制常数，观察 SHL 指令的执行结果是否正确。

图 8-24　移位指令梯形图

8. 彩灯控制器电路（循环移位指令应用）

将图 8-25 中的梯形图下载至 CPU，并使 CPU 处于运行状态。观察 QB0 是否移位，用 I0.6 来控制移位，方向用 I0.7 来控制。分析该电路的工作原理，并进行描述，画出 QB0 每一位的时序波形。

8.3.4　实验记录数据

（1）将图 8-18 至图 8-25 所示梯形图输入到 PLC 中并进行调试。

（2）观察实验现象，记录实验波形和电路工作原理，将指令的理解与现象进行对比、讨论，并记录相应的结论。

8.3.5　实验记录数据

总结本次实验所学到的知识点、遇到的问题，以及解决问题的方法和思路。

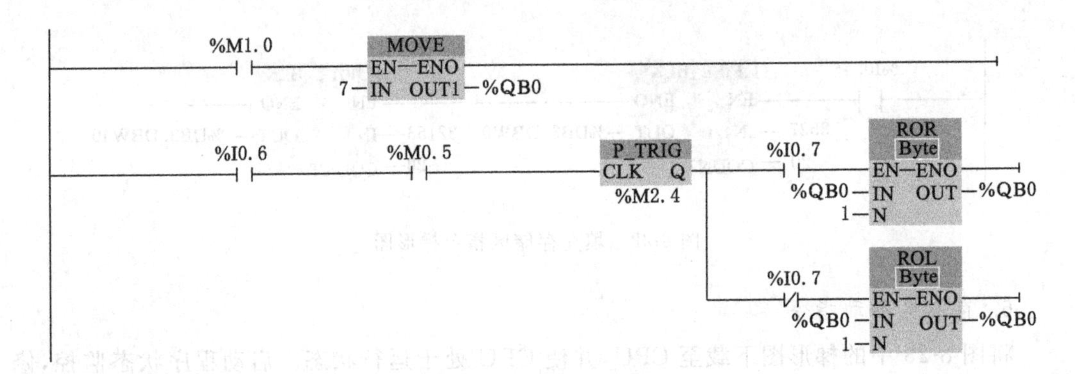

图 8-25 彩灯控制器梯形图

8.4 实验四——数学运算指令编程练习

8.4.1 实验目的

(1) 掌握数学运算指令的特点、功能及其使用方式。

(2) 熟悉可编程控制器 S7-1200。

(3) 进一步熟悉 TIA Portal V13 编程软件的功能及使用方法。

8.4.2 实验装置

(1) 西门子 S7-1200 系列 CPU1215C 主机 1 台。

(2) 可编程半实物虚拟被控对象 1 台。

(3) 线缆、工具及辅材若干。

8.4.3 实验内容

1. 整数运算指令

压力变送器的量程为 0～10 MPa,输出信号为 0～10 V,被 CPU 集成的模拟量输入通道 0,地址为 IW64,转换为 0～27 648 的数字量。利用图 8-26 的程序将该数字量转换为以 kPa 为单位的压力值。将图 8-26 中的梯形图下载至 CPU,并使 CPU 处于运行状态。修改图中 IW64 的值分别为 0、27 648 和任意的中间值,同时修改 I0.0 为 1 状态,观察 MD10 中的运算结果是否符合理论值。分析程序的工作原理和过程,思考图中第一个程序框的设计意图,以及最后结果有效部分在 MD10 中的哪个字节。

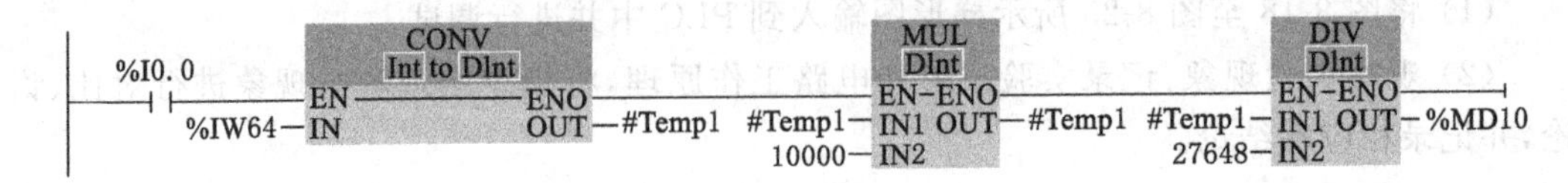

图 8-26 整数运算指令梯形图

2. 浮点数运算指令

使用浮点数运算指令计算实验 1(整数运算指令)中的压力值。将图 8-27 中的梯形图下载至 CPU,并使 CPU 处于运行状态。修改图中 IW64 的值分别为 0、276 48 和任意的中间值,同时修改 I0.1 为 1 状态,观察 MD10 中的运算结果是否符合理论值。分析程序的工作原理和过程,思考图中第一个程序框的设计意图。

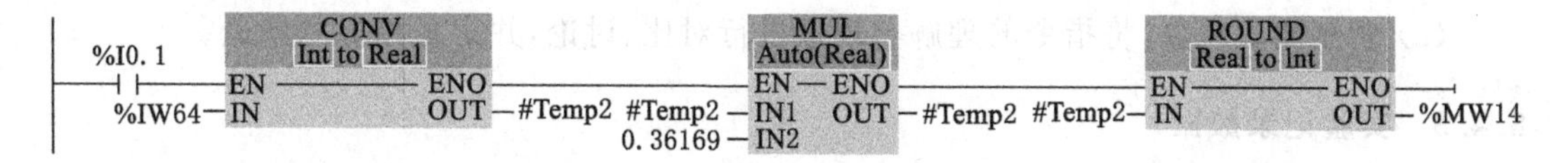

图 8-27　浮点数运算指令梯形图

3. CALCULATE 运算指令

将图 8-28 中的梯形图下载至 CPU,并使 CPU 处于运行状态。启动程序状态监控,修改图中 IN1～IN4 的值,观察 MD36 中的运算结果是否符合理论值。

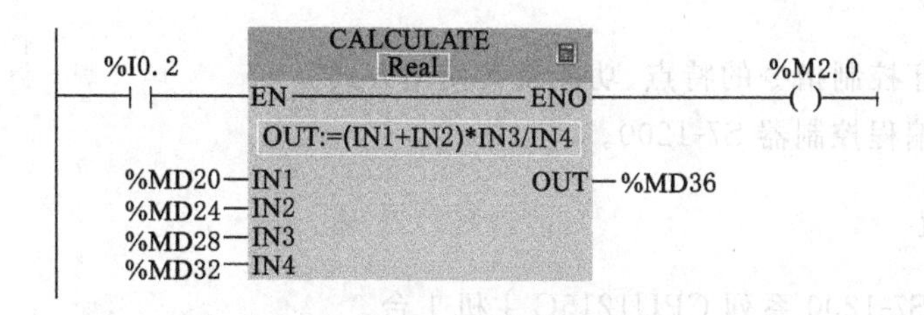

图 8-28　CALCULATE 运算指令梯形图

4. 浮点数函数运算指令

测量远处物体的高度:已知被测物体到测量点的距离为 L m,存储于 MD44,测量夹角 θ°存储于 MD40,求被测物体的高度 H。将图 8-29 中的梯形图下载至 CPU,并使 CPU 处于运行状态。启动程序状态监控,修改图中 MD44 和 MD40 的值,同时修改 I0.3 为 1 状态,观察 MD48 中的运算结果是否符合理论值。分析和记录程序的工作原理和过程。

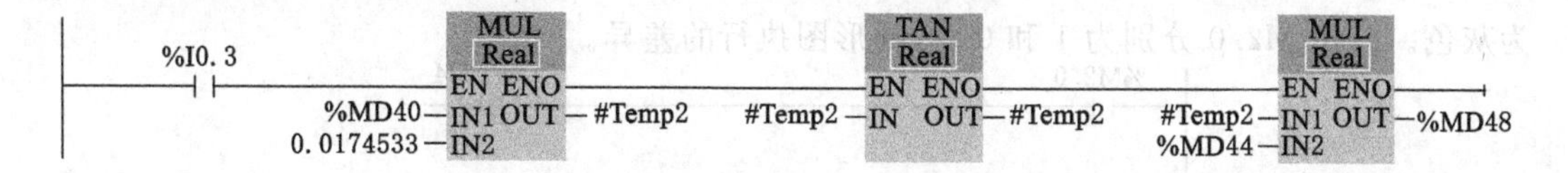

图 8-29　浮点数函数运算指令梯形图

5. 字逻辑运算指令

将图 8-30 中的梯形图下载至 CPU,并使 CPU 处于运行状态。启动程序状态监控,修改图中各个指令块中的输入参数,同时修改 I0.6 为 1 状态,观察 MB76、MB79、MB82 中的运算结果是否符合理论值。

8.4.4　实验记录数据

(1) 将图 8-26 至图 8-30 所示梯形图输入到 PLC 中并进行调试。

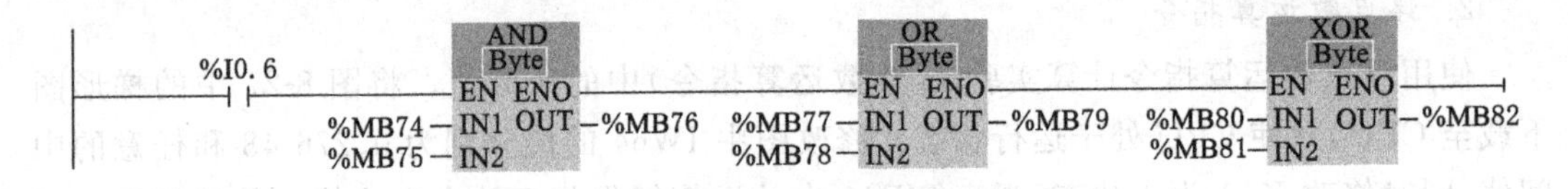

图 8-30　字逻辑运算指令梯形图

(2) 观察实验现象，将指令的理解与现象进行对比、讨论，并记录相应的结论。

8.4.5　实验记录数据

总结本次实验所学到的知识点、遇到的问题，以及解决问题的方法和思路。

8.5　实验五——程序控制与实时时钟指令编程练习

8.5.1　实验目的

(1) 掌握程序控制指令的特点、功能及其使用方式。

(2) 熟悉可编程控制器 S7-1200。

8.5.2　实验装置

(1) 西门子 S7-1200 系列 CPU1215C 主机 1 台。

(2) 可编程半实物虚拟被控对象 1 台。

(3) 线缆、工具及辅材若干。

8.5.3　实验内容

1. 跳转指令

将图 8-31 中的梯形图下载至 CPU，并使 CPU 处于运行状态。启动程序状态监控，修改 M2.0 为 1 状态，观察是否能跳转到程序段 3 的标签“W1234”处，中间被跳转过的梯形图为灰色。分析 M2.0 分别为 1 和 0 时，梯形图执行的差异。

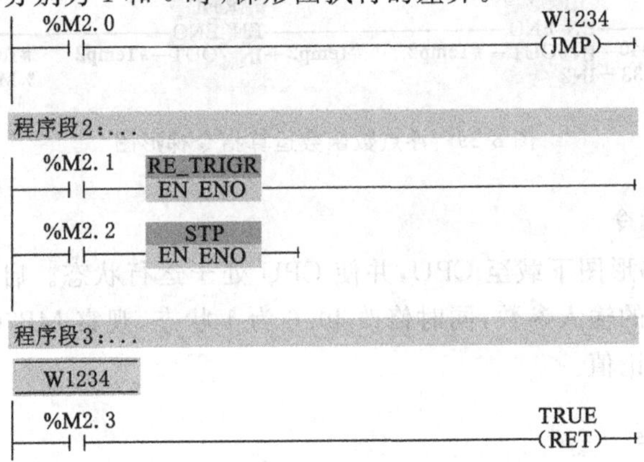

图 8-31　跳转指令梯形图

2. 多分支跳转指令

将图 8-32 中的梯形图下载至 CPU,并使 CPU 处于运行状态。启动程序状态监控,修改 M2.4 为 1 状态,同时设置 SWITCH 指令的 MB10 分别为 235、75 和 73,观察是否分别跳转到标签 LOOP0、LOOP1 和 LOOP2 处;修改 M2.5 为 1 状态,同时设置 JMP_LIST 指令的输入参数 K 分别为 0、1 和 2,观察程序是否能正确跳转。为 JMP_LIST 指令增加一个输出量 DEST2,对应的标签为 LOOP2。设置 K 的值,使程序跳转到 LOOP2 处。

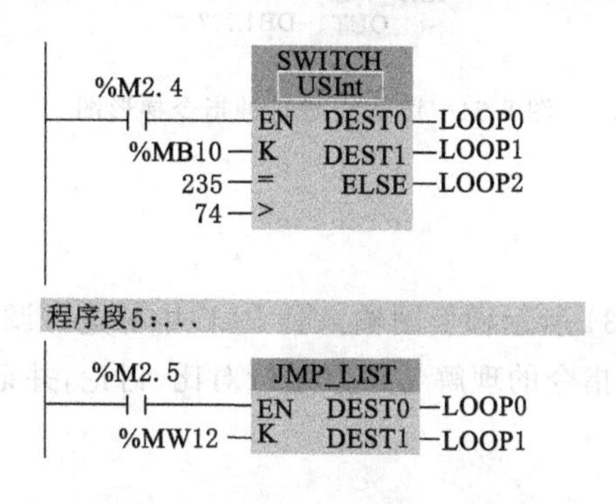

图 8-32　多分支跳转指令梯形图

3. TIA 博途软件读写实时时钟

计算机与硬件 PLC 建立通信连接后,打开“在线和诊断”视图。选中工作区左边窗口中的“设置时间”,如图 8-33 所示,勾选右边窗口的“从 PG/PC 获取”复选框,单击“应用”按钮,使 PLC 的实时时钟与计算机的实时时钟同步。未选中该复选框时,在“模块时间”区设置 CPU 的日期和时间,设置好以后单击“应用”按钮确认。

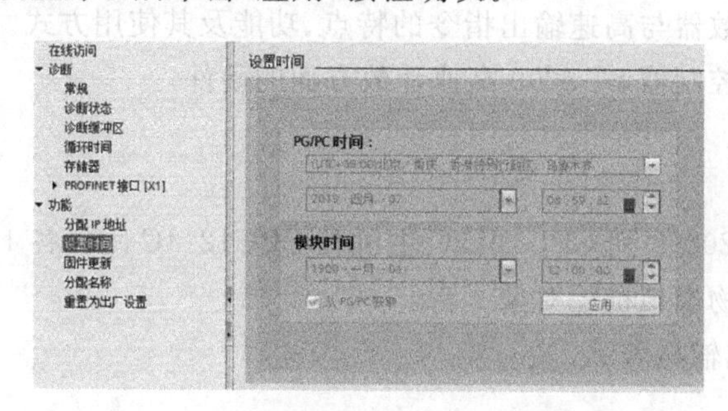

图 8-33　设置实时时钟的日期和时间

4. 读写实时时钟指令

打开 PLC 设备视图,选中 CPU 后,进入它中的“属性＞常规＞时间”巡视窗口,查看设置的本地时间的时区。将图 8-34 中的梯形图下载至 CPU,并使 CPU 处于运行状态。启动程序状态监控,修改 M3.1 为 1 状态,指令 RD_SYS_T 和 RD_LOC_T 分别读取的系统时间和本地时间用 DB1 中的 DT1 和 DT2 保存,观察 DT1 和 DT2 之间的关系。在监控表中设置好 DB1 中的 DT3 的日期时间值,将它写入 CPU。修改 M3.2 为 1 状态,将 DT3 中的本地时间写入 CPU 的实时时钟。读取本地时间,观察 DT3 中设置的时间是否写入实时时钟。

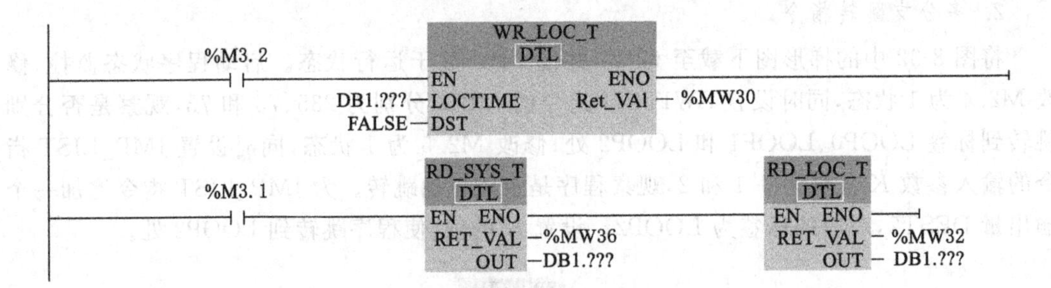

图 8-34　读写实时时钟指令梯形图

8.5.4　实验记录数据

(1) 将图 8-31 至图 8-34 所示梯形图输入到 PLC 中并进行调试。

(2) 观察实验现象，将指令的理解与现象进行对比、讨论，并记录相应的结论。

8.5.5　实验记录数据

总结本次实验所学到的知识点、遇到的问题，以及解决问题的方法和思路。

8.6　实验六——高速计数器与高速输出指令编程练习

8.6.1　实验目的

(1) 掌握高速计数器与高速输出指令的特点、功能及其使用方式。

(2) 熟悉可编程控制器 S7-1200 高速计数方面的硬件。

8.6.2　实验装置

(1) 西门子 S7-1200 系列 CPU1215C 主机和 CPU1214C 主机各 1 台。

(2) 可编程半实物虚拟被控对象 1 台。

(3) 线缆、工具及辅材若干。

8.6.3　实验内容

由于所使用的 CPU1215C 是继电器输出的 CPU，因此需要用信号板上的 DQ 点产生高频脉冲，具体硬件接线如图 8-35 所示。

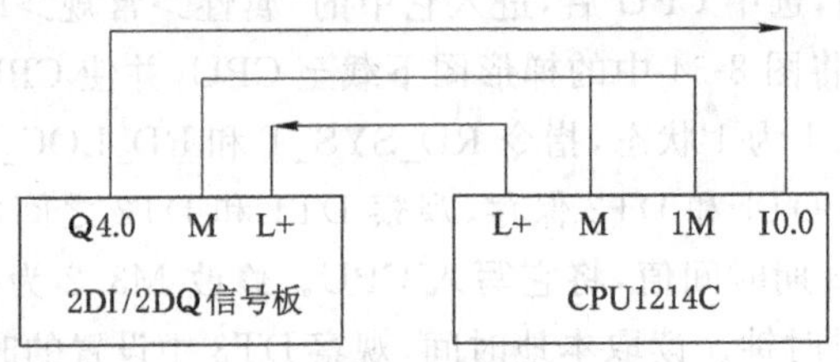

图 8-35　硬件接线图

打开PLC的设备视图，选中其中的CPU。选中巡视窗口的“属性”选项卡左边的高速计数器HSC1的“常规”，勾选复选框“启用该高速计数器”。具体如图8-36所示。

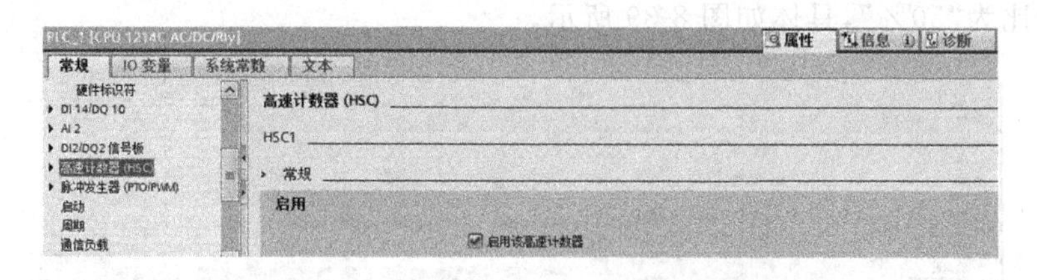

图8-36　高速计数器属性窗口1

选中右边窗口的“功能选项”，如图8-37所示，在右边窗口设置HSC1的功能，“计数类型”为“频率”，“工作模式”为“单相”“内部方向控制”，初始计数方向为“加计数”，频率测量周期为“1.0 s”。选中左边窗口的“硬件输入”，设置“时钟发生器输入”地址为“I0.0”。选中左边窗口的“I/O地址”，HSC1默认的地址为“ID1000”，在运行时可以用该地址监视HSC的频率测量值。

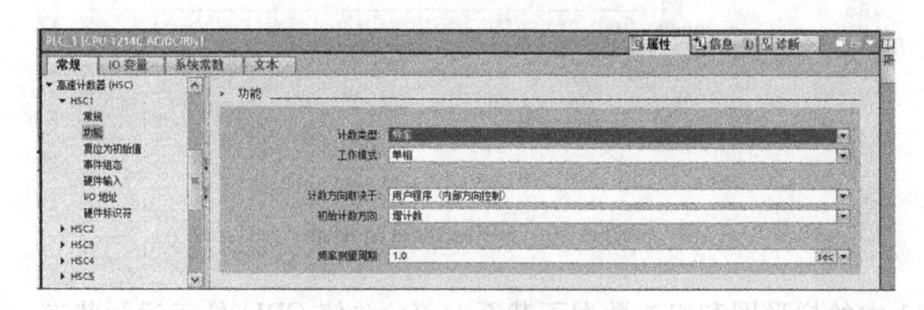

图8-37　高速计数器属性窗口2

CPU和信号板的数字量输入通道的输入滤波器的滤波时间默认值为6.4 ms，如果滤波时间过大，输入脉冲将被过滤掉。对于高速计数器的数字量输入，使用期望的最小脉冲宽度设置对应的数字量输入滤波器。本实验的输入脉冲宽度为1 ms，选用CPU的数字量输入的输入滤波时间为“0.8 ms”，具体如图8-38所示。如果改变了输入脉冲宽度，应同时改变输入滤波器的滤波时间。

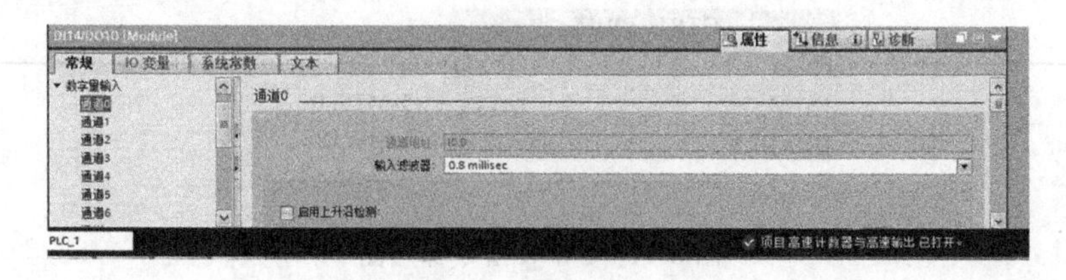

图8-38　DI通道属性窗口

PWM功能提供可变占空比的脉冲输出，脉冲宽度为0时占空比为0，没有脉冲输出，输出一直为低电平。脉冲宽度等于脉冲周期时，占空比为100%，也没有脉冲输出，输出一直为高电平。在软件的设备视图中选中CPU。然后在属性巡视窗中选择“常规”选项卡，再选中PTO1/PWM中的“常规”，在复选框中启用该脉冲发生器。进入“参数分配”页面，在右边的窗口中用下拉式列表设置“信号类型”为“PWM”,“时基”为“毫秒”,“脉冲格式”为“百分之一”,用“循环时间”输入域设置脉冲的周期值为“2 ms”,在“初始脉冲宽度”输入域中设置脉冲占空比为“50%”,具体如图 8-39 所示。

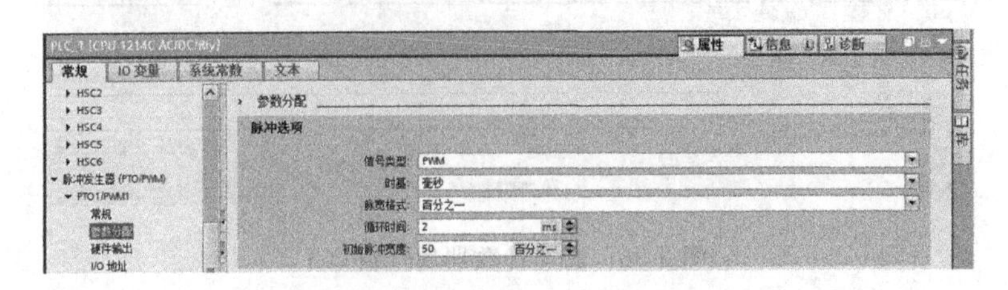

图 8-39　设置脉冲发生器参数

进入 PTO1/PWM 中的“I/O 地址”页面,在其右边窗口可以看到 PWM1 的起始地址和结束地址。可以修改起始地址,在运行时用这个地址来修改脉冲宽度,具体如图 8-40 所示。

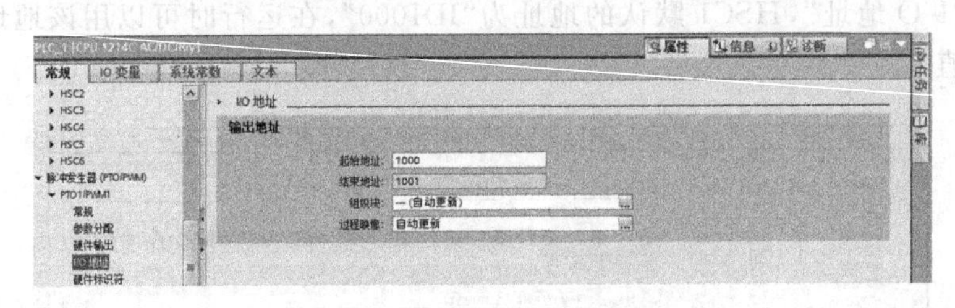

图 8-40　PWM 的输出地址

将图 8-41 中的梯形图和组态数据下载至 CPU,并使 CPU 处于运行状态。用外接的小开关使 I0.4 状态为 1,信号板 Q4.0 开始输出 PWM 脉冲,送给输入 I0.0 测频率。在监控表中输入 HSC1 的地址 ID1000,单击监视按钮,启动监视。在脉冲发生器参数设置中,修改 PWM 脉冲的宽度和循环时间,同时在 HSC1 中修改频率测量周期。令频率测量周期在 1.0 s、0.1 s 和 0.01 s 之间变化,PWM 脉冲周期在 10 μs～100 ms 之间变化,观察得到的频率测量值。信号频率较低时,应选用较大的测量周期。

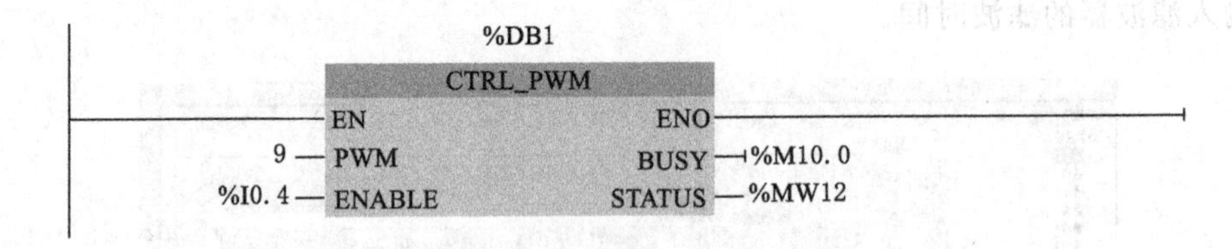

图 8-41　PWM 指令梯形图

8.6.4　实验记录数据

(1) 根据图 8-35 至图 8-41 进行组态设置,将图 8-41 所示梯形图输入到 PLC 中并进行调试。

(2) 观察实验现象,将指令的理解与现象进行对比、讨论,并记录相应的结论。

8.6.5　实验记录数据

总结本次实验所学到的知识点、遇到的问题，以及解决问题的方法和思路。

8.7　实验七——函数与函数块的编程练习

8.7.1　实验目的

（1）掌握函数与函数块的特点、使用方式及其编程和调试的方法。

（2）熟悉博图 TIA 软件在函数与函数块编程和调试上的使用。

8.7.2　实验装置

（1）西门子 S7-1200 系列 CPU1215C 主机 1 台。

（2）可编程半实物虚拟被控对象 1 台。

（3）线缆、工具及辅材若干。

8.7.3　实验内容

1. 函数的应用

将压力变送器接于模拟量通道 0，地址为 PIW64。变送器量程的下限为 0 MPa，上限为 10 MPa，经 AD 转换后得到 0～27 648 的整数。利用 FC1 程序，如图 8-42 所示，将数字量转换为实际压力值。

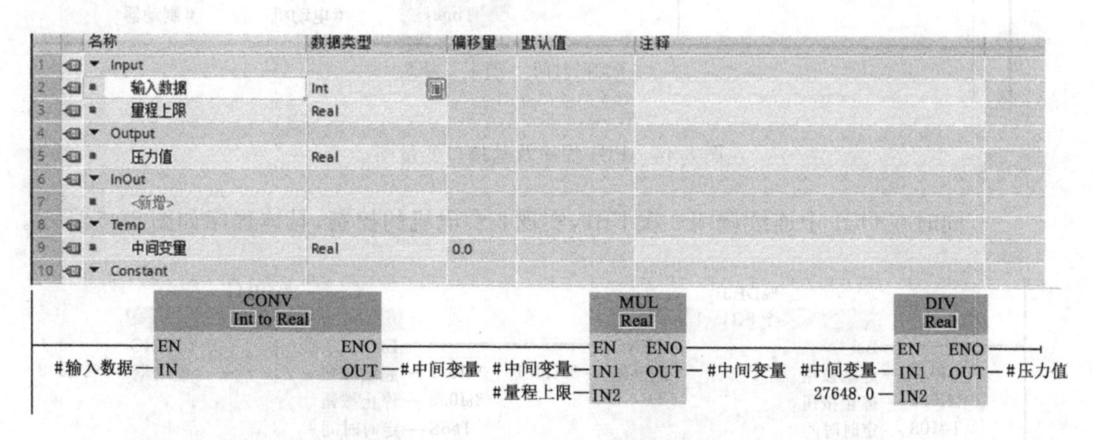

	名称	数据类型	偏移量	默认值	注释
1	▼ Input				
2	输入数据	Int			
3	量程上限	Real			
4	▼ Output				
5	压力值	Real			
6	▼ InOut				
7	<新增>				
8	▼ Temp				
9	中间变量	Real	0.0		
10	▼ Constant				

图 8-42　FC1 程序及其接口变量图

同时在 OB1 中调用 FC1，具体程序如图 8-43 所示。

将图 8-42 和图 8-43 中的梯形图下载至 CPU，并使 CPU 处于运行状态。用外接的小开关使 I0.6 状态为 1，使 PLC 开始计算实际压力值。在 CPU 集成的模拟量输入的通道 0 的输入端输入一个 DC 0～10V 的电压，用程序状态功能监视 FC1 或 OB1 中的程序。调节该通道的输入电压，观察 MD18 中的压力计算值是否与理论计算值相同。

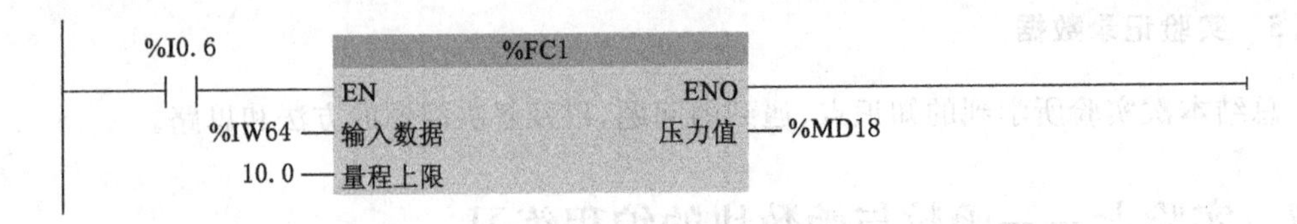

图 8-43 OB1 调用 FC1 程序

2. 函数块的应用

对两台电机进行启-保-停控制，同时要求制动器分别在电机失电后的 10 s 和 8 s 后进行制动。单台控制程序设计在 FB1，具体内容如图 8-44 所示。

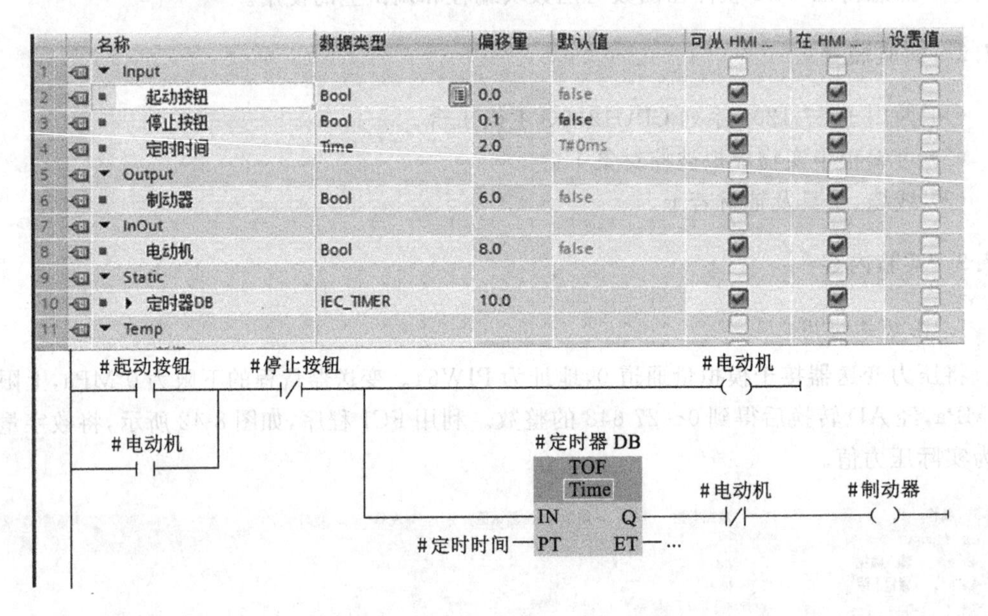
	名称	数据类型	偏移量	默认值	可从 HMI ...	在 HMI ...	设置值
1	▼ Input						
2	起动按钮	Bool	0.0	false	☑	☑	
3	停止按钮	Bool	0.1	false	☑	☑	
4	定时时间	Time	2.0	T#0ms	☑	☑	
5	▼ Output						
6	制动器	Bool	6.0	false	☑	☑	
7	▼ InOut						
8	电动机	Bool	8.0	false	☑	☑	
9	▼ Static						
10	▸ 定时器DB	IEC_TIMER	10.0		☑	☑	
11	▼ Temp						

图 8-44 FB1 程序及其接口变量图

同时在 OB1 中连续调用 2 次 FB1，实现 2 台电机的控制，具体程序如图 8-45 所示。

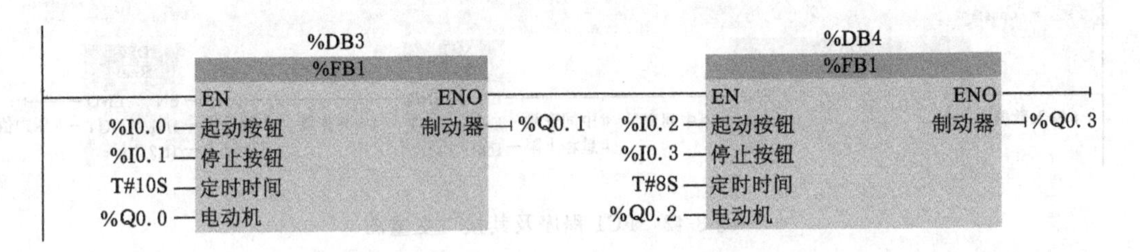

图 8-45 OB1 调用 FB1 程序梯形图

将图 8-44 和图 3-45 中的梯形图下载至 CPU，并使 CPU 处于运行状态。单击启动按钮 I0.0 或 I0.2，观察对应的电动机是否运行。单击停止按钮 I0.2 或 I0.3，观察电动机运行状态；同时观察制动器是否按照要求开始制动和复位。

3. 利用函数的调用设计圆周长计算程序

设计求圆周长的函数 FC1。在 OB1 中调用 FC1，MW6 作为直径输入，MD8 存放圆周长的地址。编写并调试程序。

8.7.4　实验记录数据

（1）将图 8-42 至图 8-45 所示梯形图输入到 PLC 中并进行调试。

（2）观察实验现象，将指令的理解与现象进行对比、讨论，并记录相应的结论；记录在调试过程中发现的问题和故障，以及相应的解决方案。

（3）利用思维导图将第 3 部分实验设计思路表述清楚，并给出梯形图程序，记录在设计和调试过程中出现的问题和相应的解决方案。

8.7.5　实验记录数据

总结本次实验所学到的知识点、遇到的问题，以及解决问题的方法和思路。

8.8　实验八——多重背景数据块的编程练习

8.8.1　实验目的

（1）掌握多重背景数据块的特点、使用方式。

（2）熟悉博图 TIA 软件在多重背景数据块编程和调试上的使用。

8.8.2 实验装置

（1）西门子 S7-1200 系列 CPU1215C 主机 1 台。

（2）可编程半实物虚拟被控对象 1 台。

（3）线缆、工具及辅材若干。

8.8.3　实验内容

在上一个实验的基础上，要求对多台电动机进行控制，并且要求利用多重背景数据块包含所有电机的背景数据。作为单台电机的控制程序已在 FB1 中编写好，如图 8-44 所示。为实现多重背景，生成一个名为“多台电动机控制”的函数块 FB3，去掉 FB3“优化的块访问”属性，在其接口区生成两个数据类型为“电动机控制”的静态变量“1 号电动机”和“2 号电动机”。每个静态变量内部的输入参数、输出参数等局部变量是自动生成的，与 FB1 的接口参数完全相同，具体如图 8-46 所示。

在 FB3 中，调用 FB1，出现“调用选项”对话框，选择多重背景 DB 和 FB3 中的“1 号电动机”静态变量。用同样方法再次调用 FB1，具体如图 8-47 所示。

在 OB1 中调用 FB3，实现两台电机的控制，具体程序如图 8-48 所示。

将图 8-46 至图 8-48 中的梯形图下载至 CPU，并使 CPU 处于运行状态。利用启动按钮 I0.0 或 I0.2 和停止按钮 I0.1 或 I0.3 对电动机进行控制，观察相应电动机和制动器的状态变换是否和预想逻辑相一致。

	名称	数据类型	偏移量	默认值	可从 HMI ...	在 HMI ...	设置值	注释
7	▼ Static				☐	☐	☐	
8	▼ 1号电动机	"电动机控制"	0.0		✔	✔	☐	
9	▼ Input				☐	☐	☐	
10	起动按钮	Bool	0.0	false	✔	✔	☐	
11	停止按钮	Bool	0.1	false	✔	✔	☐	
12	定时时间	Time	2.0	T#0ms	✔	✔	☐	
13	▼ Output				☐	☐	☐	
14	制动器	Bool	6.0	false	✔	✔	☐	
15	▼ InOut				☐	☐	☐	
16	电动机	Bool	8.0	false	✔	✔	☐	
17	▼ Static				☐	☐	☐	
18	▶ 定时器DB	IEC_TIMER	10.0		✔	✔	☐	
19	▶ 2号电动机	"电动机控制"	26.0		✔	✔	☐	

图 8-46　FB3 接口静态变量“1 号电动机”

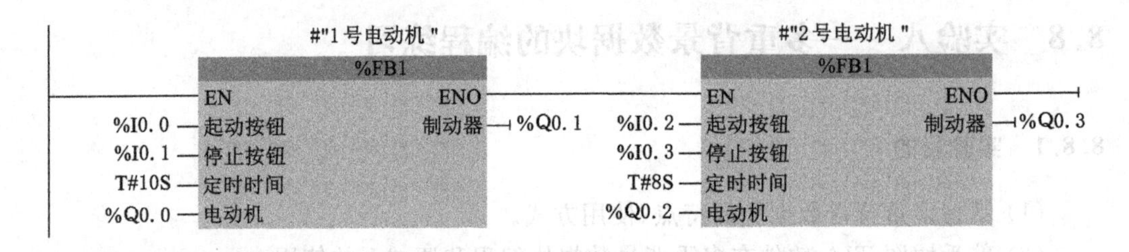

图 8-47　FB3 调用 FB1 程序

图 8-48　OB1 调用 FB3 程序

8.8.4　实验记录数据

(1) 将图 8-46 至图 8-48 所示梯形图输入到 PLC 中并进行调试。

(2) 观察实验现象，将指令的理解与现象进行对比、讨论，并记录相应的结论；记录在调试过程中发现的问题和故障，以及相应的解决方案。

8.8.5　实验记录数据

总结本次实验所学到的知识点、遇到的问题，以及解决问题的方法和思路。

8.9　实验九——间接寻址编程练习

8.9.1　实验目的

（1）掌握间接寻址在各种指令中使用方式。

（2）熟悉博图 TIA 软件在间接寻址的编程和调试上的使用。

8.9.2　实验装置

（1）西门子 S7-1200 系列 CPU1215C 主机 1 台。

（2）可编程半实物虚拟被控对象 1 台。

（3）线缆、工具及辅材若干。

8.9.3　实验内容

在软件中生成数据块 DB1，其中包含两个数组，每个数组都设置初始值，具体如图 8-49 所示。

数据块1

	名称	数据类型	启动值	保持性	可从 HMI ...	在 HMI ...	设置值	注释
1	▼ Static							
2	▼ 数组1	Array[1..5] of Int			✔	✔		
3	数组1[1]	Int	11		✔	✔		
4	数组1[2]	Int	22		✔	✔		
5	数组1[3]	Int	33		✔	✔		
6	数组1[4]	Int	44		✔	✔		
7	数组1[5]	Int	55		✔	✔		
8	▼ 数组2	Array[1..5] of DInt			✔	✔		
9	数组2[1]	DInt	1		✔	✔		
10	数组2[2]	DInt	2		✔	✔		
11	数组2[3]	DInt	3		✔	✔		
12	数组2[4]	DInt	4		✔	✔		
13	数组2[5]	DInt	5		✔	✔		

图 8-49　DB1 数据内容

在 OB1 中，基于间接寻址编写 FieldRead 与 FieldWrite 相关程序，具体如图 8-50 所示。

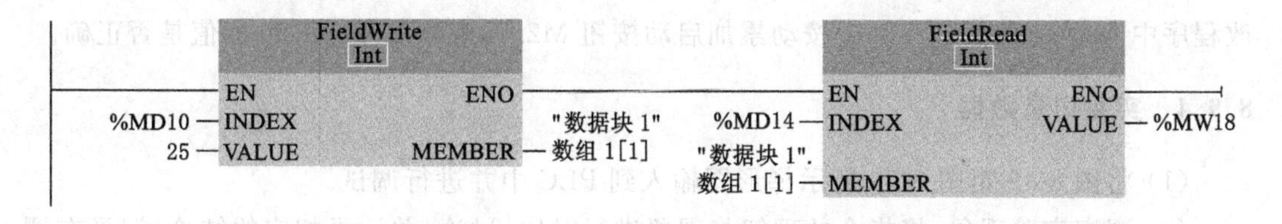

图 8-50　FieldRead 与 FieldWrite 指令梯形图

将图 8-49 和图 8-50 中的梯形图下载至 CPU，并使 CPU 处于运行状态。打开 DB1 中的数组 1，启动监控功能，观察它的 5 个元素的启动值和监视值。编写图 8-51 中的程序，并下载至 CPU 进行调试。

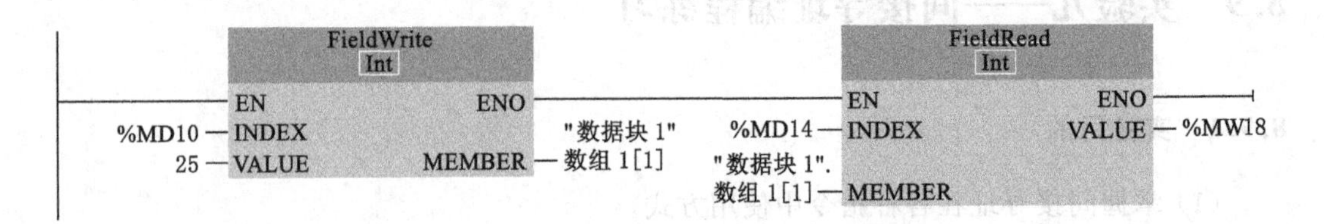

图 8-51　FieldRead 与 FieldWrite 指令梯形图

打开 OB1,启动程序状态监控,设置程序段 1 的 MD14 中的数组下标 INDEX 的值(1～5),观察用 FieldRead 读取的数组元素的值是否正确。改变数组下标的值,重复上述操作。设置 MD10 中的数组下标 INDEX 的值(1～5),观察 DB1 中用 FieldWrite 写入的数组元素的值是否正确。改变数组下标的值,重复上述操作。

编写图 8-52 中的程序,并下载至 CPU 进行调试。

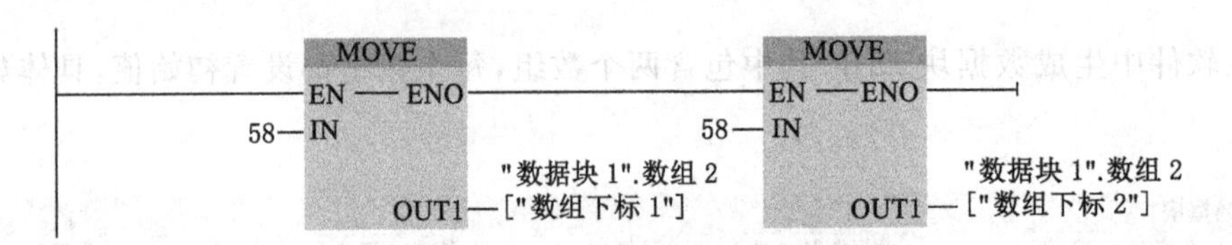

图 8-52　使用 MOVE 指令的间接寻址梯形图

打开 DB1 中数组 2,启动监控功能,观察它的 5 个元素的启动值和监视值。修改"数组下标"的值,观察 MOVE 指令写入和读取的数组 2 的元素值是否正确。

编写程序累加数组 2 中所有元素之和,具体如图 8-53 所示,下载至 CPU 并进行调试。

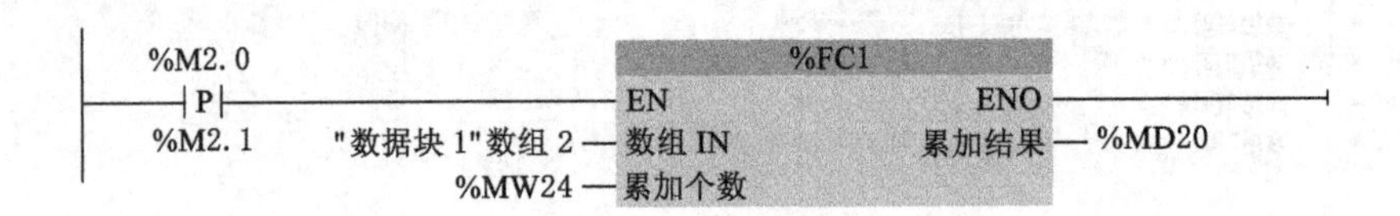

图 8-53　数组元素累加程序梯形图

打开 DB1 中的数组 2,观察它的 5 个元素的启动值。打开 OB1,启动程序状态监控,修改程序中 MW24 的值(1—5)。按动累加启动按钮 M2.0,观察变量 MD20 的值是否正确。

8.9.4　实验记录数据

(1) 将图 8-49 至图 8-53 所示梯形图输入到 PLC 中并进行调试。

(2) 观察实验现象,将指令的理解与现象进行对比、讨论,并记录相应的结论;记录在调试过程中发现的问题和故障,以及相应的解决方案。

8.9.5　实验记录数据

总结本次实验所学到的知识点、遇到的问题,以及解决问题的方法和思路。

8.10　实验十——循环中断编程练习

8.10.1　实验目的

(1) 掌握循环中断在程序中的使用方式。

(2) 熟悉博图 TIA 软件在循环中断上的编程、调试和使用。

8.10.2　实验装置

(1) 西门子 S7-1200 系列 CPU1215C 主机 1 台。

(2) 可编程半实物虚拟被控对象 1 台。

(3) 线缆、工具及辅材若干。

8.10.3　实验内容

1. 循环与启动组织块的应用

在 OB1 中,编写图 8-54 中的程序。

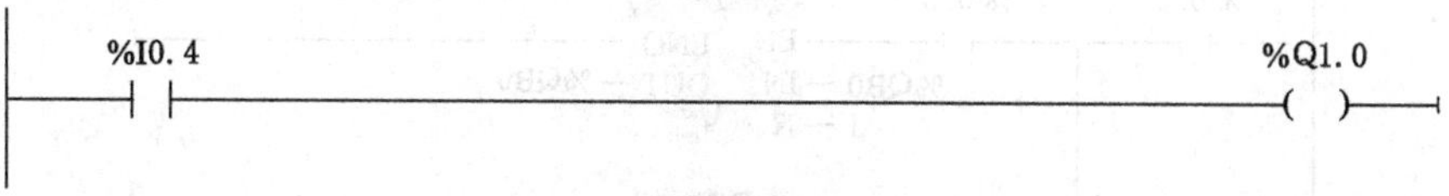

%I0.4　%Q1.0

图 8-54　OB1 中的梯形图

在"程序块"中添加新的程序组织块 OB123,并在其中编写图 8-55 中的程序。

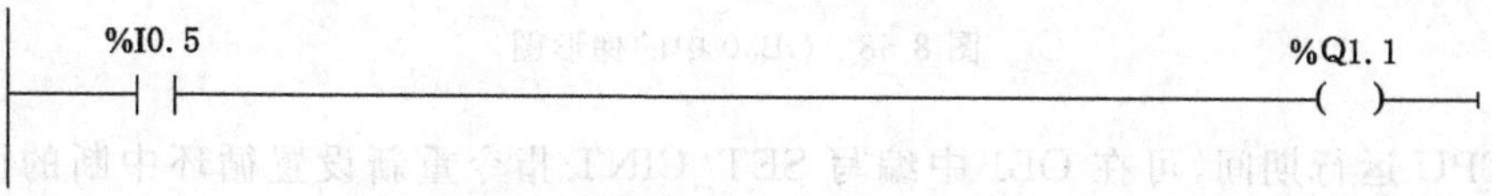

%I0.5　%Q1.1

图 8-55　OB123 中的梯形图

将图 8-54 和图 8-55 中的梯形图下载至 CPU,并使 CPU 处于运行状态。打开程序循环组织块 OB1 和 OB123 中的数组 1,启动监控功能,观察是否能用 I0.4 和 I0.5 分别控制 Q1.0 和 Q1.1。

在"程序块"中添加新的启动组织块 OB100,编写 QB0 的初始化程序,将其低 3 位初始化为 1,同时利用 MB14 记录 OB100 所执行的次数,具体如 8-56 所示。在该实验中 M 区没有设置保持功能,暖启动时 M 区的存储单元的值均为 0。

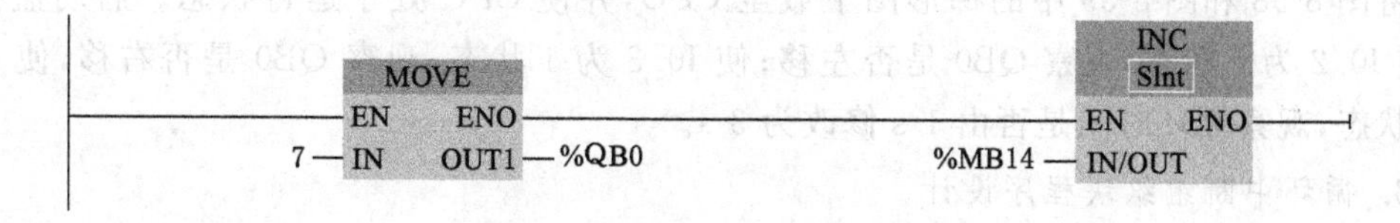

图 8-56　OB100 中的梯形图

将OB100中的程序下载至CPU,并使CPU重新启动。打开启动组织块OB100,观察QB0的初始值是否为7,即最低3位为1状态,同时观察MB14中的数值是否为1,以此说明OB100被执行了几次。

2. 循环中断组织块的应用

在"程序块"中添加循环中断组织块OB30,进入它的"属性＞常规＞循环中断"巡视窗口,设置循环时间为1 000 ms,相移为0 ms,具体如图8-57所示。

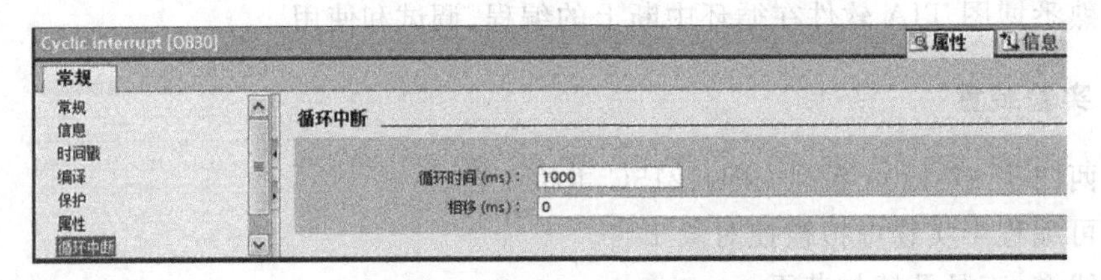

图8-57 循环中断组织块OB30的参数设置

编写循环中断组织块OB30中的程序,主要用于控制8位彩灯循环移位,I0.2控制彩灯是否移位,I0.3控制移位的方向,具体如图8-58所示。

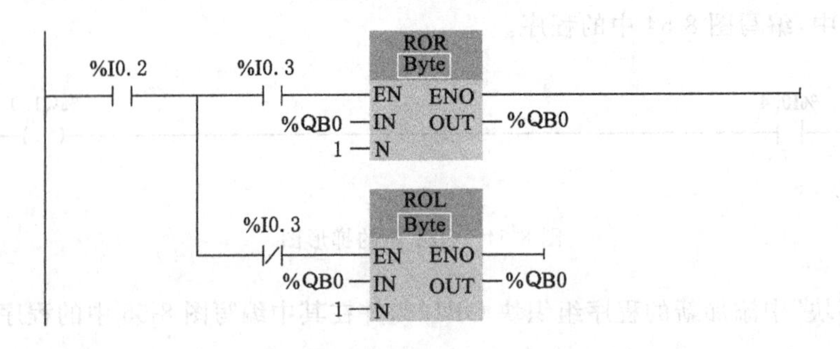

图8-58 OB30中的梯形图

在CPU运行期间,可在OB1中编写SET_CINT指令重新设置循环中断的循环时间CYCLE和相移PHASE,时间的单位为μs;使用QRY_CINT指令可以查询循环中断的状态,具体如图8-59所示。

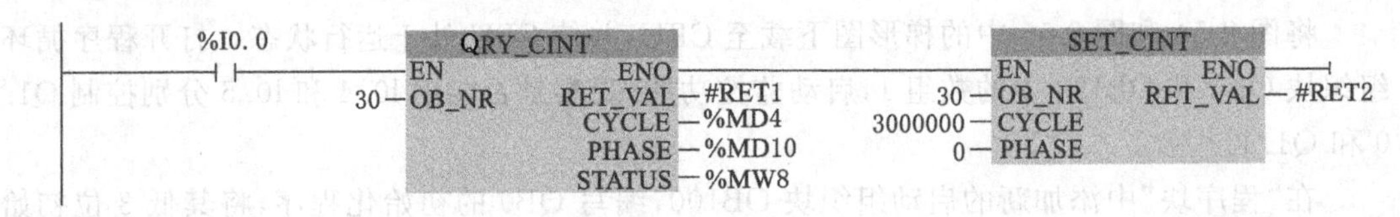

图8-59 设置和查询循环中断的梯形图

将图8-58和图8-59中的梯形图下载至CPU,并使CPU处于运行状态。启动监控功能,使I0.2为1状态,观察QB0是否左移;使I0.3为1状态,观察QB0是否右移,使I0.0为1状态,观察循环时间是否由1 s修改为3 s。

3. 循环中断组织块程序设计

编写和调试程序,用OB30每1.6s将QW1的值加1。在I0.2的上升沿,将循环时间修改为 4s。

8.10.4　实验记录数据

(1) 将图 8-54 至图 8-59 所示梯形图和参数设置下载到 PLC 中并进行调试。

(2) 观察实验现象，将指令的理解与现象进行对比、讨论，并记录相应的结论；记录在调试过程中发现的问题和故障，以及相应的解决方案。

(3) 利用思维导图将第 3 部分实验设计思路表述清楚，并给出梯形图程序，记录在设计和调试过程中出现的问题和相应的解决方案。

8.10.5　实验记录数据

总结本次实验所学到的知识点、遇到的问题，以及解决问题的方法和思路。

8.11　实验十一——时间中断编程练习

8.11.1　实验目的

(1) 掌握时间中断在程序中的使用方式。

(2) 熟悉博图 TIA 软件在时间中断上的编程、调试和使用。

8.11.2　实验装置

(1) 西门子 S7-1200 系列 CPU1215C 主机 1 台。

(2) 可编程半实物虚拟被控对象 1 台。

(3) 线缆、工具及辅材若干。

8.11.3　实验内容

1. 时间中断

在“程序块”中添加时间中断组织块 OB10，编写自加 1 程序，并保存于 MB4，具体如图 8-60 所示。

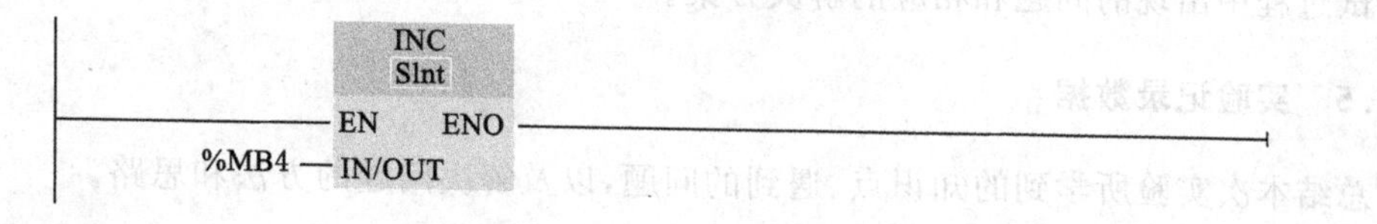

图 8-60　OB10 中的梯形图

在 OB1 中调用 QRY_TINT 来查询时间中断的状态，读取的状态字用 MW8 保存。在 I0.0 的上升沿，调用指令 SET_TINTL 和 ACT_TINT 来分别设置和激活时间中断 OB10。在 I0.1 的上升沿，调用指令 CAN_TINT 来取消时间中断，具体如图 8-61 所示。

将图 8-60 和图 8-61 中的梯形图下载至 CPU，并使 CPU 处于运行状态。打开程序循环组织块 OB1，启动监控功能，观察 M9.4 是否为 1 状态；如果 M9.4=1，则表示已经下载了

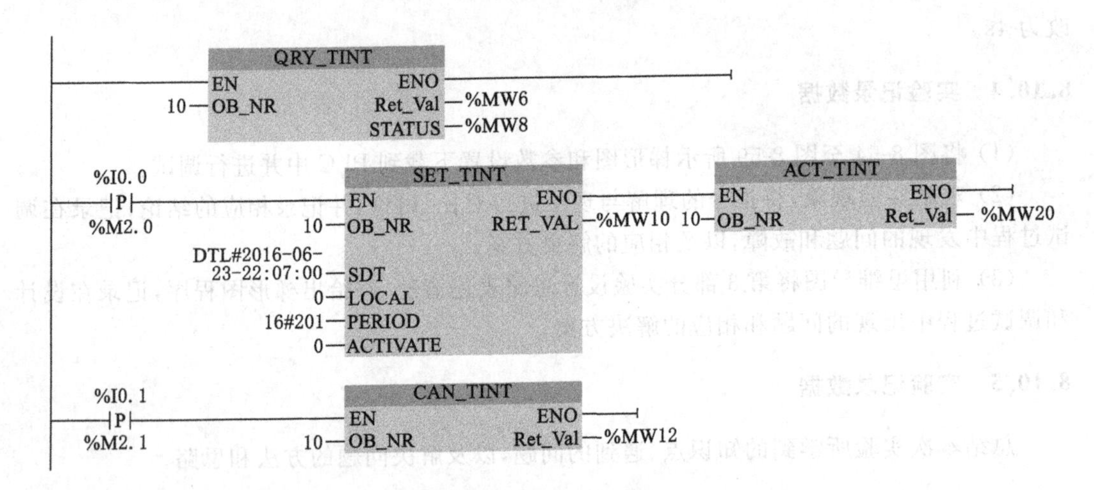

图 8-61　OB1 中的梯形图

OB10。双击 I0.0,设置和激活时间中断,M9.2 应为 1 状态,表示时间中断已被激活。观察是否每分钟调用一次 OB10,将 MB4 加 1。

按动 I0.1 对应的按钮,观察时间中断是否被禁止,M9.2 变为 0 状态,MB4 停止加 1。按动 I0.0 对应的按钮,观察时间中断是否被重新激活,M9.2 变为 1 状态,MB4 每分钟又被加 1。

2. 时间中断程序设计

编写和调试程序,用 I0.2 启动时间中断,在指定的日期时间将 Q0.0 置位。在 I0.3 的上升沿取消时间中断。

8.11.4　实验记录数据

(1) 将图 8-60 和图 8-61 所示梯形图输入到 PLC 中并进行调试。

(2) 观察实验现象,将指令的理解与现象进行对比、讨论,并记录相应的结论;记录在调试过程中发现的问题和故障,以及相应的解决方案。

(3) 利用思维导图将第 2 部分实验设计思路表述清楚,并给出梯形图程序,记录在设计和调试过程中出现的问题和相应的解决方案。

8.11.5　实验记录数据

总结本次实验所学到的知识点、遇到的问题,以及解决问题的方法和思路。

8.12　实验十二——硬件中断编程练习

8.12.1　实验目的

(1) 掌握硬件中断在程序中的使用方式。

(2) 熟悉博图 TIA 软件在硬件中断上的编程、调试和使用。

8.12.2　实验装置

(1) 西门子 S7-1200 系列 CPU1215C 主机 1 台。

(2) 可编程半实物虚拟被控对象 1 台。

(3) 线缆、工具及辅材若干。

8.12.3　实验内容

1. 时间中断

在“程序块”中添加硬件中断组织块 OB40，在该组织块中利用 M1.2 一直闭合的常开触点将 Q0.0:P 置位，具体如图 8-62 所示。

用鼠标双击项目树的文件夹“PLC_1”中的“设备组态”，打开设备视图，首先选中 CPU，再选中巡视窗口的“属性＞常规”选项卡左边的通道 0，即 I0.0，用复选框启用上升沿检测功能。单击选择框“硬件中断”右边的菜单按钮，用下拉式列表将 OB40 指定给 I0.0 的上升沿中断时间，出现该中断事件时将调用 OB40，具体如图 8-63 所示。

%M1.2
%Q0.0:P
S

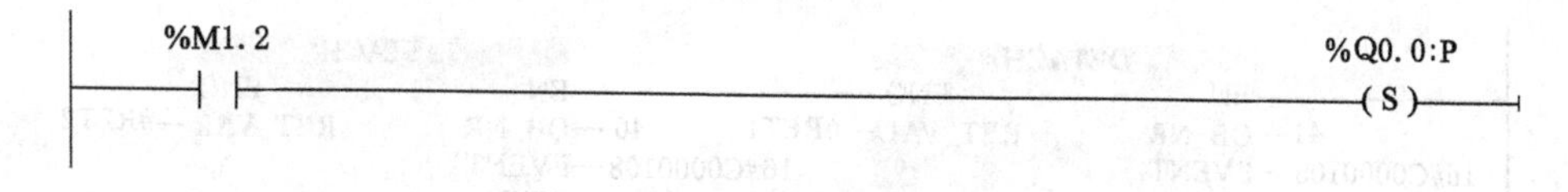

图 8-62　OB40 中的梯形图

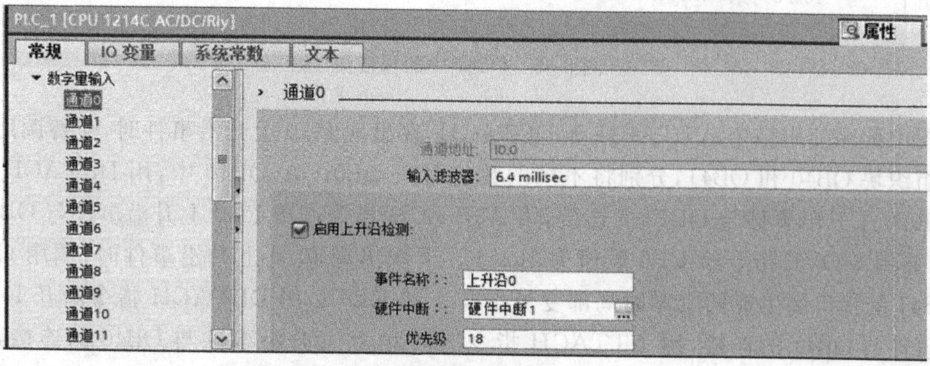

PLC_1 [CPU 1214C AC/DC/Rly]
属性
常规
IO 变量
系统常数
文本
数字量输入
通道0
通道1
通道2
通道3
通道4
通道5
通道6
通道7
通道8
通道9
通道10
通道11
通道0
通道地址: I0.0
输入滤波器: 6.4 millisec
启用上升沿检测:
事件名称: 上升沿0
硬件中断: 硬件中断1
优先级 18

图 8-63　组态硬件中断

采用同样方法，将中断组织块 OB41 指定给通道 1 的下降沿中断事件。其中 OB41 程序如图 8-64 所示。

%M1.2
%Q0.0:P
R

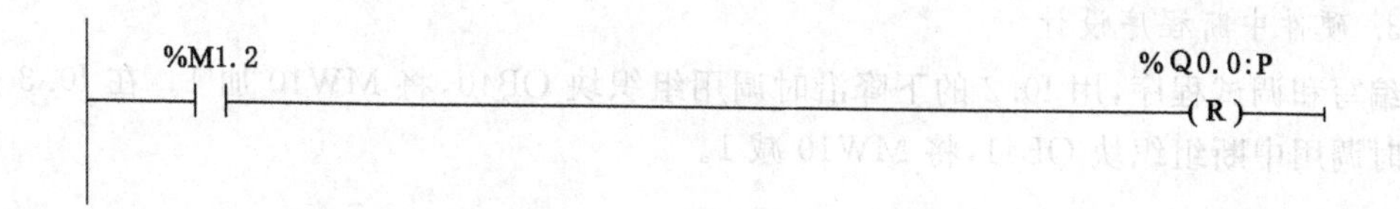

图 8-64　OB41 中的梯形图

将图 8-62、图 8-63 和图 8-64 中的梯形图和组态数据下载至 CPU,并使 CPU 处于运行状态。打开程序循环组织块 OB1,启动监控功能,按动 I0.0 对应的按钮,观察 Q0.0 是否在 I0.0 的上升沿被置位为 1 状态。按动 I0.1 对应的按钮,观察 Q0.0 是否在 I0.0 的下降沿被复位为 0 状态。

2. 中断连接/分离指令

在上一个实验的基础上,将 OB40 和 OB41 的程序分别修改为图 8-65 和图 8-66。

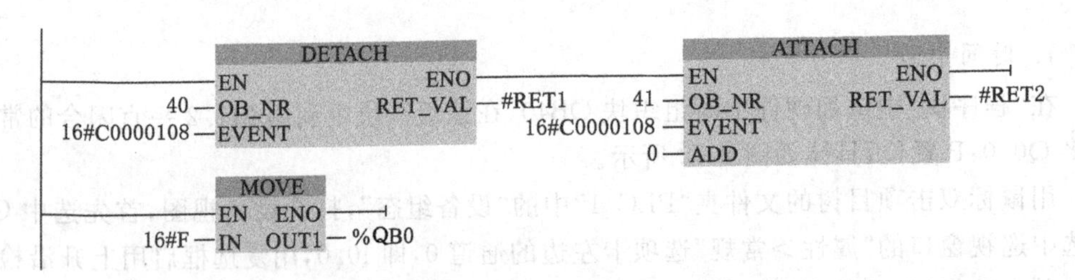

图 8-65　OB40 中的梯形图

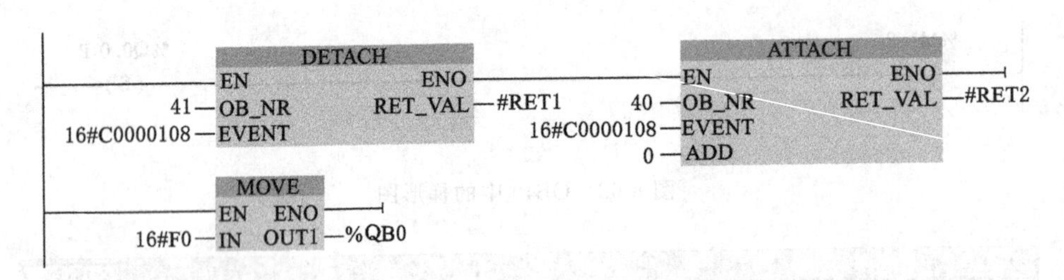

图 8-66　OB41 中的梯形图

图中程序使用指令 ATTACH 和 DETACH,在出现 I0.0 上升沿事件时,交替调用硬件中断组织块 OB40 和 OB41,分别将不同的数值写入 QB0。在 OB40 中,用 DETACH 指令断开 I0.0 上升沿事件与 OB40 的连接,用 ATTACH 指令连接 I0.0 上升沿事件与 OB41 的连接,并用 MOVE 指令给 QB0 赋值为 16#F。下次出现 I0.0 上升沿事件时,调用 OB41。在 OB41 的接口区生成两个零时局部变量 RET1 和 RET2,用 DETACH 指令断开 I0.0 上升沿事件与 OB41 的连接,用 ATTACH 指令连接 I0.0 上升沿事件与 OB40 的连接,并用 MOVE 指令给 QB0 赋值为 16#0。

将图 8-65 和图 8-66 中的梯形图下载至 CPU,并使 CPU 处于运行状态。打开程变量表,启动监控功能,按动 I0.0 对应的按钮,观察 CPU 是否调用 OB40,将 16#F 写入 QB0。再次按动 I0.0 对应的按钮,观察 CPU 是否调用 OB41,将 16#0 写入 QB0。

3. 硬件中断程序设计

编写和调试程序,用 I0.2 的下降沿时调用组织块 OB40,将 MW10 加 1。在 I0.3 的上升沿时调用中断组织块 OB41,将 MW10 减 1。

8.12.4　实验记录数据

(1) 将图 8-62 至图 8-66 所示梯形图和组态数据下载到 PLC 中并进行调试。

(2) 观察实验现象,将硬件中断和指令的理解与现象进行对比、讨论,并记录相应的结论;记录在调试过程中发现的问题和故障,以及相应的解决方案。

(3) 利用思维导图将第 3 部分实验设计思路表述清楚,并给出梯形图程序,记录在设计和调试过程中的问题和相应的解决方案。

8.12.5　实验记录数据

总结本次实验所学到的知识点、遇到的问题,以及解决问题的方法和思路。

8.13　实验十三——延时中断编程练习

8.13.1　实验目的

(1) 掌握延时中断在程序中的使用方式。

(2) 熟悉博图 TIA 软件在延时中断上的编程、调试和使用。

8.13.2　实验装置

(1) 西门子 S7-1200 系列 CPU1215C 主机 1 台。

(2) 可编程半实物虚拟被控对象 1 台。

(3) 线缆、工具及辅材若干。

8.13.3　实验内容

在“程序块”中添加“硬件中断”组织块 OB40 和“延时中断”组织块 OB20,以及全局数据块 DB1。选中设备视图中的 CPU,再选中巡视窗口的“属性>常规”选项卡左边的通道 0,即 I0.0,用复选框启用上升沿中断功能。单击选择框“硬件中断”右边的按钮,用下拉式列表将 OB40 指定给 I0.0 的上升沿中断事件。

在 OB40 中调用指令 SRT_DINT 启动延时中断的延时,延时时间为 10 s,具体如图 8-67所示。延时时间到时调用参数 OB_RN 指定的延时中断组织块 OB20。

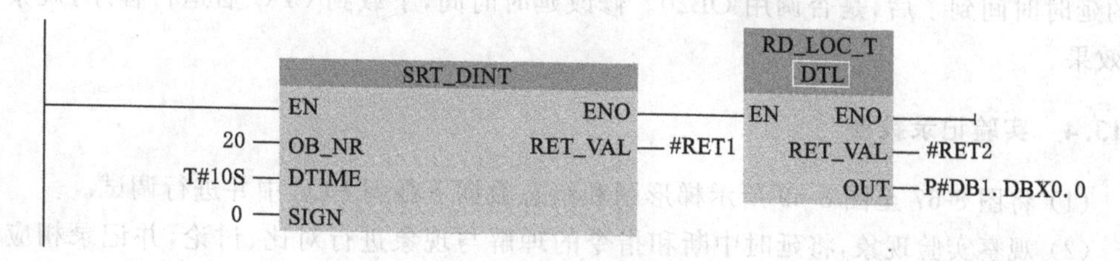

图 8-67　OB40 中的梯形图

为了保存读取的定时开始和定时结束时的日期时间值,在 DB1 中生成数据类型为 DTL 的变量 DT1 和 DT2。在 I0.0 上升沿调用的 OB40 中启动时间延时,延时时间到时调用时间延时组织块 OB20。在 OB20 中调用 RD_LOC_T 指令,读取 10 s 延时结束的实时时间,用 DB1 中的变量 DT2 保存;同时将 Q0.4:P 立即置位,具体如图 8-68 所示。

图 8-68　OB20 中的梯形图

在 OB1 中调用指令 QRY_DINT 来查询延时中断的状态字 STATUS，查询的结果用 MW8 保存，具体如图 8-69 所示。

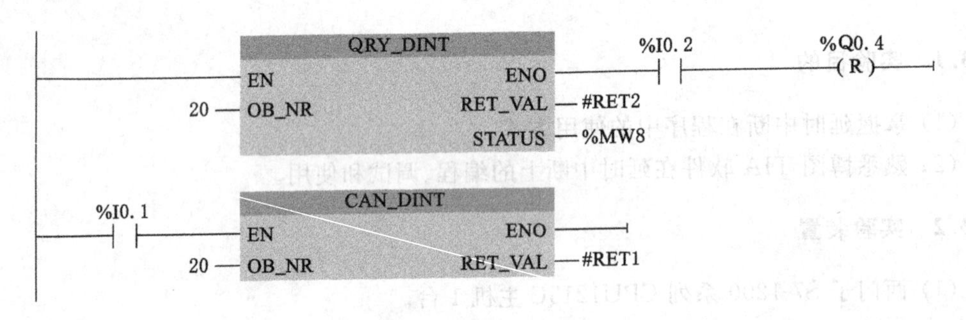

图 8-69　OB1 中的梯形图

将图 8-67、图 8-68 和图 8-69 中的梯形图和组态数据下载至 CPU，如果 M9. 4 为 1 状态，表示 OB20 已下载到 CPU，并使 CPU 处于运行状态。打开程序循环组织块 OB1，启动监控功能，按动 I0. 0 对应的按钮，如果 M9. 2 变为 1，表示正在执行 SRT_DINT 启动的时间延时。打开 DB1，启动监视功能，观察 DB1 中的 DT1 是否是 OB40 中读取的时间值。

10 s 定时时间到时，M9. 2 应变为 0 状态，表示定时结束。观察 DB1 中的 DT2 是否显示出 OB20 中读取的时间值，Q0. 4 是否被置位。计算两次读取时间的差值。

按动 I0. 2 对应的按钮，将 Q0. 4 复位。再次按动 I0. 0 对应的按钮，启动时间延迟中断的定时，在定时期间使 I0.1 为 1 状态，取消时间延时中断。观察 M9. 2 是否变为 0 状态，10 s 的延时时间到了后，是否调用 OB20。修改延时时间，下载到 CPU 后运行程序，观察修改的效果。

8. 13. 4　实验记录数据

(1) 将图 8-67 至图 8-69 所示梯形图和组态数据下载到 PLC 中并进行调试。

(2) 观察实验现象，将延时中断和指令的理解与现象进行对比、讨论，并记录相应的结论；记录在调试过程中发现的问题和故障，以及相应的解决方案。

8. 13. 5　实验记录数据

总结本次实验所学到的知识点、遇到的问题，以及解决问题的方法和思路。

8.14　实验十四——顺序控制编程练习

8.14.1　实验目的

(1) 掌握用顺序功能图编写程序方法。

(2) 熟悉博图 TIA 软件在顺序功能图编程上的调试和使用。

8.14.2　实验装置

(1) 西门子 S7-1200 系列 CPU1215C 主机 1 台。

(2) 可编程半实物虚拟被控对象 1 台。

(3) 线缆、工具及辅材若干。

8.14.3　实验内容

1. 简单顺序功能图编程

图 8-70 中的小车开始时停在最左边，限位开关 I0.2 为 1 状态。按下启动按钮 I0.0，Q0.0 变为 1 态，小车右行。碰到右限位开关 I0.1 时，Q0.0 变为 0 态，Q0.1 变为 1 态，小车改为左行。返回启起位置时，Q0.1 变为 0 态，小车停止运行，同时 Q0.2 变为 1 状态，使制动电磁铁线圈通电，接通延时定时器开始定时，时间到，制动电磁铁线圈断电，系统返回初始状态。

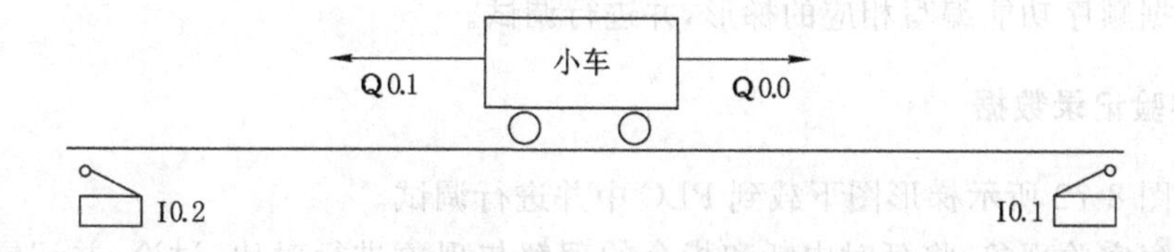

图 8-70　小车示意图

根据 Q0.0～Q0.2 的状态变化，可以将上述工作过程划分为 3 步，可用 M4.1～M4.3 来代表这 3 步，另外还需设置一个等待启动的初始步。小车的控制顺序功能图如图 8-71 所示。

根据顺序功能图编写程序，本实验采用置/复位方式实现顺序功能图，具体如图 8-72 所示。

① 将图 8-72 中的梯形图下载至 CPU，并使 CPU 处于运行状态。在调试程序时，应根据顺序功能图的逻辑进行调试。进入 RUN 模式后初始步 M4.0 为活动步，按动 I0.0 对应的按钮，观察 M4.1 是否变为活动步，小车是否启动向右行，即 Q0.0 是否为 1 状态；依次观察每一步是否正常。

② 修改顺序功能图，在右行步之后增加一个延时步，小车在右限位开关处停止 10 s 后左行。编写相关程序，并进行调试。

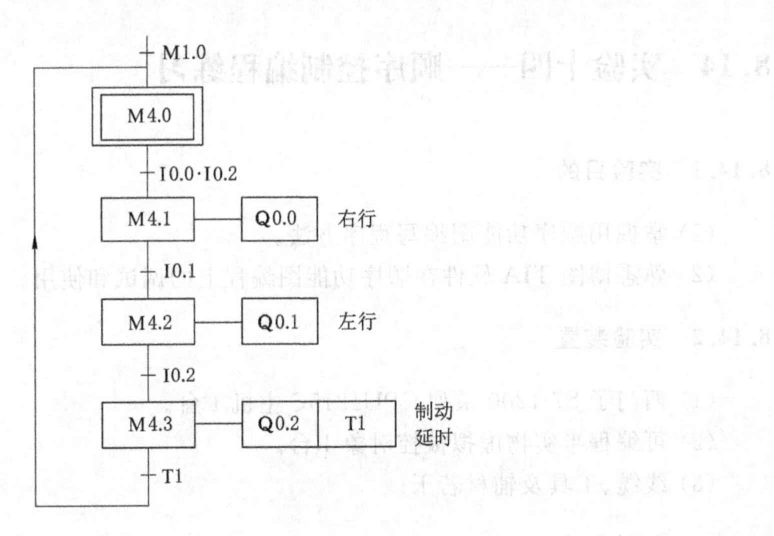

图 8-71 小车控制顺序功能图

2. 复杂顺序功能图(运输带控制程序设计)

图 8-73 中 3 条运输带顺序相连,为了避免运送的物料在 1 号和 2 号运输带上堆积,按下启动按钮 I0.2,1 号运输带开始运行,5 s 后 2 号运输带自动启动,再过 5 s 后 3 号运输带自动启动。停机的顺序与启动的顺序刚好相反,即按了停止按钮 I0.3 后,先停 3 号运输带,5 s 后停止 2 号运输带,再过 5 s 停 1 号运输带。

(1) 根据控制要求绘制出运输带控制的顺序功能图;

(2) 根据顺序功能编写相应的梯形,并进行调试。

8.14.4 实验记录数据

(1) 将图 8-72 所示梯形图下载到 PLC 中并进行调试。

(2) 观察实验现象,将延时中断和指令的理解与现象进行对比、讨论,并记录相应的结论;记录在调试过程中发现的问题和故障,以及相应的解决方案。

(3) 利用思维导图绘制出实验 2(运输带控制程序设计)中的设计思路,以及对应的顺序功能图、梯形图程序等内容,记录程序设计、调试过程中发现的问题和故障,以及对应的解决方案。

8.14.5 实验记录数据

总结本次实验所学到的知识点、遇到的问题,以及解决问题的方法和思路。

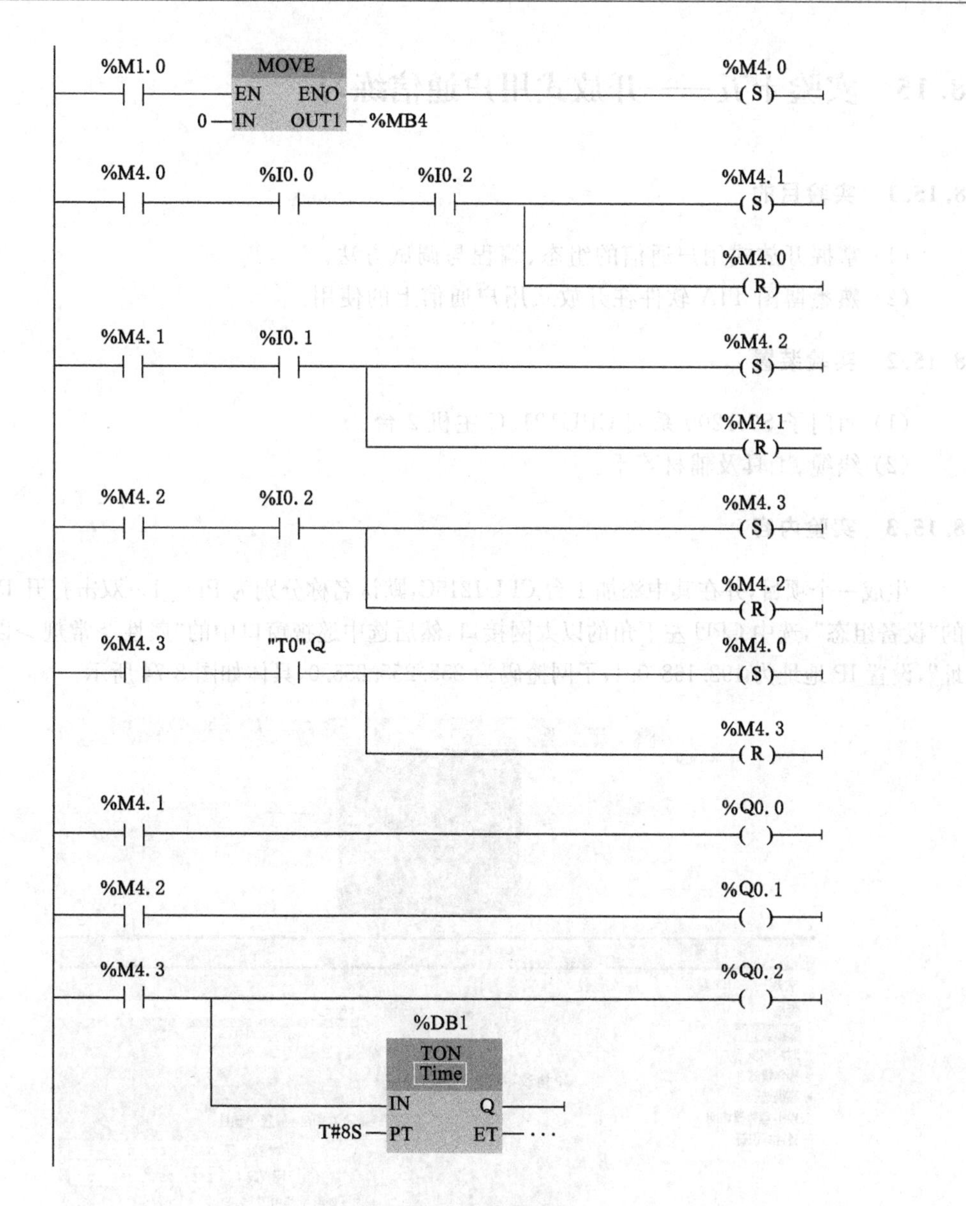

图 8-72　小车控制梯形图

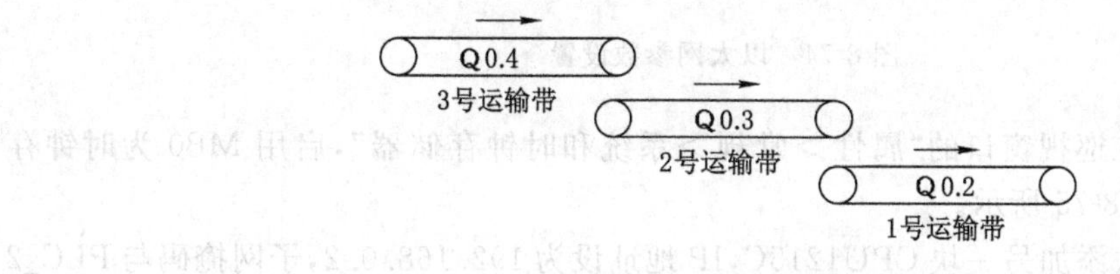

图 8-73　运输带示意图

8.15 实验十五——开放式用户通信练习

8.15.1 实验目的

(1) 掌握开放式用户通信的组态、编程与调试方法。

(2) 熟悉博图 TIA 软件在开放式用户通信上的使用。

8.15.2 实验装置

(1) 西门子 S7-1200 系列 CPU1215C 主机 2 台。

(2) 线缆、工具及辅材若干。

8.15.3 实验内容

生成一个项目,并在其中添加 1 台 CPU1215C,默认名称分别为 PLC_1。双击打开 PLC_1 中的“设备组态”,选中 CPU 左下角的以太网接口,然后选中巡视窗口中的“属性>常规>以太网地址”,设置 IP 地址为 192.168.0.1,子网掩码为 255.255.255.0,具体如图 8-74 所示。

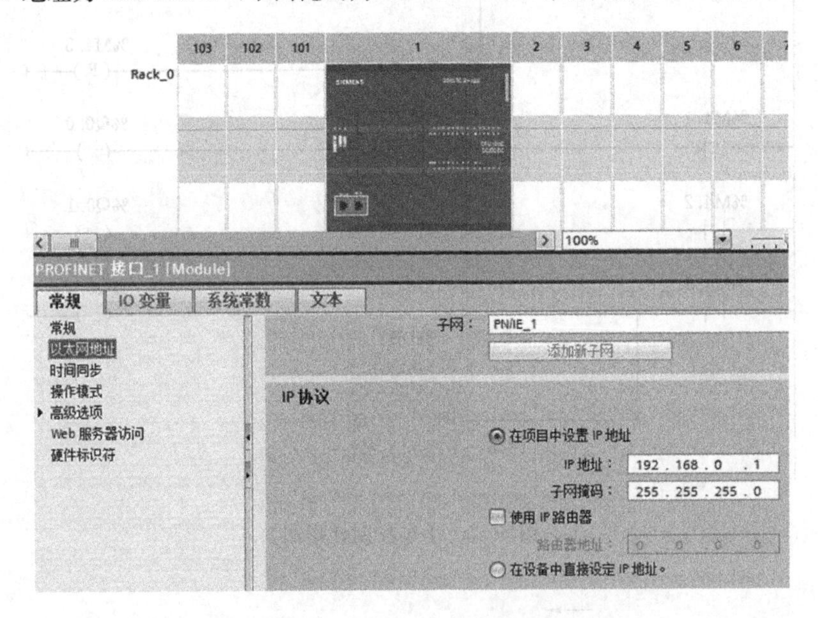

图 8-74 以太网参数设置

选中 CPU 后,在巡视窗口的“属性>常规>系统和时钟存储器”,启用 MB0 为时钟存储器字节,具体如图 8-75 所示。

采用同样的方法添加另一块 CPU1215C,IP 地址设为 192.168.0.2,子网掩码与 PLC_2 一致,同时启用时钟存储器字节。

打开“设备和网络”视图,选中 PLC_1 的以太网接口,按住鼠标左键不放,“拖拽”出一条线至 PLC_2 的以太网接口上,松开鼠标,将会出现图 8-76 中所示的以太网线和名称为“PN/IE_1”的连接。

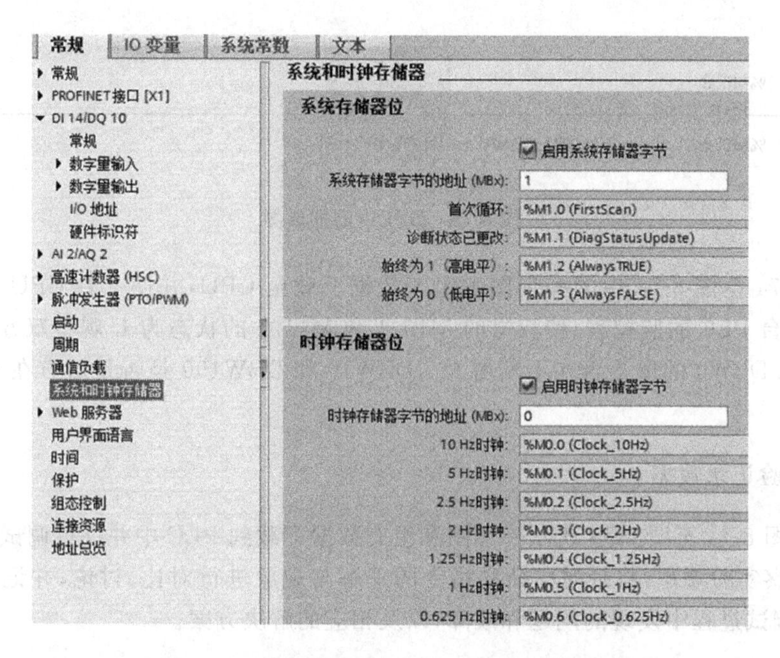

图 8-75 组态系统存储器字节与时钟存储器字节

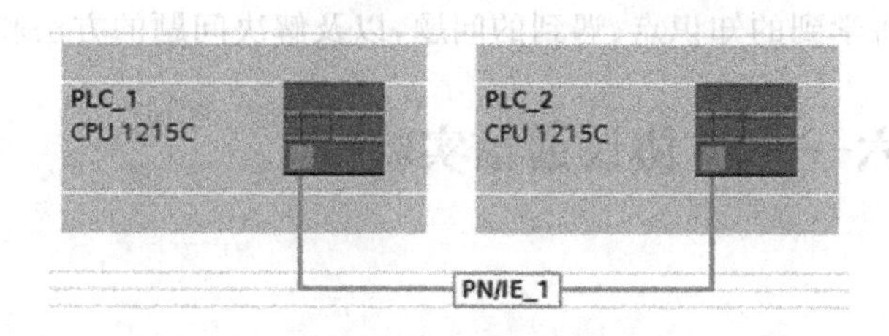

图 8-76 网络组态

本实验要求通信双方互相发送和接收 100 个整数。因此在每个 PLC 的程序块中都需要添加 2 个全局数据块，DB1 和 DB2。DB1 作为发送数据块，DB2 作为接收数据块，同时编写初始化程序将 DB1 和 DB2 进行初始化，具体如图 8-77 所示。

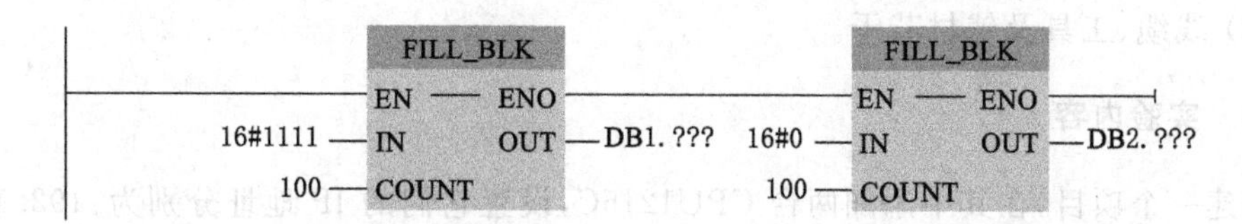

图 8-77 OB100 中的初始化梯形图

在 OB100 中用指令 FILL_BLK 将两块 CPU 的 DB1 中要发送的 100 个整数分别初始化为 16＃1111 和 16＃2222，将保存接收数据的 DB2 中的 100 个整数清零。在 OB1 中，用周期为 0.5 s 的时钟存储器位 M0.3 的上升沿，将要发送的第一个字 DB1. DBW0 自加 1，具体如图 8-78 所示。

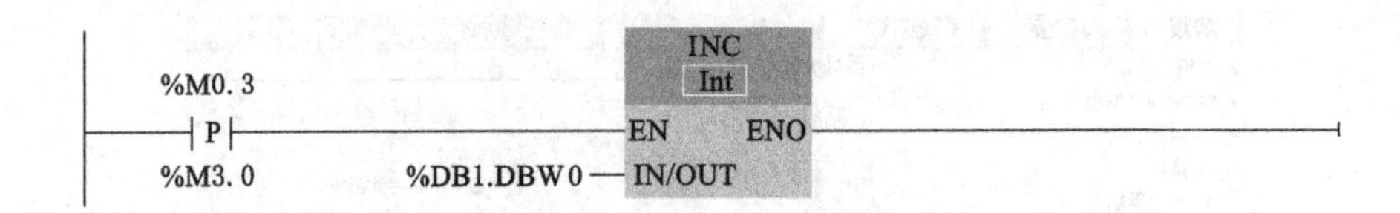

图 8-78 OB1 中的梯形图

将图 8-74 至图 8-78 中的梯形图和组态数据下载至 CPU，并使 2 台 CPU 处于运行状态。打开两台 PLC 的监控表，使双方的 M10.1 和 M11.1 的状态为 1，观察双方接收到的第一个字 DB2.DBW0 的值是否在不断增大。DBW10 和 DBW190 是否是对方在 OB100 中预设的值。

8.15.4 实验记录数据

(1) 将图 8-74 至图 8-78 所示梯形图和组态数据下载到 PLC 中并进行调试。

(2) 观察实验现象，将延时中断和指令的理解与现象进行对比、讨论，并记录相应的结论；记录在调试过程中发现的问题和故障，以及相应的解决方案。

8.15.5 实验记录数据

总结本次实验所学到的知识点、遇到的问题，以及解决问题的方法和思路。

8.16 实验十六——S7 协议通信实验

8.16.1 实验目的

(1) 掌握 S7 协议通信的组态、编程与调试方法。

(2) 熟悉博图 TIA 软件在 S7 协议通信上的使用。

8.16.2 实验装置

(1) 西门子 S7-1200 系列 CPU1215C 主机 2 台。

(2) 线缆、工具及辅材若干。

8.16.3 实验内容

新建一个项目，在其中添加两台 CPU1215C，设置它们的 IP 地址分别为：192.168.0.1 和 192.168.0.2，子网掩码为 255.255.255.0，并在组态时设置双方的 MB0 为时钟存储器字节。具体步骤可参考上一个实验。

打开项目树中的"设备和网络"选项，单击按下左上角的"连接"按钮，用选择框设置连接类型为 S7 连接。用"拖拽"的方法建立两个 CPU 的 PN 接口之间的连接，具体如图 8-79 所示。

使用固件版本为 V4.0 及以上的 S7-1200CPU 作为 S7 通信的服务器，需要做下面的额外设置，才能保证 S7 通信正常。选中服务器 PLC_2 的设备视图中的 CPU1215C，再选中巡

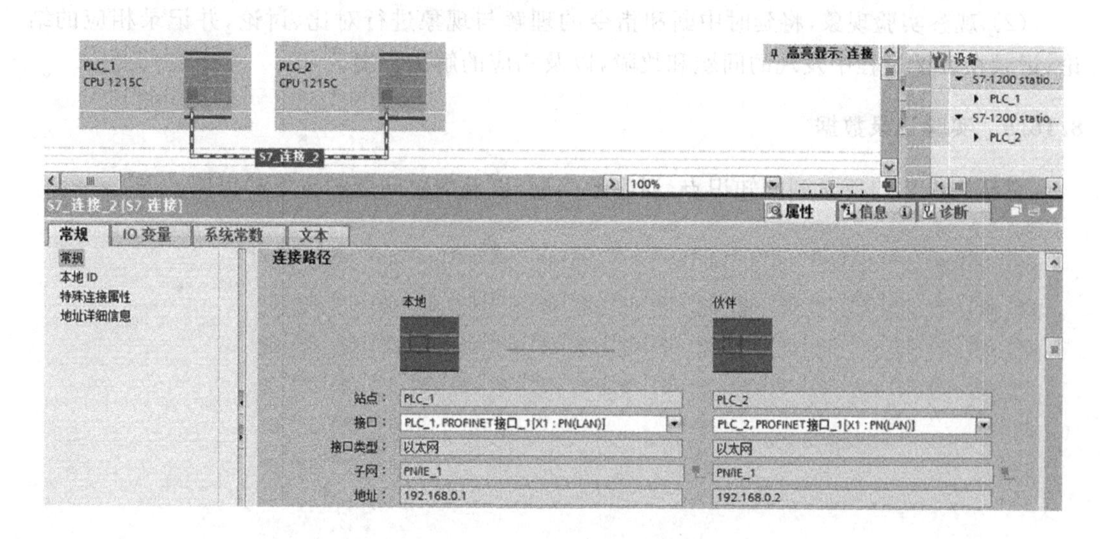

图 8-79　以太网参数设置

视窗中的“属性＞常规＞保护”，在“连接机制”区勾选“允许从远程伙伴使用 PUT/GET 通信访问”复选框。

在上述组态的基础上，为 PLC_1 的程序块中添加 DB1 和 DB2，为 PLC_2 生成 DB3 和 DB4。在这些数据块中生成由 100 个整数构成的数组，具体可参考上一个实验。在本实验中 PLC_1 作为通信的客户机，在其 OB1 中编写图 8-80 中的程序。在时钟存储位 M0.5 的上升沿，GET 指令每 1 s 读取 PLC_2 的 DB3 中的 100 个整数，用本机的 DB2 保存。PUT 指令每隔 1 s 将本机的 DB1 中的 100 个整数写入 PLC_2 的 DB4。PLC_2 在 S7 通信中做服务器，可不用编写调用 GET 和 PUT 指令的程序。

将图 8-79 和图 8-80 中的梯形图和组态数据下载至 CPU，并使两台 CPU 处于运行状态。打开两台 PLC 的监控表，观察双方接收到第一个字的值是否在不断增大。观察其他数据是否是对方在 OB100 中预设的值。

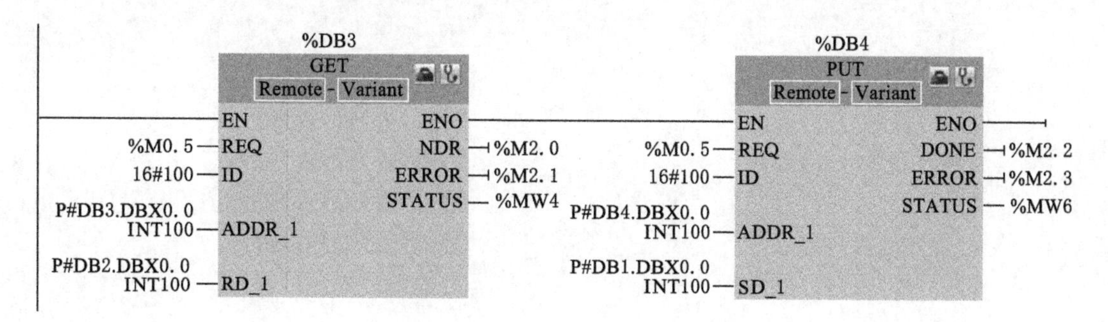

图 8-80　客户机读写服务器数据的梯形图

8.16.4　实验记录数据

(1) 将图 8-79 和图 8-80 所示梯形图和组态数据下载到 PLC 中并进行调试。

(2) 观察实验现象，将延时中断和指令的理解与现象进行对比、讨论，并记录相应的结论；记录在调试过程中发现的问题和故障，以及相应的解决方案。

8.16.5 实验记录数据

总结本次实验所学到的知识点、遇到的问题，以及解决问题的方法和思路。

第三部分

电气自动化项目综合实训

第9章　西门子精简系列触摸屏及其应用

9.1　人机界面概述

在控制领域，人机界面（HMI）一般特指用于操作人员与控制系统之间进行对话和互动的专用设备。人机界面可以在恶劣的工业环境中长时间连续运行，是 PLC 的最佳搭档。它利用图形、文字、符号以及动画，能生动、友好、直观地显示现场数据和状态；同时操作人员也可通过人机界面来控制现场的设备。此外，人机界面还具有用户管理、数据记录、打印报表、配方管理和报警等功能。随着技术的发展和应用的普及，人机界面的价格大幅下降，越来越多的工业控制系统配备了人机界面，一个大规模应用人机界面的时代已经到来。

触摸屏因其独特的优势，已成为人机界面的发展方向。在触摸屏的屏幕上，用户可以随意设计和组态自己喜欢的触摸式按键和指示灯，触摸屏不但能代替相应的硬件元件，减少 PLC 需要的 I/O 点数，同时还能简化整个系统的配线，提高系统的可靠性和附加价值。现阶段触摸屏一般使用 TFT 液晶显示器，具有色彩逼真、亮度高、对比度和层次感强、反应时间短、可视角度大等优点。

9.1.1　人机界面的主要任务

近年来，HMI 在控制系统中的作用越来越重要。用户可以通过 HMI 随时了解、观察并掌握整个控制系统的工作状态，必要时还可以通过 HMI 向控制系统发出故障报警。因此，HMI 可以看成操作人员与硬件、控制软件的交叉部分，操作人员可以通过 HMI 与 PLC 进行信息交换，向 PLC 控制系统输入数据、信息和控制命令，而 PLC 控制系统又可以通过 HMI 回送相关的数据和信息。总的来说，人机界面在控制系统中主要承担以下任务：

（1）过程可视化

生产设备的工作状态、控制流程、报警以及各种数据都可以展现在人机界面上，包括指示灯、按钮、文字、图形和曲线等，并且画面内容可根据过程变化动态更新。

（2）操作员对过程的控制

操作员可以通过友好的图形界面来控制生产过程。例如，操作员可以通过按钮起停电动机。

（3）显示报警

所有的参数超过极限值都会自动触发报警，例如，当温度超出设定值时，将会显示温度报警信息。

（4）归档过程值

人机界面系统可以连续、顺序地记录过程值和报警信息，同时还可以检索以前的生产数据，并打印输出生产数据。

(5) 过程和设备的参数管理

人机界面系统可以将过程和设备的参数存储在配方中。例如，可以一次性将产品参数下载到HMI，以便改变产品版本进行生产。

9.1.2 西门子精简系列面板

西门子公司到目前为止发布了5类触摸屏面板：精彩面板、按键式面板、精简面板、精智面板和移动面板。本节主要介绍与S7-1200配套的精简系列面板。第二代精简面板有4.3寸、7寸、9寸和12寸的高分辨率64K色宽真彩液晶触摸屏，如图9-1所示。

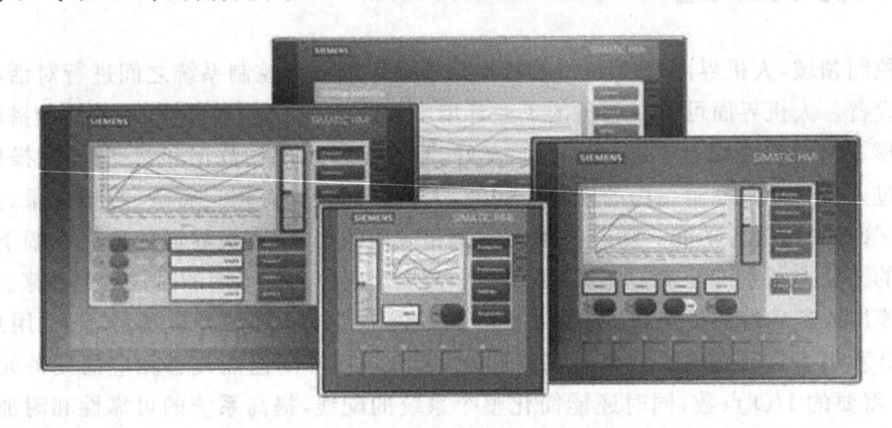

图9-1 西门口第二代精简系列面板

该系列触摸屏支持垂直安装，用TIA博途V13或更高版本软件进行组态；配备RS-422/RS-485、RJ45以太网、USB2.0等通信接口。其中，以太网接口(PROFINET接口)的通信速率为10 M/100 M bit/s自适应，可用于与组态计算机或S7-1200PLC通信；USB接口可连接键盘、鼠标或条形码扫描仪，也可用于连接优盘实现数据的存档。精简系列面板的电源电压为DC24V，内有熔断器进行短路保护；用户内存为10 MB，配方内存256 KB；防护等级为IP65，可在恶劣的工业环境中使用，背光平均无故障时间为20 000 h。该系列面板的其他性能参数如表9-1所示。

表9-1 第二代精简系列面板的主要性能指标

	KTP400 Basic PN	KTP700 Basic PN/ KTP700 Basic DP	KTP900 Basic PN	KTP1200 Basic PN/ KTP1200 Basic DP
显示器尺寸/inch	4.3	7	9	12
分辨率(像素/宽×高)	480×272	800×480	800×480	1 280×800
功能键个数	4	8	8	10
电流消耗典型值/mA	125	230	230	510/550
最大持续电流消耗/mA	310	440/500	440	650/800

9.1.3　TIA Protal 中的 WinCC

WinCC 是 TIA Protal 中用于组态 SIMATIC 面板、SIMATIC 工业 PC 以及标准 PC 的工程组态软件。WinCC 具有 4 种版本，具体使用哪个版本取决于组态对象，具体如图 9-2 所示。

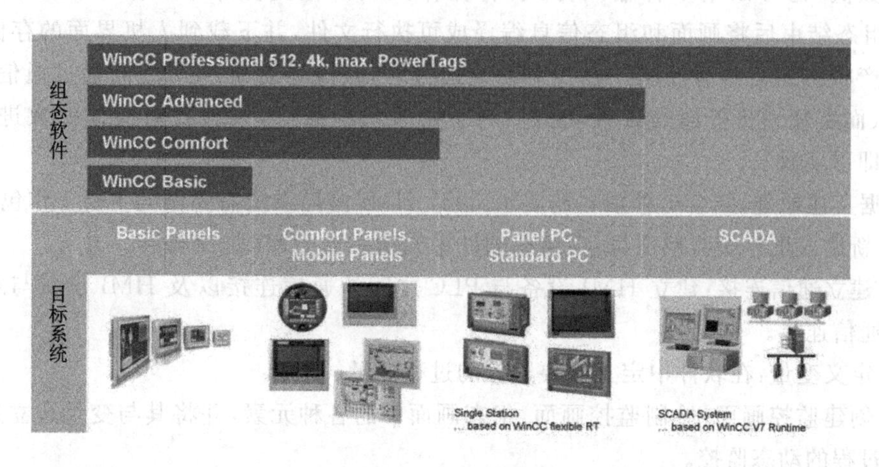

图 9-2　WinCC 软件

① WinCC Basic：用于组态精简系列面板，通常直接包含在 STEP 7 Basic 和 STEP 7 Professional 产品中。

② WinCC Comfort：用于组态所有面板，包括易用面板和移动面板。

③ WinCC Advanced：通过 WinCC Runtime Advanced 可组态所有面板和 PC；WinCC Runtime Advanced 主要用于 PC 单站系统组态的可视化软件；可支持 128、512、2 K、4 K 以及 8 K 个外部变量(带有过程接口的变量)的系统。

④ WinCC Professional：通过 WinCC Runtime Professional 或 WinCC Runtime Advanced 组态面板和 PC；WinCC Runtime Professional 是一种用于构建组态范围从单站系统到多站系统的 SCADA 系统，包括标准客户端或 Web 客户端。可支持 128、512、2 K、4 K、8 K、16 K、102 400、153 600 以及 262 144 个外部变量(带有过程接口的变量)的系统。

编程软件 WinCC Basic(内嵌于 STEP 7 Professional)可以用于精简系列面板的组态，具有简洁、高效、易上手等特点。在 WinCC Basic 中，通过图形化配置，简化了复杂的组态任务；基于表格的编辑器简化了变量、文本和报警信息等内容的生成和编辑。

后续章节将以一个实例为背景，介绍如何利用 WinCC Basic 建立 1 个实际的人机界面项目。

9.2　建立触摸屏 HMI 项目

9.2.1　项目的主要工作内容

人机界面通过 PLC 以“变量”方式实现生产设备或过程间的在线监控。在整个自动化系统中，过程值通过 I/O 模块存储在 PLC 中，HMI 则通过“变量”的方式访问 PLC 相应的存储单元以实现具体物理量的显示、处理、报警等工作。因此，要实现生产过程的监测监控，首先需要用组态软件对人机界面进行组态。使用组态软件可以很容易地生成满足用户要求的人机界面，该界面以用文字或动态图形的形式显示 PLC 中位变量的状态和数字量的数值，也可以用多种输入方式，将操作人员的位变量命令和数字设定值传送到 PLC。组态结束后将画面和组态信息编译成可执行文件，并下载到人机界面的存储器中，实现生产状态的监测与控制。在控制系统运行时，人机界面和 PLC 之间通过通信来交换信息，从而实现人机界面的各种功能。对于两者间的通信，只需要对通信参数进行简单的组态即可实现。

根据上述原理，结合工程项目的要求，设计 HMI 监控系统需要做的主要工作包括：

① 新建人机界面监控项目：在组态软件中创建一个 HMI 监控项目。

② 建立通信连接：建立 HMI 设备与 PLC 之间的通信连接以及 HMI 设备与组态 PC 之间的通信连接。

③ 定义变量：在软件中定义需要监控的过程变量。

④ 创建监控画面：绘制监控画面，组态画面中的各种元素，并将其与变量建立连接，实现生产过程的动态监控。

⑤ 过程值归档：采集、处理和存储工业现场的过程数据，以趋势图或表格的形式显示或打印输出。

⑥ 编辑报警消息：组态开关量报警和模拟量报警，编辑报警消息。

⑦ 组态配方：组态配方以快速适应生产工艺的变化。

⑧ 用户管理：分级分权限建立和设置操作用户。

注意，并不是所有的项目都需要这 8 部分内容的，特别是后 4 部分内容可根据工程项目需求进行选用。

9.2.2 新建触摸屏项目

1. 项目背景

本节以电动机的星形-三角形启动为例，利用精简系列触摸屏对该系统进行状态监测和控制，最终形成友好的人机界面。电动机星形-三角形启动系统的主电路与 PLC 控制电路如图 9-3 所示。

图中断路器 QA_1 用于电能的分配和短路保护，QA_2 为主接触器，QA_4 为星形连接的接触器，QA_3 为三角形连接的接触器。这三个接触器和断路器的状态通过它们的辅助触点连接到 PLC 输入，热继电器 BB 的常开触点作为过载保护接入 PLC，同时，转速继电器 BS 的常开触点也接入 PLC 用于反映电机是否处于运行状态。为了避免 QA_3 和 QA_4 同时闭合导致主电路短路，在 PLC 的输出端将这两个接触器的线圈进行互锁。本系统中 PLC 选用的是 CPU1214C-AC/DC/RLY。

基于星形-三角形启动系统的硬件电路，设计编写 PLC 控制程序，具体如图 9-4 所示。

以星-三角形启动系统的主电路、控制回路、PLC 控制程序为基础，建立该系统的触摸屏人机界面。

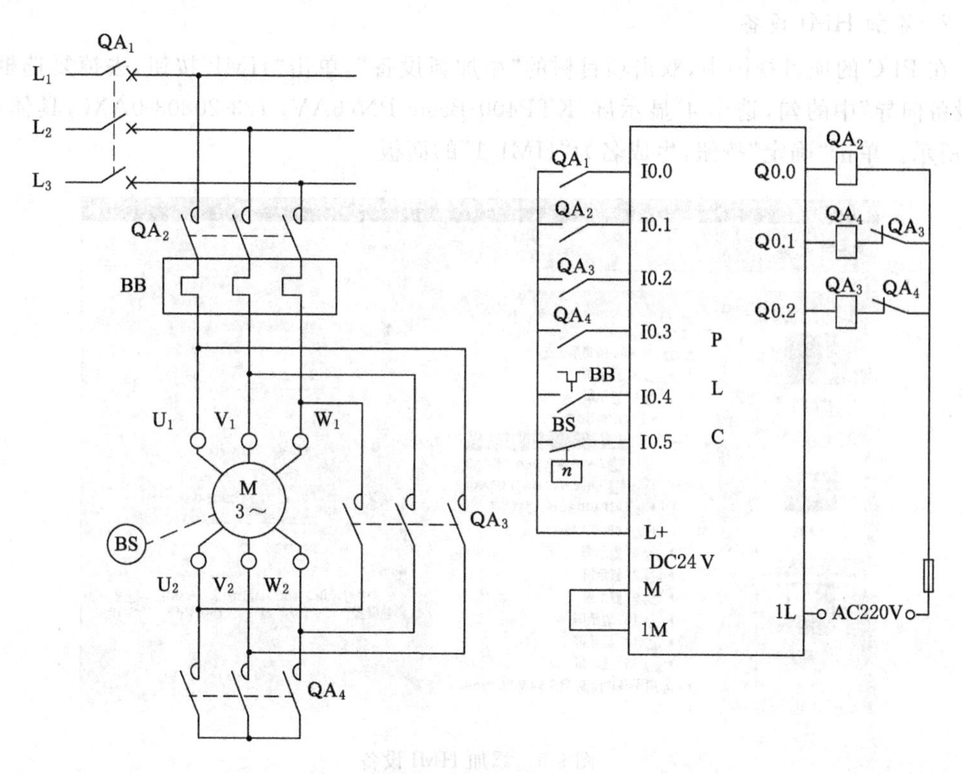

图 9-3　星形-三角形启动主电路与 PLC 控制回路

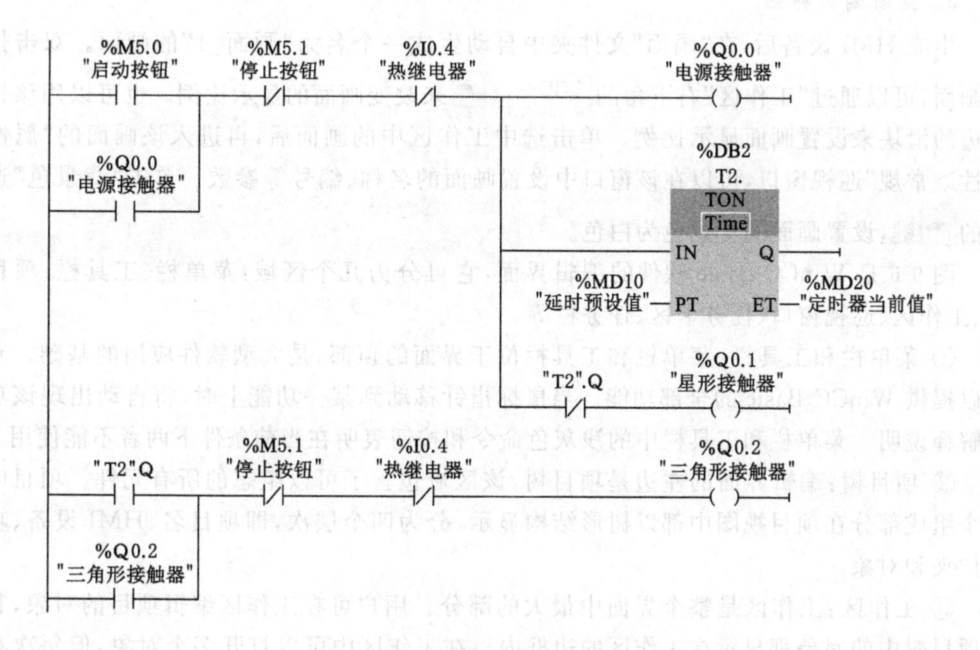

图 9-4　星形-三角形启动 PLC 控制程序

2. 添加 HMI 设备

在 PLC 的项目视图中，双击项目树的“添加新设备”，单击“HMI”按钮，去掉复选框“启动设备向导”中的勾，选中 4″显示屏/KTP400 Basic PN/6AV$_2$ 123-20803-0AX0，具体如图 9-5 所示。单击“确定”按钮，生成名为“HMI_1”的面板。

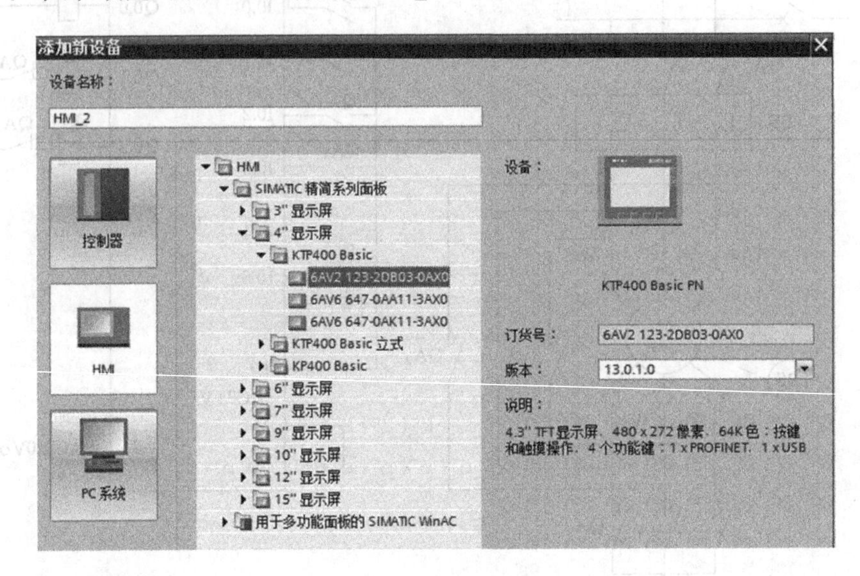

图 9-5　添加 HMI 设备

3. 画面编辑界面

生成 HMI 设备后，在“画面”文件夹中自动生成一个名为“画面_1”的画面。双击打开该画面，可以通过“工作区”右下角的 100% 来改变画面的显示比例。也可以用该按钮右边的滑块来设置画面显示比例。单击选中工作区中的画面后，再进入该画面的“属性>属性>常规”巡视窗口，可以在该窗口中设置画面的名称、编号等参数。单击“背景色”选择框的键，设置画面的背景色为白色。

图 9-6 是 WinCC Basic 软件的编辑界面，它可分为几个区域：菜单栏、工具栏、项目窗口、工作区、巡视窗口、任务卡区、任务栏等。

① 菜单栏和工具栏：菜单栏和工具栏位于界面的顶部，是大型软件应用的基础。它们可以提供 WinCC Basic 的全部功能。当鼠标指针移动到某一功能上时，将自动出现该功能的解释说明。菜单栏和工具栏中的浅灰色命令和按钮表明在当前条件下两者不能使用。

② 项目树：编辑界面的左边是项目树，该区域包含了可以组态的所有元件。项目中的各个组成部分在项目视图中都以树形结构显示，分为四个层次，即项目名、HMI 设备、功能文件夹和对象。

③ 工作区：工作区是整个界面中最大的部分。用户可在工作区编辑项目的对象，且所有项目树中的对象都显示在工作区的边框内。在工作区中可以打开多个对象，但每次在工作区中只能看到其中一个对象；其他对象只能在任务栏中以选项卡的形式显示。如果在执行某些任务时要同时查看两个对象，则可以使用工具栏中的拆分按钮，以水平或垂直方式平铺工作区；或单击选项卡中浮动按钮浮动停靠工作区的元素。

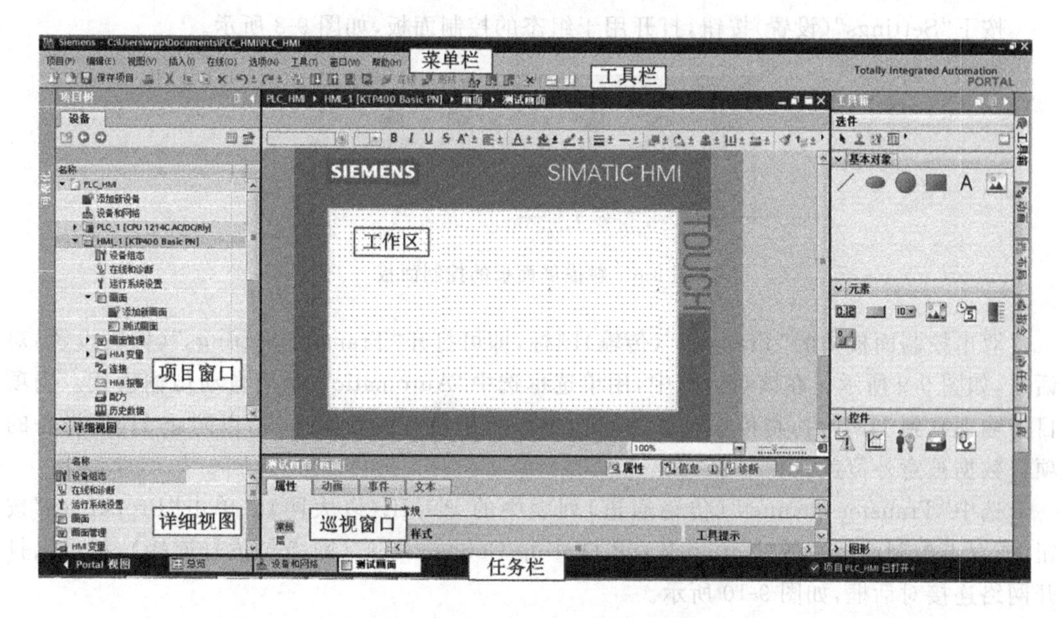

图 9-6　WinCC Basic 编辑界面

④ 巡视窗口：巡视窗口位于工作区的下方，用于编辑在工作区中选取的对象属性，如画面对象的颜色、输入/输出域连接的变量等。

⑤ 任务卡：任务卡中包含编辑用户监控画面所需的对象元素，可将任务卡中的对象添加到画面中。工具箱提供的选件有基本对象、元素、控件和图形。

⑥ 详细视图：详细视图用来显示在项目树中指定的某些文件夹或编辑器中的内容。双击详细视图中的某个对象，将打开对应的编辑器。

⑦ 帮助功能：当鼠标指针移动到 WinCC Basic 中的某个对象（例如工具栏中的某个按钮）上时，将会出现该对象的提示信息。如果光标在该对象上多停留几秒，将会自动出现该对象的帮助信息。

9.2.3　建立通信连接

1. 物理连接

由于精简系列触摸屏都自带 1 个 RJ45 形式的以太网接口，可与 S7-1200PLC 或组态 PC 机通过网线直接建立通信通道，但还需在触摸屏里设置相应的参数。

2. 触摸屏通信设置

触摸屏通电启动过程结束后，屏幕显示 Windows CE 的桌面，桌面的中间显示“Start Center”（启动中心），具体如图 9-7 所示。“启动中心”中的“Transfer”（传输）按钮用于将 HMI 设备切换到传输模式。“Start”（启动）按钮用于打开保存在 HMI 设备中的项目。“Taskbar”（工具栏）按钮将激活 Windows CE“开始”菜单已打开的任务栏。

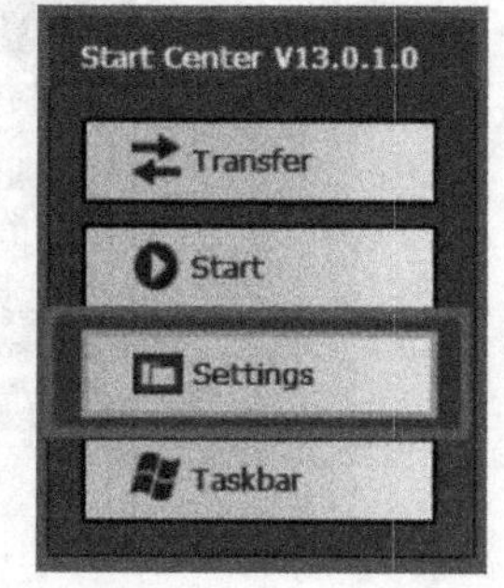

图 9-7　启动中心

按下“Settings”(设置)按钮,打开用于组态的控制面板,如图 9-8 所示。

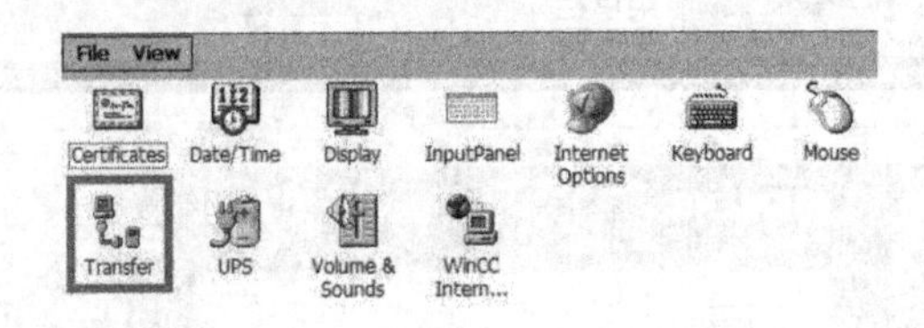

图 9-8 触摸屏面板的控制面板

双击控制面板中的“Transfer”(传输)图标,即可打开“Transfer Settings”(传输设置)对话框,如图 9-9 所示。在该对话框中,用单选框选中“Automatic”,采用自动传输模式。当项目传输下载到 HMI 后,将传输设置为 Off,可以禁用所有的数据通道,以防止 HMI 设备的项目数据被意外覆盖。

选中“Transfer channel”(传输通道)列表中的 PN/IE(以太网)。单击“Properties”按钮,或双击控制面板中的“Network and Dial-up Connections”(网络与拨号连接),都可以打开网络连接对话框,如图 9-10 所示。

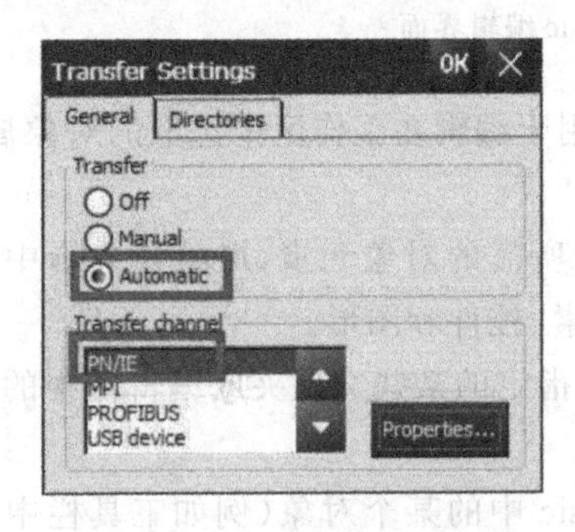

图 9-9 Transfer Settings 对话框

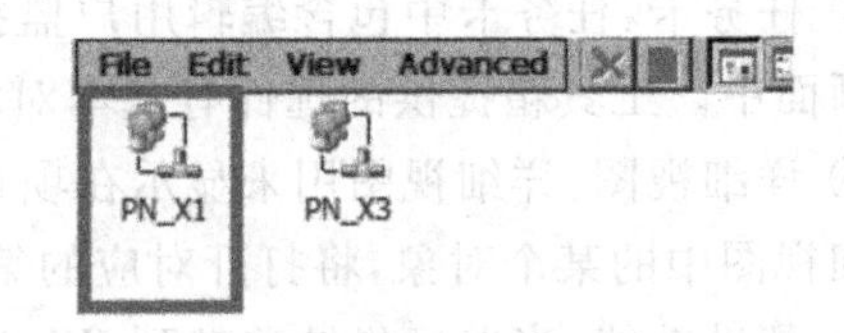

图 9-10 网络连接对话框

双击网络连接对话框中的“PN_X1”(以太网接口)图标,并打开“PN_X1 Settings”对话框,如图 9-11 所示。用单选框选中“Specify an IP address”,由用户设置 PN_Xl 的 IP 地址。用屏幕键盘输入 IP 地址(IP address)和子网掩码(Subnet mask),“Default Gateway”是默认网关。设置好后按“OK”按钮退出。

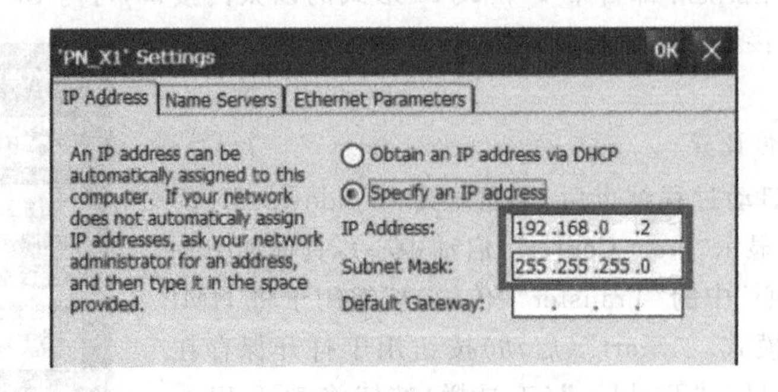

图 9-11 设置 IP 地址和子网掩码

3. PC机通信设置

设置好HMI的通信参数之后，为了实现计算机与HMI的通信，还应做好以下工作。打开Windows系统的控制面板，双击控制面板中的“设置PG/PC接口”对话框，设置“应用程序访问点”为实际使用的计算机网卡和通信协议，具体如图9-12所示。

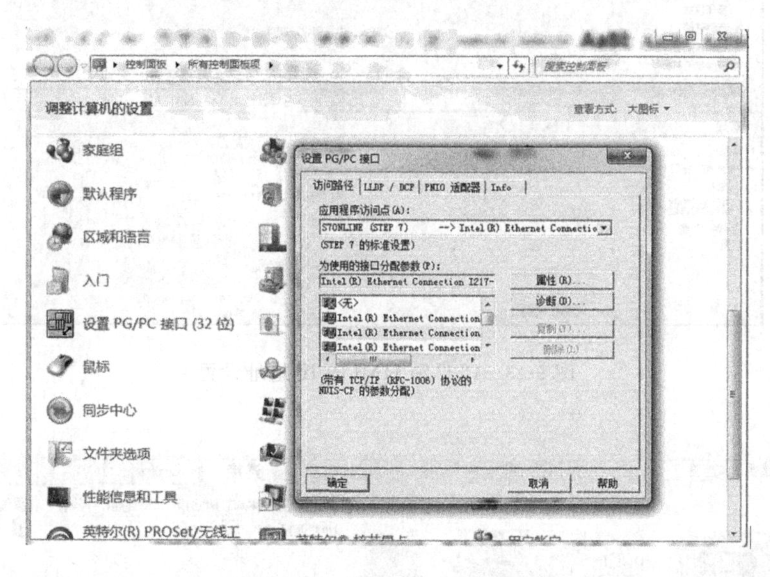

图9-12　设置PG/PC接口

同时还需设置计算机以太网卡的IP地址为192.168.0.x，第4个字节的值x不能与别的设备相同，子网掩码为255.255.255.0。

4. TIA PORTAL的通信设置

在TIA PORTAL软件的项目树中，将PLC和HMI的IP地址和子网掩码进行设置，要求与相应硬件中的通信设置相一致，具体如图9-13所示。

生成PLC和HMI设备后，双击项目树中的“设备和网络”，打开网络视图，此时还没有图9-14中的网络。单击工具栏上的“连接”按钮，它右边的选择框显示的连接类型为“HMI连接”。单击选中PLC中的以太网接口，即图中的绿色小方框，按住鼠标左键，移动鼠标，拖出一条浅蓝色直线，直到HMI的以太网接口，松开鼠标左键，生成图中的“HMI_连接_1”。

单击图9-14网络视图右上角的小三角形按钮◀，即可打开视图中的“连接”选项卡，并可以看到生成的HMI连接的详细信息。单击图中向右的小三角形按钮▶，即可关闭弹出的选项卡。

9.2.4　定义变量

触摸屏的变量分为外部变量和内部变量。外部变量是HMI与PLC进行数据交换的桥梁，是PLC存储单元的映像，其值随PLC程序的执行而改变。内部变量存储在HMI的存储器中，与PLC没有连接关系。内部变量通常用于HMI设备内部的计算或用于执行其他任务。内部变量只有名称，没有地址。

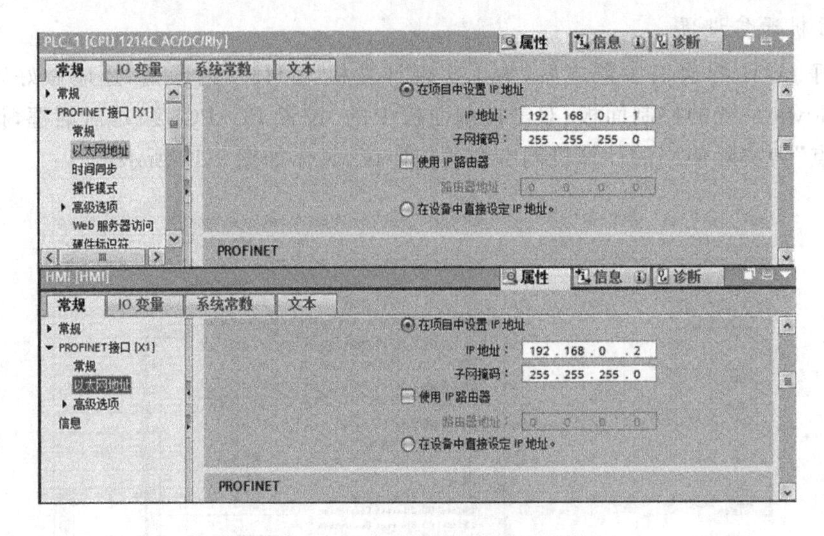

图 9-13　PLC 和 HMI 的 IP 地址设置

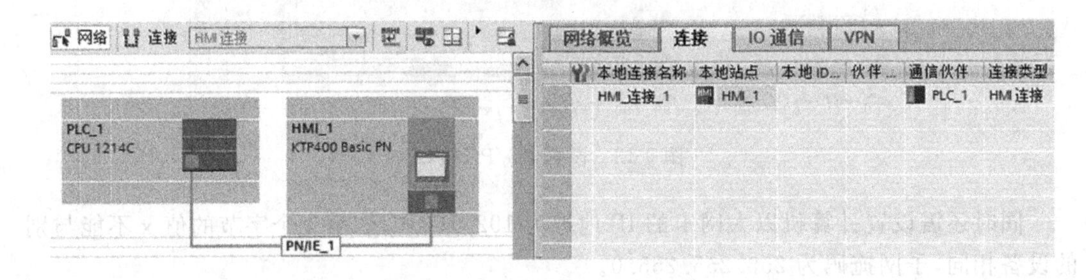

图 9-14　组态 HMI 连接

1. PLC 的变量表

根据电动机星形-三角形启动系统的功能要求，在 PLC 中建立了如图 9-15 所示的 PLC 默认变量表。其中"启动按钮"和"停止按钮"信号来自 HMI 画面上的按钮，未使用 PLC 的 I 区地址。

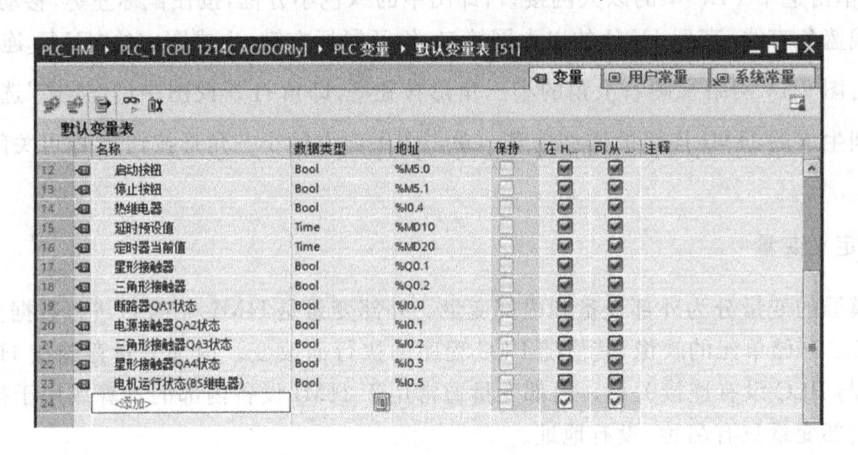
PLC_HMI ▸ PLC_1 [CPU 1214C AC/DC/Rly] ▸ PLC 变量 ▸ 默认变量表 [51]

变量　用户常量　系统常量

默认变量表

	名称	数据类型	地址	保持	在 H...	可从...	注释
12	启动按钮	Bool	%M5.0				
13	停止按钮	Bool	%M5.1				
14	热继电器	Bool	%I0.4				
15	延时预设值	Time	%MD10				
16	定时器当前值	Time	%MD20				
17	星形接触器	Bool	%Q0.1				
18	三角形接触器	Bool	%Q0.2				
19	断路器QA1状态	Bool	%I0.0				
20	电源接触器QA2状态	Bool	%I0.1				
21	三角形接触器QA3状态	Bool	%I0.2				
22	星形接触器QA4状态	Bool	%I0.3				
23	电机运行状态(B5继电器)	Bool	%I0.5				
24	<添加>						

图 9-15　PLC 的默认变量表

2. HMI 的变量表

对于图 9-15 中的变量，全部可以从 HMI 中进行访问，用于对电动机星形-三角形启动系统工作过程的监测和控制。因此，在 HMI 默认变量表中也可定义相应的变量用于监控系统的运行。一种比较快捷的方法是：在 HMI 默认变量表中单击空白行的“PLC 变量”列，用打开的对话框将 PLC 变量表中的变量传送到 HMI 变量表。变量定义完成后将变量“延时预设值”和“定时器当前值”的采集周期由 1 s 改为 100 ms，其他变量的采集周期改为 500 ms，以减少它们的显示延迟时间。基于上述操作后，HMI 的变量表如图 9-16 所示。其中每个变量的访问模式默认为符号访问，可以用下拉式列表将访问模式改为“绝对访问”。

PLC_HMI ▸ HMI_1 [KTP400 Basic PN] ▸ HMI 变量 ▸ 默认变量表 [14]

默认变量表

名称	数据类型	连接	PLC 名称	PLC 变量	地址	采集周期	访问模式
电机运行状态(BS继电器)	Bool	HMI_连接_1	PLC_1	电机运行状态(BS...	%I0.5	500 ms	<绝对访问>
电源接触器	Bool	HMI_连接_1	PLC_1	电源接触器	%Q0.0	500 ms	<绝对访问>
电源接触器QA2状态	Bool	HMI_连接_1	PLC_1	电源接触器QA2...	%I0.1	500 ms	<绝对访问>
定时器当前值	Time	HMI_连接_1	PLC_1	定时器当前值	%MD20	500 ms	<绝对访问>
断路器QA1状态	Bool	HMI_连接_1	PLC_1	断路器QA1状态	%I0.0	500 ms	<绝对访问>
启动按钮	Bool	HMI_连接_1	PLC_1	启动按钮	%M5.0	500 ms	<绝对访问>
热继电器	Bool	HMI_连接_1	PLC_1	热继电器	%I0.4	500 ms	<绝对访问>
三角形接触器	Bool	HMI_连接_1	PLC_1	三角形接触器	%Q0.2	500 ms	<绝对访问>
三角形接触器QA3状态	Bool	HMI_连接_1	PLC_1	三角形接触器QA...	%I0.2	500 ms	<绝对访问>
停止按钮	Bool	HMI_连接_1	PLC_1	停止按钮	%M5.1	500 ms	<绝对访问>
星形接触器	Bool	HMI_连接_1	PLC_1	星形接触器	%Q0.1	500 ms	<绝对访问>
星形接触器QA4状态	Bool	HMI_连接_1	PLC_1	星形接触器QA4...	%I0.3	500 ms	<绝对访问>
延时预设值	Time	HMI_连接_1	PLC_1	延时预设值	%MD10	100 ms	<绝对访问>
定时器当前值(1)	Time	HMI_连接_1	PLC_1	定时器当前值	%MD20	100 ms	<绝对访问>
<添加>							

图 9-16　HMI 的默认变量表

在组态画面上的元件(例如按钮)时，如果使用了 PLC 变量表中的某个变量，该变量将会自动添加到 HMI 的变量表中。变量还有许多其他属性可在巡视窗口查看和设置，比如变量的采样模式、线性标定等，此处不再赘述。

9.2.5　画面组态

工程项目一般由多幅画面组成，各个画面之间可以进行相互切换。因此，通常会根据控制系统的要求，对画面进行总体规划，规划有哪些画面以及每个画面的主要功能；其次需要分析各个画面之间的关系，应根据操作的需要安排切换顺序，各画面之间的相互关系应层次分明、便于操作。

由于电动机星形-三角形启动控制系统比较简单，因此只需要 1 幅画面即可满足，也就是初始画面——“画面_1”。下面根据星形-三角形启动控制系统的功能要求对画面进行组态。

1. 绘制主电路

(1) 文本域

在画面中经常需要对控制系统做简单的描述，这时需要放置文本域。比如在起始画面中，要说明这个控制系统是做什么的，就可以在画面的正上方通过“工具箱”中的文本域来添加“三相异步电动机星形-三角形启动控制系统”的文字。

将工具箱中基本对象的“文本域” A 拖拽到画面上，默认的文本为“Text”。单击选中生成的文本域，进入该文本域的“属性＞属性＞常规”巡视窗口，在其右边的“文本”框中键入“三相异步电动机星形-三角形启动控制系统”，同时设置字体大小、复选“使对象适合内容”，具体如图 9-17 所示。在文本域的“外观”属性视图中还可以组态文本的颜色、字体、大小和闪烁等属性。

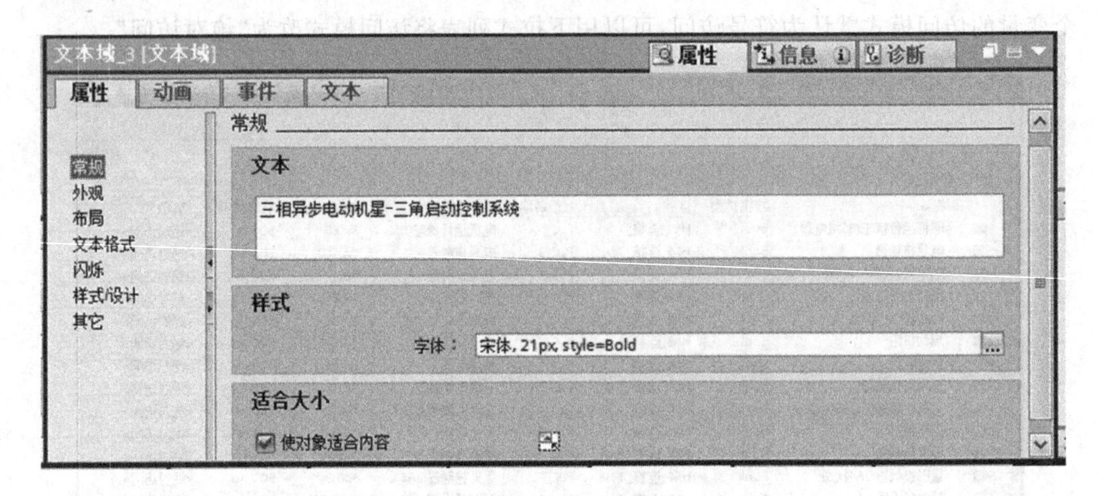

图 9-17　组态文本域的常规属性

(2) 图形视图

为了更加形象地描述系统的设备，可在画面中使用图形。图形是静态显示元素，没有连接变量。比如在本案例中可以加入一张蓝色的“异步电动机”的图片，使得画面更加生动、逼真。

(3) 其他基本对象

工具箱中还有其他基本对象，主要包括线条、椭圆、圆、矩形等基本图形。利用这些基本图形可以组合拼凑出各种需要的图形。在本案例中主要利用了工具箱中的线条、圆、矩形、文本域和图形视图等元素，绘制出了如图 9-18 所示的星-三角启动系统的主回路。

2. 生成和组态指示灯

指示灯用来显示开关量，即 BOOL 变量，比如用来显示“电动机”的状态。将工具箱的“基本对象”选项板中的“圆”拖拽到画面上。单击选中该圆，其四周会出现 8 个小正方形，这些正方形可用于调节圆的大小。此时进入该圆的“属性＞属性＞外观”巡视窗口，如图 9-19 所示，设置圆的边框为默认的“黑色”，线条样式为“实心”，边框宽度可根据指示灯的大小设置，背景色设置为“深绿色”，填充图案为“实心”。

画面元件的位置和大小一般直接用鼠标进行调整；也可通过巡视窗口的“属性＞属性＞布局”窗口微调圆的位置和大小，具体如图 9-20 所示。

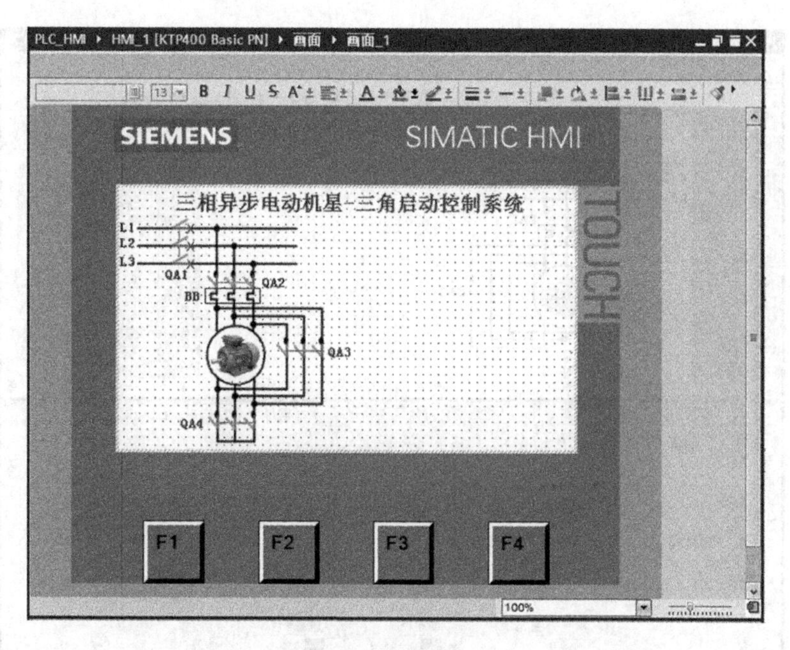

图 9-18　星-三角启动系统的主回路和标题

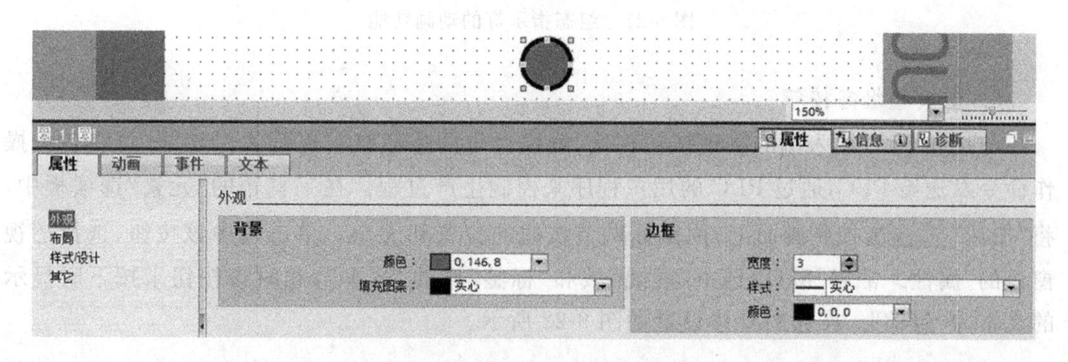

图 9-19　组态指示灯的外观属性

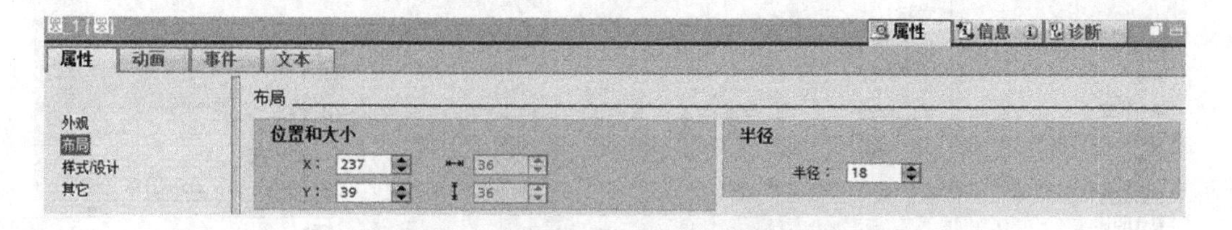

图 9-20　组态指示灯的布局属性

打开所画圆巡视窗口的“属性＞动画＞显示”文件夹，双击其中的“添加新动画”，再双击出现的“添加动画”对话框中的“外观”，进入如图 9-21 所示的窗口，在其右边的窗口可组态外观的动画功能。设置圆连接的 PLC 的变量为“电动机运行状态”，其“范围”值为 0 和 1 时，圆的背景色分别为深绿色和红色，分别用于指示电机的停止和运行这两种状态。

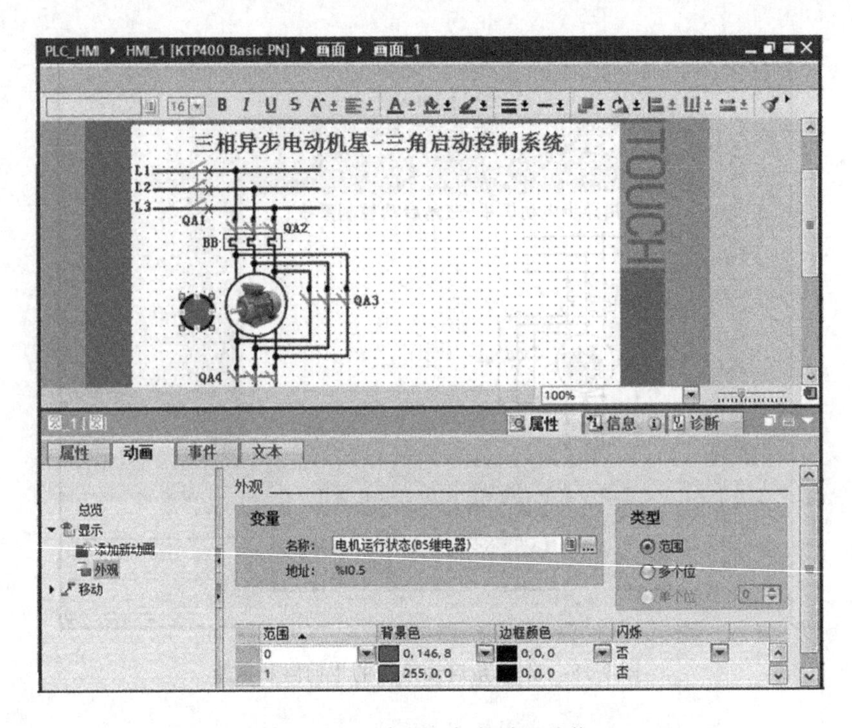

图 9-21　组态指示灯的动画功能

3. 生成和组态按钮

与接在 PLC 输入端的物理按钮相比，触摸屏里的按钮具有更强大的功能，可将各种操作命令发送给 PLC，通过 PLC 的用户程序来控制生产过程。在工具箱的“元素”选项板中，将“按钮”拖拽到画面上，用鼠标调节按钮的位置和大小。单击选中该按钮，选择巡视窗口的“属性>常规”窗口，选中“模式”域和“标签”域的“文本”，此时该按钮未按下时显示的文本为“启动”。按钮的具体设置如图 9-22 所示。

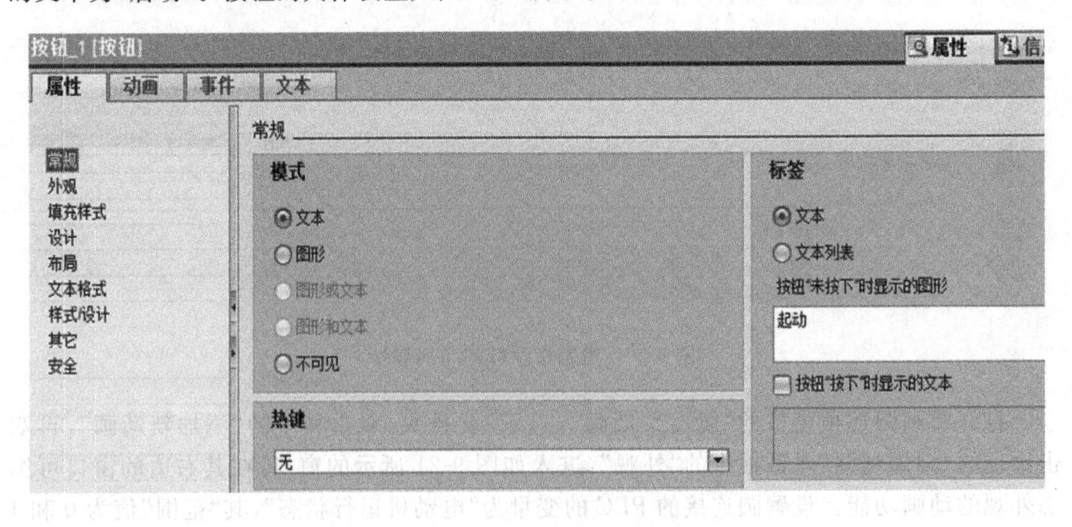

图 9-22　组态按钮的常规属性

在图 9-22 右下角处，如果勾选复选框“按钮‘按下’时显示的文本”，可分别设置未按下时和按下时显示的文本；未勾选该复选框时，按下和未按下时按钮上的文本相同。

选中按钮进入“属性＞属性＞外观”的巡视窗口，设置填充图案为“实心”，背景色为“浅灰色”，文本的颜色为“黑色”。选中巡视窗口的“属性＞属性＞布局”，可通过“位置和大小”区域的输入框微调按钮的位置和大小，具体如图 9-23 所示。如果勾选“适合大小”区域的复选框“使对象适合内容”，该按钮将根据文本的字数和字体大小自动调整自身大小。

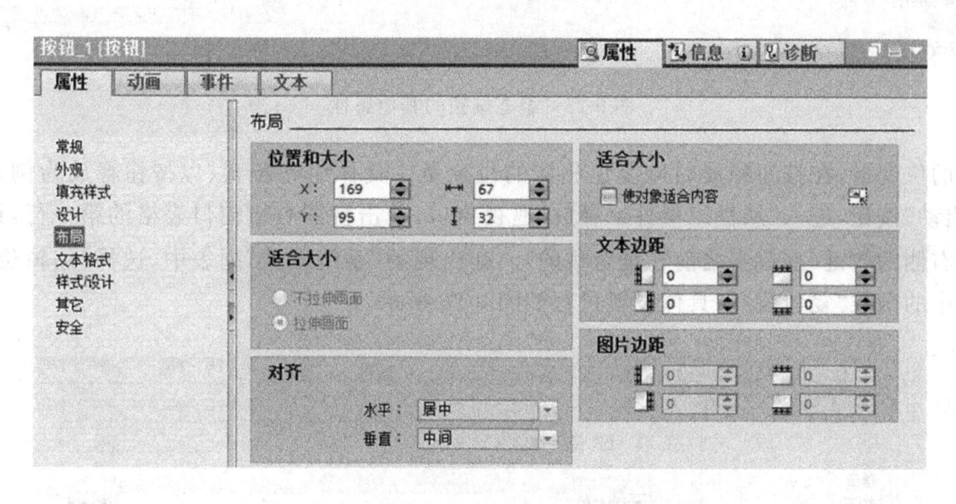

图 9-23　组态按钮的布局属性

选中按钮进入“属性＞属性＞文本格式”窗口，如图 9-24 所示，单击“字体”选择框右边的...按钮，可打开能够以像素点为单位调整文字大小的对话框。其中字体样式为宋体，不能更改；字形设置为“正常”；此外，还可以设置下划线、删除线、按垂直方向读取等附加效果。

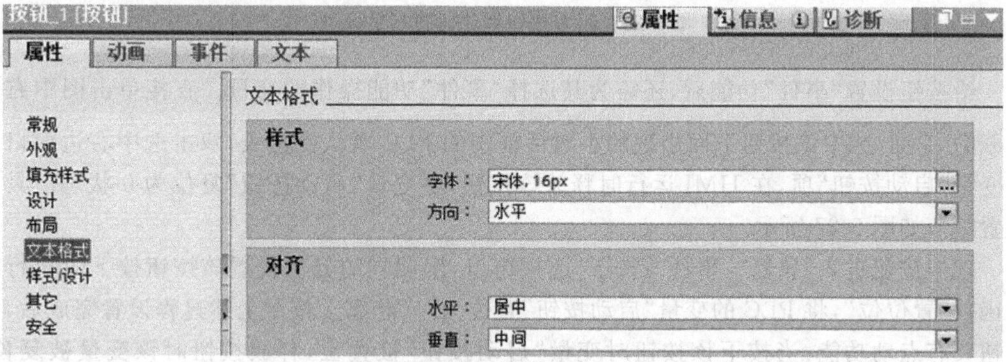

图 9-24　组态按钮的文本格式

进入按钮属性的下一个条目，“属性＞属性＞其他”窗口，该对话框内可以修改按钮的名称，设置对象所在的“层”，一般情况使用默认的第 0 层即可，具体如图 9-25 所示。

按钮的下发命令功能需要通过“事件”功能实现。实际的按钮在按下时会把常开触点接通，释放时将触点断开。为了模拟实际按钮的功能，在触摸屏中按下按钮时，应置位

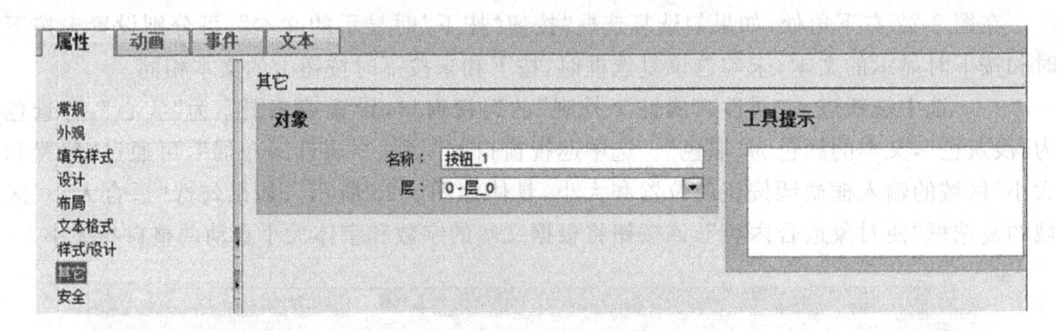

图 9-25　组态按钮的其他属性

相应的位变量，在按钮释放时应复位相应的位变量。具体组态步骤(以按钮释放为例)：选中“启动”按钮，进入“属性＞事件＞释放”巡视窗口，单击视图右边窗口表格的第一行，再单击它右侧的▾键(在单击之前它是隐藏的)。在出现的“系统函数”列表中，选择“编辑位”文件夹中的函数“复位位”。具体设置过程如图 9-26 所示。

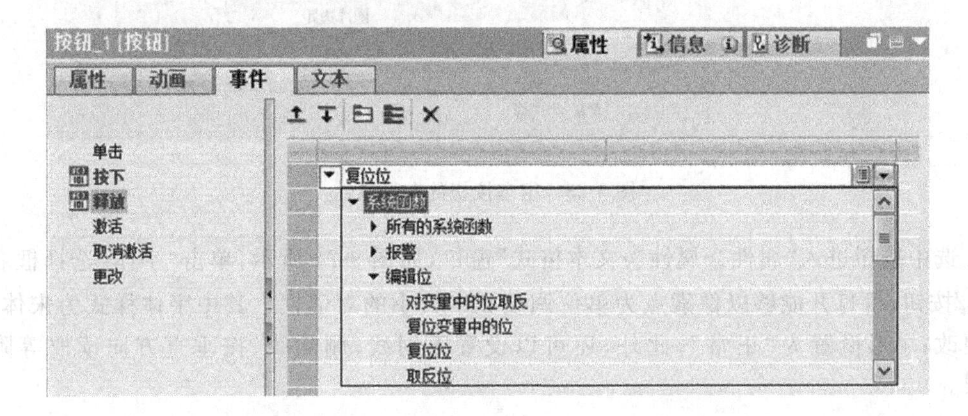

图 9-26　组态按钮释放时执行的函数

给按钮设置“事件”功能后，还需为其选择“事件”功能操作的变量。直接单击图中右侧隐藏的▭键，选中该按钮下面出现的小对话框中的 PLC 默认变量表，双击选中右边窗口中的变量“启动按钮”项，在 HMI 运行时释放该按钮，将变量“启动按钮”复位为 0 状态。具体设置细节如图 9-27 所示。

选中按钮进入“属性＞事件＞按下”巡视窗口，用同样的方法设置该按钮按下时执行系统函数“置位位”，将 PLC 的变量“启动按钮”置位为“1”状态。按照上述过程设置完成后，该按钮具有点动功能：当按下该按钮时变量“启动按钮”被置位，释放按钮时该变量被复位。选中组态好的按钮，执行复制和粘贴操作。放置好新生成的按钮后选中它，设置其文本为“停止”，按下该按钮时将变量“停止按钮”置位，放开该按钮时将它复位。按钮组态完成后的画面如图 9-28 所示。

4. 生成与组态 I/O 域

在触摸屏中有 3 种模式的 I/O 域：

① 输出域：用于显示 PLC 变量的数值。

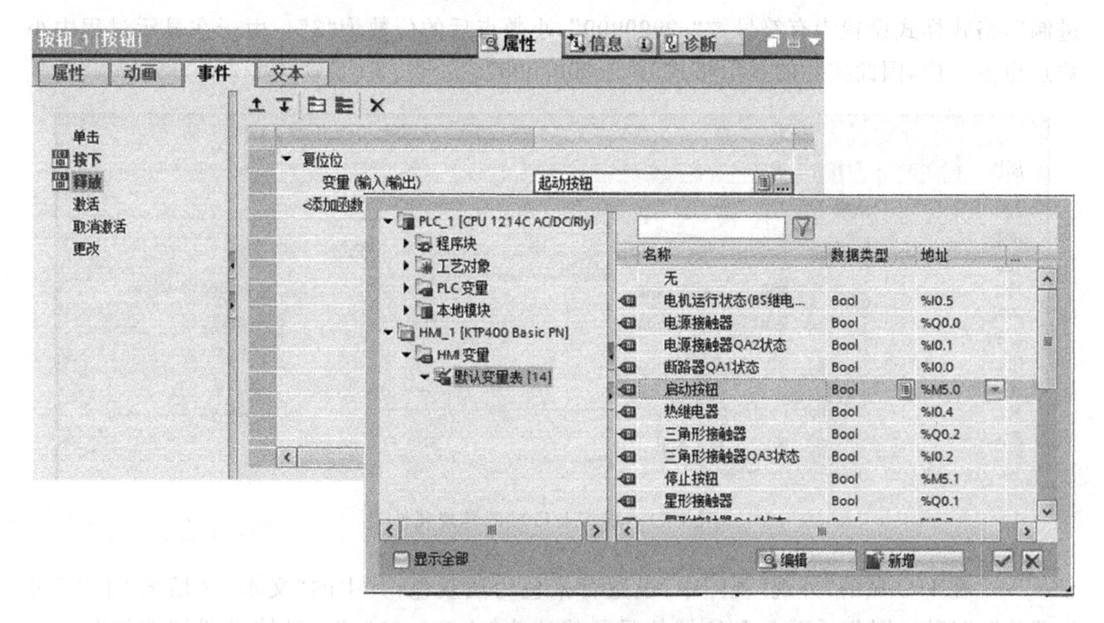

图 9-27　组态按钮释放时操作的变量

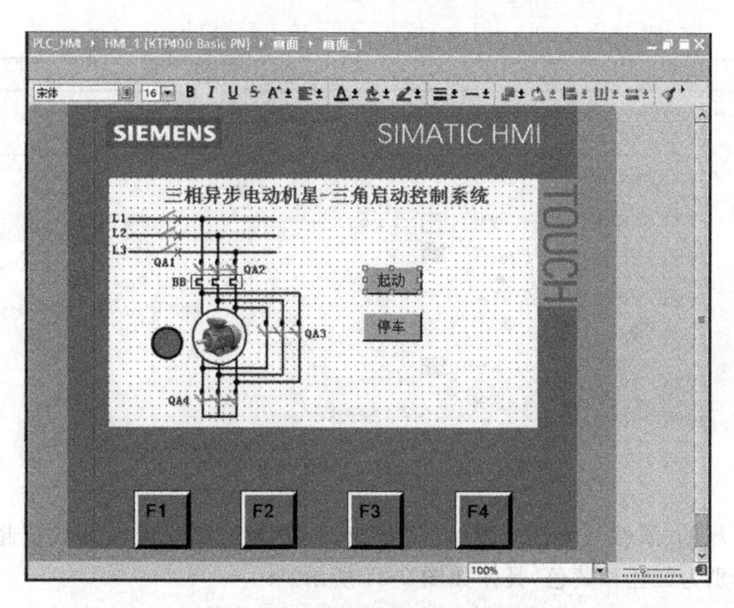

图 9-28　按钮组态完成后的画面

② 输入域：用于操作员输入数字或字母，并用相应的变量保存它们的值。

③ 输入/输出域：同时具有输入域和输出域的功能，既可用于修改变量的数值，也可用于显示变量的数值。

在工具箱中，将 I/O 域图标 0.12 拖拽到界面上，放置在文本域“定时器当前值”的右边。选中该 I/O 域，进入它的“属性＞属性＞常规”窗口，如图 9-29 所示。在“模式”选择框中设置 I/O 域为输出域，并将其连接到 PLC 变量“定时器当前值”。该变量的数据类型为“Time”，是以“ms”为单位的双整数时间值。在“格式”设置区，采用默认的显示格式为“十进制”,格式样式设置为有符号数“s9999999”,小数点后的位数为“3”。由于在显示过程中小数点也占一位,因此实际的显示格式为“+000.000”。

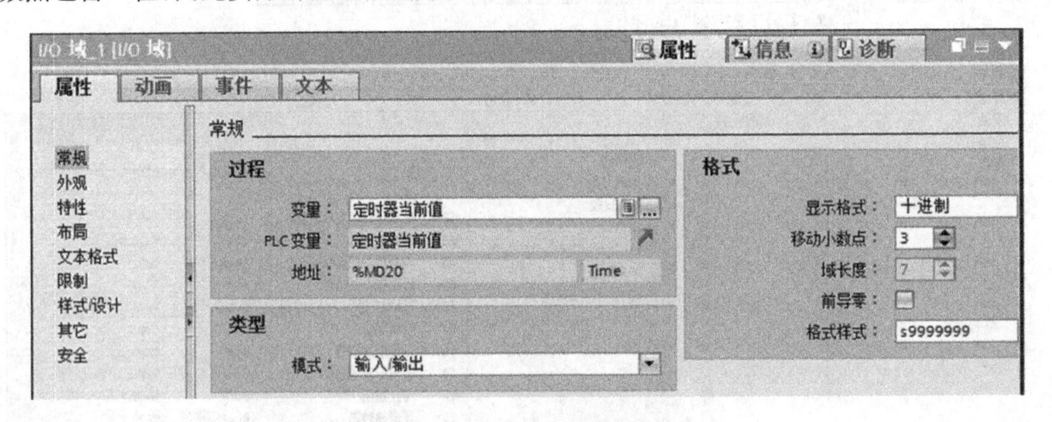

图 9-29　组态 I/O 域的常规属性

在 I/O 域的“外观”视图中,设置背景色为浅灰色;其中的“文本”区域的“单位”可设置为“s”(秒),因此画面上 I/O 域的显示格式为“+000.000s”。具体设置细节如图 9-30 所示。

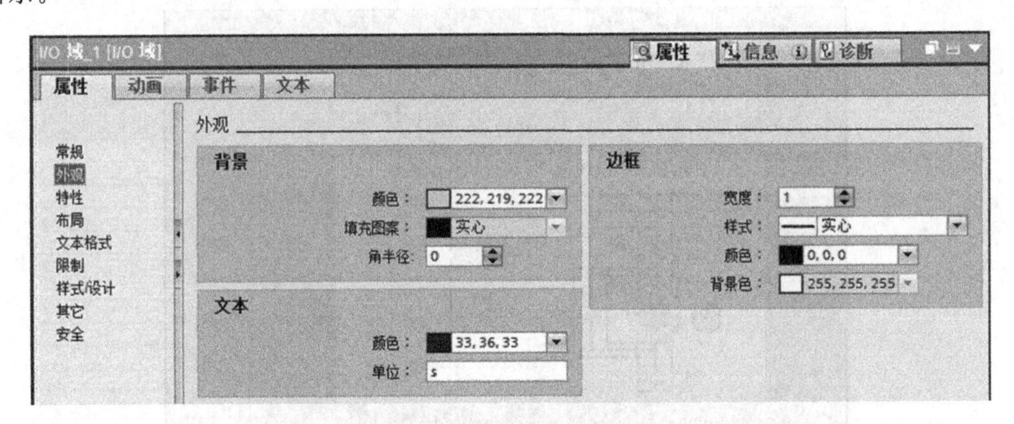

图 9-30　组态 I/O 域的外观属性

进入 I/O 域的“属性>属性>限制”巡视窗口,设置连接变量在其数值超出上下限时,对象的颜色分别为红色和黄色,具体如图 9-31 所示。

选中画面上的 I/O 域,执行复制和粘贴操作。放置好新的 I/O 域后选中它,进入它的“属性>属性>常规”巡视窗口,设置其模式为“输入/输出”,连接的过程变量为“延时预设值”;变量的数据类型同样为 Time,背景色为“白色”。其他属性与“定时器当前值”的输出域相同。设置好 I/O 域后的界面如图 9-32 所示。

5. 生成与组态动画

在 WinCC 中,动画的生成和组态是便利而快捷的,且功能强大。对于电动机星-三角启动控制系统,需要对断路器和接触器的“开”“合”做相应的动画,通常利用对象元件的“可见性”动画进行实现。下面以断路器 QA_1 为例进行说明。

① 选中断路器 QA_1 中的绿色线段(表示断路器断开)。

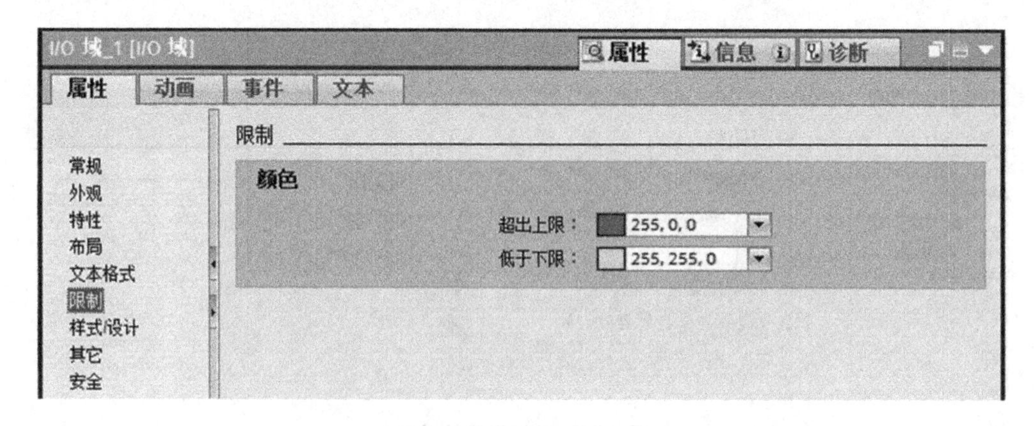

图 9-31　组态 I/O 域的限制属性

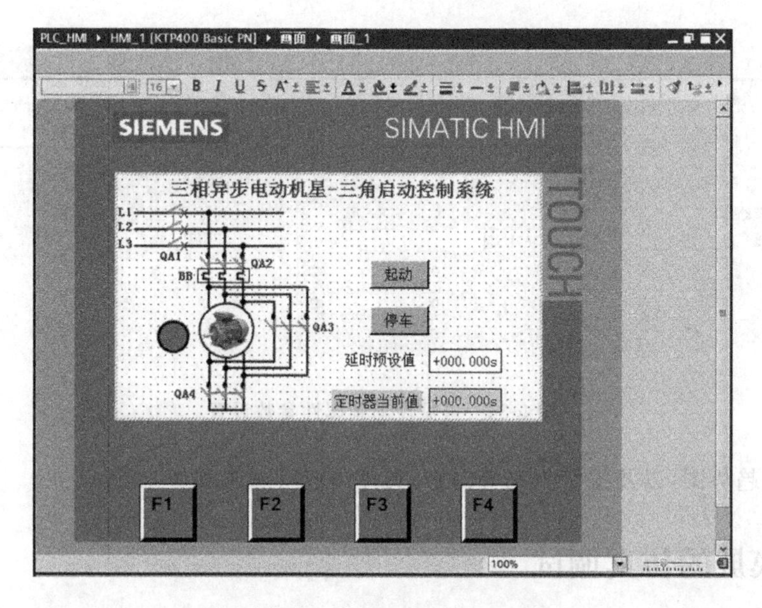

图 9-32　I/O 域生成组态后的界面

② 进入巡视窗口“属性＞动画＞显示＞添加新动画＞可见性”，具体如图 9-33 所示。

③ 在“变量”下选择关联变量“断路器 QA_1 状态”；

④ 在“范围”右边设置“从 0 至 0”，“可见性”中选择“可见”，表示在关联变量为 0 时，绿色线段可见；变量为 1 时，绿色线段不可见，具体如图 9-34 所示。

⑤ 同理按上述步骤，可将断路器 QA_1 中的红色线段(表示接通)进行组态，但是在“范围”的设置中应改为“从 1 至 1”，其他设置都一样。

基于上述 5 个步骤即可完成对断路器 QA_1 的动态显示的动画组态，方便而快捷。利用同样方式可实现 QA_2、QA_3 和 QA_4 三个接触器的动态显示。

除了“可见性”动画，WinCC 中还有动态化颜色和闪烁、直接移动、对角移动、水平移动和垂直移动，具体内容可参考相关书籍。

6. 其他画面组态内容

除了上述组态画面的内容外，WinCC 中还有许多其他内容，包括复杂图形库的使用、组

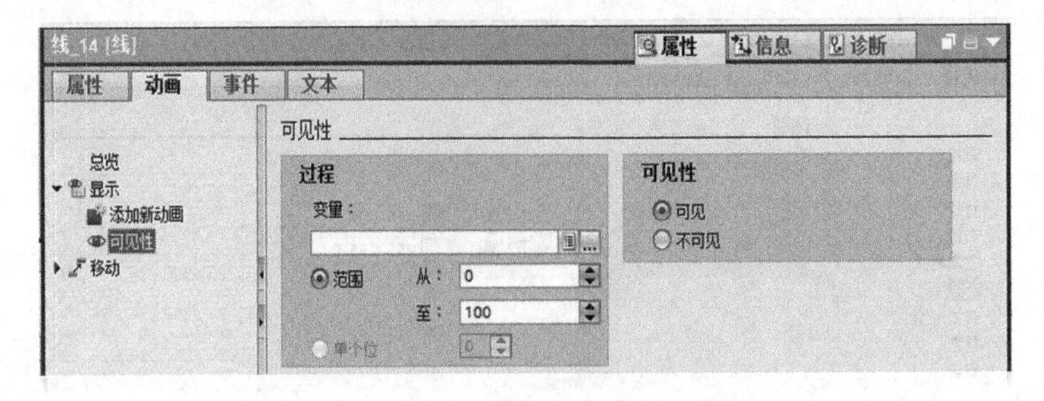

图 9-33　添加可见性动画

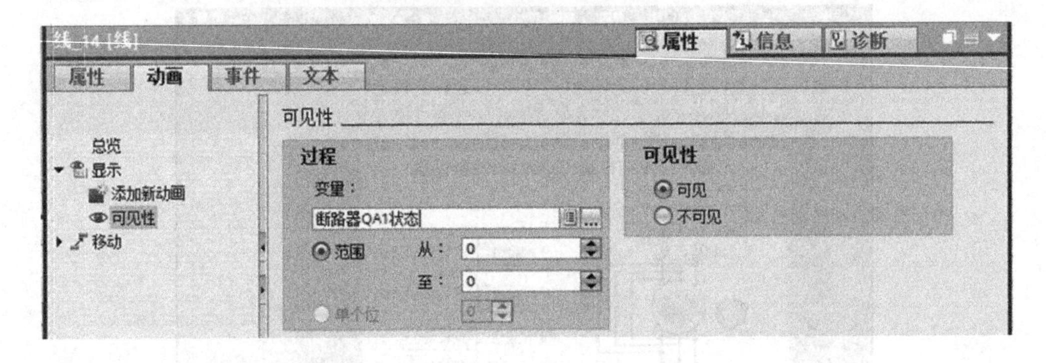

图 9-34　可见性动画属性参数设置

态棒图、组态趋势图，以及报警组态等内容，具体内容可参考相关书籍。

9.3　触摸屏的仿真调试

9.3.1　HMI 仿真调试的方法

在编程计算机上安装了“仿真/运行系统”组件后，在没有 HMI 设备的情况下，可以用 WinCC 的运行系统来仿真 HMI 设备，用它来测试项目，调试已组态的 HMI 设备。

目前主要有下列 3 种仿真调试方法，本节主要介绍集成仿真。

(1) 使用变量仿真器仿真

这种方式适合于既没有 HMI 设备，也没有实际 PLC 的情况。这时，可以用变量仿真器来仿真人机界面的部分功能。这种方式称为离线测试，用它可以模拟画面的切换和数据的输入过程，还可以用仿真器(通过“在线”菜单中的命令打开)来改变输出域显示的变量的数值或指示灯显示的位变量的状态，或者用仿真器读取来自输入域的变量的数值和按钮控制的位变量的状态。因为没有运行 PLC 用户程序，这种仿真系统与实际系统的性能有很大的差异。

(2) 使用 S7-PLCSIM 和运行系统的集成仿真

这种方法需要将 PLC 和 HMI 集成在博途的同一个项目中，利用 WinCC 的运行系统仿真模拟 HMI 设备，借助 S7-PLCSIM 软件仿真模拟实际 PLC。由于仿真软件都在同一个博途项目中，因此还可以对仿真 HMI 和仿真 PLC 之间的通信和数据进行交换仿真。这种方法不需要 HMI 设备和 PLC 的硬件，只用计算机就能很好地模拟 PLC 和 HMI 设备组成的实际控制系统。

(3) 连接硬件 PLC 的 HMI 仿真

这种方式适合于没有 HMI 设备，但有硬件 PLC 的情况。设计好 HMI 设备画面后，可以在建立计算机和 PLC 通信连接的基础上，用计算机模拟 HMI 设备的功能。这种方式称为在线测试，其仿真效果与实际系统基本相同。这不但可以减少调试时刷新 HMI 设备的闪存的次数，还可以节约调试时间。

9.3.2　PLC 与 HMI 的集成仿真步骤

将 Windows 7 的控制面板切换到“所有控制面板项”显示方式。双击其中的“设置 PG/PC 接口”，打开“设置 PG/PC 接口”对话框，具体如图 9-35 所示。单击选中“为使用的接口分配参数”列表框中的“PLCSIM S7-1200/S7－1500. TCPIP. 1”，设置“应用程序访问点”为“S7ONLINE(STEP 7)→PLCSIM S7-1200/S7－1500. TCPIP. 1”，最后单击“确定”按钮确认。

选中项目树中的“PLC_1”，单击工具栏上的“开始仿真”按钮，打开 S7-PLCSIM。将程序下载到仿真 CPU，仿真 PLC 自动切换到 RUN 模式，具体如图 9-36 所示。

选中项目树中的“HMI_1”站点，单击工具栏上的“开始仿真”按钮，启动 HMI 的运行系统仿真。图 9-37 是仿真面板的测试画面。

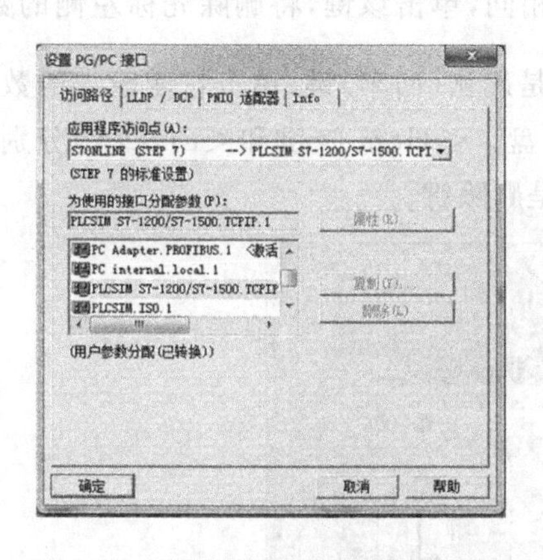

图 9-35　“设置 PG/PC 接口”对话框

图 9-36　S7-PLCSIM 仿真界面

按下画面中的“启动”按钮，PLC 中的变量“启动按钮”(M5.0)产生一个脉冲，即变量变为 1 状态后又变为 0 状态。由于 PLC 中的梯形图程序的作用，变量“电源接触器”(Q0.0)和“星形接触器”(Q0.1)为 1 状态，画面上的接触器 QA_2 和 QA_4 闭合，显示红色，同时延时定时器也开始计时，定时器当前值在不断增大，直到设定时间 8 s。当定时器计时到预设值，PLC 程序会断开星形接触器 QA_4，闭合三角形接触器 QA_3，仿真画面中对应的接触器也会

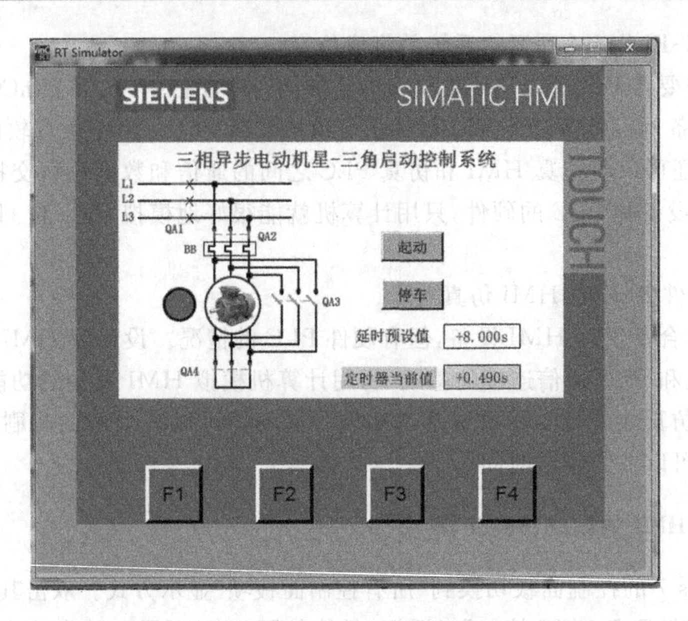

图 9-37　仿真 HMI 的测试画面

动态显示变化过程。在星形-三角形转换过程中，当电机转速上升到一定程度时，指示灯由绿变红表示电机处于运行状态。单击画面中的“停止”按钮，“停止按钮”变量(M5.1)产生一个脉冲，指示灯熄灭，所有接触器处于断开状态，定时器当前值为 0。

单击画面上“延时预设值”右侧的输入/输出域，出现一个数字键盘，如图 9-38 所示。其中<Esc>是取消键，单击它以后数字键盘消失，退出输入过程，输入的数字无效。← 是退格键，与计算机键盘上的<Backspace>键的功能相同，单击该键，将删除光标左侧的数字。← 和 → 分别是光标左移键和光标右移键，↵ 是确认(回车)键，单击它使输入的数字有效(被确认)，将在输入/输出域中显示，同时关闭键盘。<Home>键和<End>键分别使光标移动到输入的数字的最前面和最后面，<Del>是删除键。

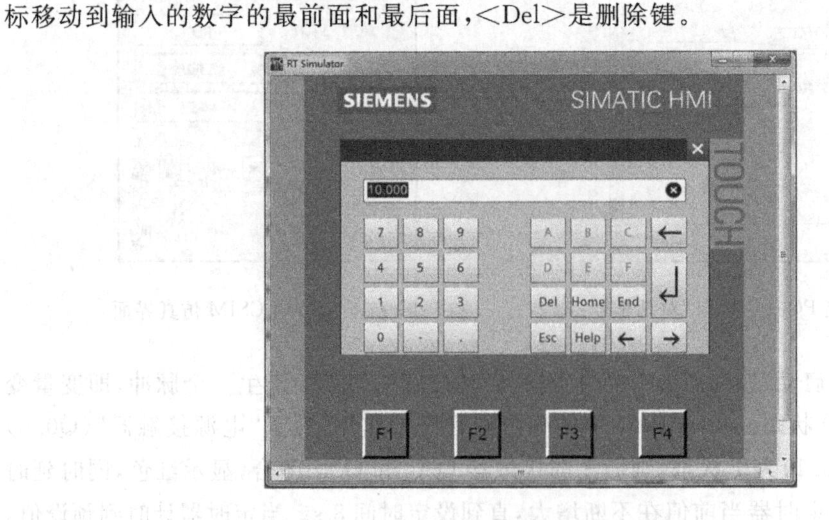

图 9-38　HMI 的数字键盘

用弹出的小键盘输入数据 10.0，按回车键后，画面上“预设值”右边的输入/输出域显示出“10.00 s”。画面上“定时器当前值”的上限变为“10 s”。

9.4　HMI 与 PLC 实物调试

实际触摸屏与 S7-1200PLC 之间的调试具体可按以下步骤进行：

① 用 HMI 的控制面板设置通信参数，具体内容可参考 9.2.3 节“建立通信连接”。

② 设置组态 PC 通信参数，具体内容可参考 9.2.3 节“建立通信连接”。

③ 设置 WinCC 项目中的 PLC 和触摸屏的通信参数，具体内容可参考 9.2.3 节“建立通信连接”。

④ 将项目中的 PLC 组态信息、程序等内容下载到实物 PLC。

用以太网电缆、交换机或路由器连接好计算机和 PLC 的以太网接口；选中项目树中的 PLC_1，单击工具栏上的下载按钮，下载 PLC 的程序和组态信息；下载结束后 PLC 被切换到 RUN 模式。

⑤ 将 WinCC 项目中的组态信息、画面等内容下载到实物触摸屏。

用以太网电缆连接好计算机与 HMI 的 RJ45 通信接口后，接通 HMI 的电源，单击“启动中心”的“Transfer”按钮，打开传输对话框，HMI 处于等待接收上位计算机(host)信息的状态，如图 9-39 所示。

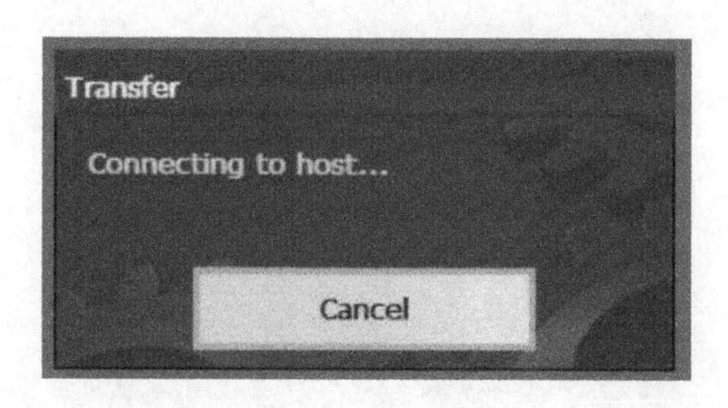

图 9-39　“传输”对话框

选中项目树中的 HMI_1，单击工具栏上的下载按钮，下载 HMI 的组态信息。第一次下载项目到操作面板时，系统会自动弹出“扩展的下载到设备”对话框。非首次下载则会出现“下载预览”对话框，如图 9-40 所示。下载过程中首先自动地对要下载的信息进行编译，编译成功后，显示“下载准备就绪”。选中“全部覆盖”复选框，单击“下载”按钮，开始下载。

下载结束后，HMI 自动打开初始画面，单击图 9-40 中的“完成”按钮，结束下载过程。如果选中了图 9-9 中的“Transfer Settings”对话框中的“Automatic”，则在项目运行期间下载，将会关闭正在运行的项目，自动切换到“Transfer”运行模式，开始传输新项目。传输结束后将会启动新项目，显示启动画面。

⑥ 验证 PLC 和 HMI 的功能。

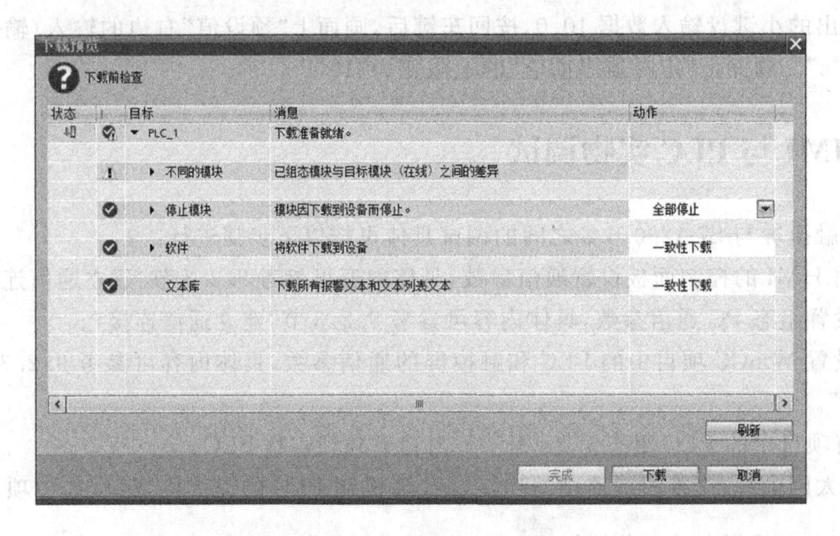

图 9-40 “下载预览”对话框

将用户程序和组态信息分别下载到 PLC 和触摸屏后，用以太网电缆连接 PLC 和 HMI 的以太网接口，即可开展功能验证，这个过程与集成仿真基本上相同，在此不再赘述。

第10章 综合实训

10.1 项目一——恒压供水控制系统设计

10.1.1 实验目的

① 学习并掌握 PLC 控制系统的设计。

② 熟悉 PLC 控制系统的原理图和接线图的绘制。

③ 掌握 S7-1200 在实际自动化系统中的应用。

④ 掌握变频器在实际自动化系统中的应用。

⑤ 掌握触摸屏在实际自动化系统中的应用。

⑥ 熟悉 PLC 控制系统的仿真与实物调试。

10.1.2 实验条件(主要)

① 西门子 S7-1200 系列 CPU1215C 主机 1 台。

② 可编程半实物虚拟被控对象 1 台。

③ MM440 变频器 1 台。

④ 三相异步电动机 1 台。

⑤ 精简系列 7 寸触摸屏 1 台。

⑥ 线缆、工具及辅材若干。

10.1.3 实验项目工艺流程及控制要求

1. 工艺流程

利用 PLC、变频器、触摸屏等设备设计无塔恒压供水控制系统，取代传统的水塔供水方式。

恒压供水的具体工艺流程如图 10-1 所示，为了能在实验室内实现，工艺流程已简化。图中市网来水通过阀门 MB_1 控制，当水位低于高水位时，水位控制器会自动打开阀门 MB_1 进行注水，直到达到高水位。水池的高/低水位信号也可接入 PLC，用作水位监测和报警。为了保证供水的连续性，水位上下限传感器高低距离不是相差很大。

2. 控制要求

① 采用 PID 闭环控制实现生活用水的压力稳定；

② 触摸屏界面美观生动，能够实时显示控制系统工作过程、相关数据和报警。

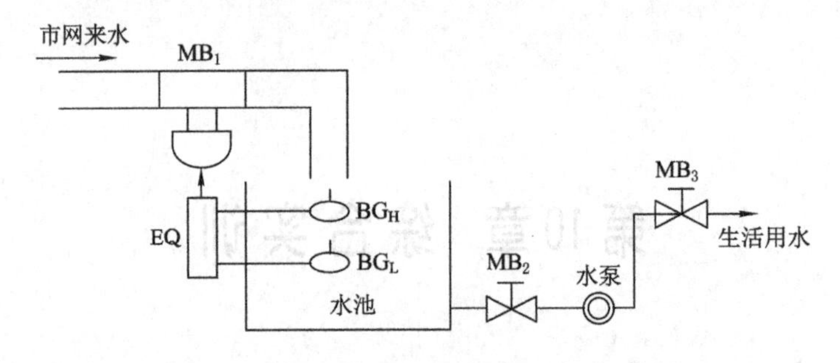

图 10-1　恒压供水工艺流程

③ 所有的参数设置可在触摸屏中操作。

④ 多种控制方式:手动控制和自动控制。

⑤ 手动控制:可以通过触摸屏单独控制控制系统中的所有执行机构。

⑥ 自动控制:根据水压的波动自动控制阀门和变频器,保证压力稳定。

10.1.4　实验项目设计任务

① 调研实际恒压供水系统,进一步了解控制系统的细节;

② 基于实验条件和实际需求设计硬件系统包括主电路和控制回路;

③ 硬件选型设计:a. 根据实际需求选型,b. 根据实验条件选型;

④ 绘制电气原理图和接线图。

⑤ 设计 PLC 控制程序。

⑥ 设计触摸屏人机界面。

⑦ 设计调试方案,进行软件仿真调试。

⑧ 利用实验条件,对整个系统进行分步实物调试。

10.1.5　实验项目报告

① 总结和分析项目设计和调试过程中的知识点、思路、方法和问题,以及解决问题的方案;

② 撰写项目设计报告,其中须采用思维导图的方式表述项目各个部分的设计思路;

③ 整理、归档项目技术资料。

10.2　项目二——智能交通灯控制系统设计

10.2.1　实验目的

① 学习并掌握 PLC 控制系统的设计。

② 熟悉 PLC 控制系统的原理图和接线图的绘制。

③ 掌握 S7-1200 在实际自动化系统中的应用。

④ 掌握触摸屏在实际自动化系统中的应用。

⑤ 熟悉PLC控制系统的仿真与实物调试。

10.2.2 实验条件(主要)

① 西门子S7-1200系列CPU1215C主机1台。
② 可编程半实物虚拟被控对象1台。
③ 精简系列7寸触摸屏1台。
④ 线缆、工具及辅材若干。

10.2.3 实验项目工艺流程及控制要求

1. 工艺流程

交通信号灯是大家日常生活所熟知的逻辑控制系统,示意图如图10-2所示。本项目需要设计一个除了具有常规交通灯的控制功能,还需具备智能控制模式、夜间工作模式和紧急模式的智能交通灯控制系统。整个系统采用触摸屏作为人机界面,PLC作为主要控制核心,光电开关与声音传感器用于检测车辆,红绿灯和数码管作为主要控制对象。

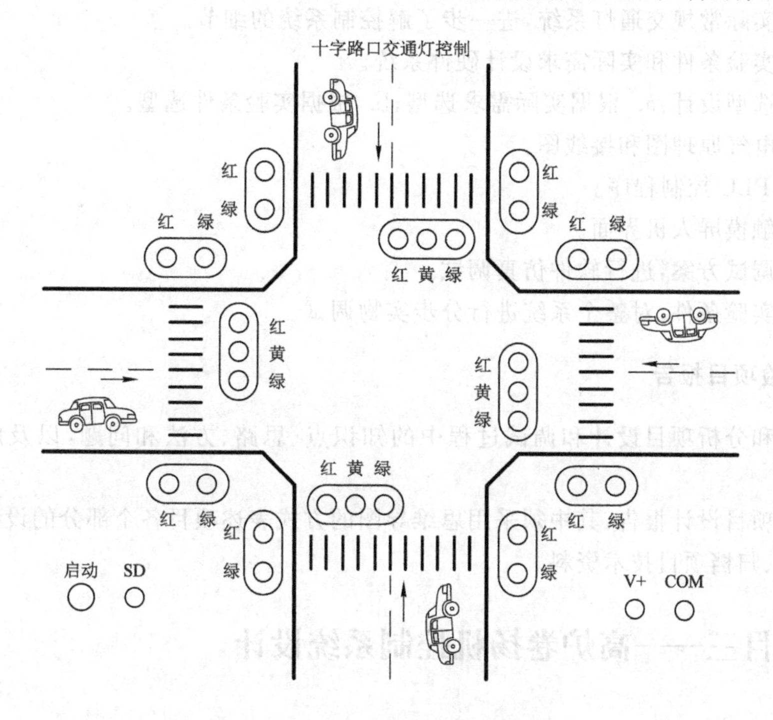

图10-2 十字路口交通灯示意图

2. 控制要求

① 具有传统交通灯功能:倒计时、红黄绿灯循环启动、手动调节红绿灯亮的时间等。
② 触摸屏设计界面美观生动,能够实时显示交通灯的工作过程、相关数据和报警。
③ 所有的参数设置可在触摸屏中操作。
④ 多种工作模式:常规工作模式、智能工作模式、夜间工作模式和紧急工作模式。
⑤ 常规工作模式:常规工作模式循环启动显示东南西北的红、绿、黄灯,并具有倒计时

功能。但是东西向绿灯点亮时间和南北向绿灯点亮时间只能通过触摸屏固定设定,不能根据车流量动态调整。

⑥ 夜间工作模式:在20:00到6:00时间段,系统进入夜间工作模式,此时2个方向的黄灯以1 s周期进行闪烁,提醒车辆注意,同时倒计时数码显示自动停止工作。

⑦ 紧急工作模式:紧急工作模式下,系统利用在每条道路上设置的声音检测传感器,检测特种车辆的到来,如救护车、消防车、警车等;当任何一个方向的声音传感器检测到信号时,系统即进入紧急情况工作模式,此时2个方向的红灯以1 s周期进行闪烁,提示有紧急车辆需要通过;同时倒计时数码显示自动停止工作;待紧急车辆通过时(此处设置为15s),系统退出紧急工作模式,回到原先的工作模式继续工作。

⑧ 智能工作模式:系统在智能工作模式下,能够根据交通灯的每个工作周期内道路的车流量,计算得到下一周期交通灯工作的最优时间值,以此为依据,通过PLC控制方式自动调节红绿灯亮的时间。

10.2.4 实验项目设计任务

① 调研实际常规交通灯系统,进一步了解控制系统的细节。

② 基于实验条件和实际需求设计硬件系统。

③ 硬件选型设计:a. 根据实际需求选型;b. 根据实验条件选型。

④ 绘制电气原理图和接线图。

⑤ 设计PLC控制程序。

⑥ 设计触摸屏人机界面。

⑦ 设计调试方案,进行软件仿真调试。

⑧ 利用实验条件,对整个系统进行分步实物调试。

10.2.5 实验项目报告

① 总结和分析项目设计和调试过程中的知识点、思路、方法和问题,以及解决问题的方案。

② 撰写项目设计报告,其中须采用思维导图的方式表述项目各个部分的设计思路。

③ 整理、归档项目技术资料。

10.3 项目三——高炉卷扬机控制系统设计

10.3.1 实验目的

① 学习并掌握PLC控制系统的设计。

② 熟悉PLC控制系统的原理图和接线图的绘制。

③ 掌握S7-1200在实际自动化系统中的应用。

④ 掌握变频器在实际自动化系统中的应用。

⑤ 掌握触摸屏在实际自动化系统中的应用。

⑥ 熟悉PLC控制系统的仿真与实物调试。

10.3.2 实验条件(主要)

① 西门子 S7-1200 系列 CPU1215C 主机 1 台。

② 可编程半实物虚拟被控对象 1 台。

③ MM440 变频器 1 台。

④ 三相异步电动机 1 台。

⑤ 精简系列 7 寸触摸屏 1 台。

⑥ 线缆、工具及辅材若干。

10.3.3 实验项目工艺流程及控制要求

1. 工艺流程

在冶金高炉炼铁生产线上，一般把准备好的炉料从地面的储矿槽运送到炉顶的生产机械称为高炉上料设备，它主要包括料车坑、料车、斜桥、料车上料机，料车卷扬机是料车上料机的拖动设备。料车的机械传动系统如图 10-3 所示。在工作过程中，两个料车交替上料，当装满炉料的料车上升时，空料车下行，空车重量相当于一个平衡锤，平衡了料车的车厢自重。当上行或下行时，两个料车由一个卷扬机拖动，不但节省了拖动电动机的功率，而且当电动机运转时总有一个重料车上行，没有空行程。这样使拖动电动机总是处于电动状态运行，避免了电动机处于发电运行状态所带来的一些问题。料车在斜桥上的运行分为启动、加速、稳定运行、减速、倾翻、制动共 6 个阶段，具体工艺流程为：开始→电动机正转，左料车加速上行→碰触左料车的中的速传感器→左料车中速上行→碰触左料车低速传感器→左料车低速上行→触碰左料车停车传感器→停车卸料(10 s)→电动机反转，右料车加速上行→触碰右料车中速传感器→右料车中速上行→触碰右料车低速传感器→右料车低速上行→触碰右料车停车传感器→右料车停车卸料(10 s)→回到初始状态重新开始。

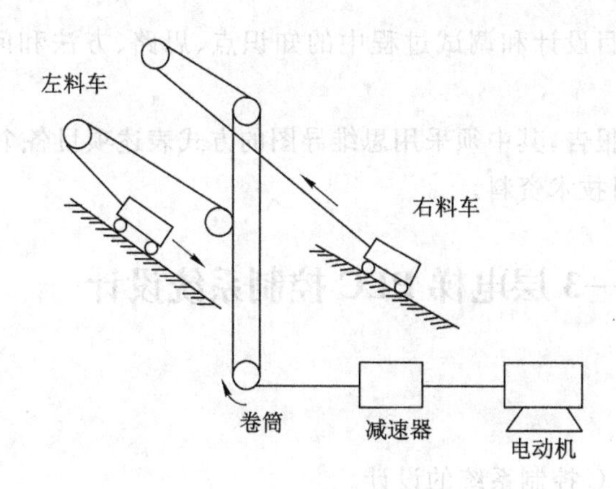

图 10-3 料车的机械传动系统

2. 控制要求

① 重料车启动加速段，加速时间为 4 s。

② 重料车高速运行段所对应的变频器频率为 45 Hz，电机转速为 675 r/min，钢丝绳速

度为1.4 m/s。

③ 重料车第一次减速段所对应的变频器频率从45 Hz下降到20 Hz,电动机转速从675 r/min下降到90 r/min,钢丝绳速度从1.4 m/s下降到0.6 m/s。

④ 重料车第二次减速段所对应的变频器频率从20 Hz下降到6 Hz,电动机转速从300 r/min下降到300 r/min,钢丝绳速度从0.6 m/s下降到0.18 m/s。

⑤ 重料车制动停车段,减速时间为4 s。

⑥ 触摸屏设计界面美观生动,能够实时显示卷扬机送料的工作过程、相关数据和报警。

⑦ 所有的参数设置可在触摸屏中操作。

⑧ 多种控制方式:手动控制和自动控制。

⑨ 手动控制:可以通过触摸屏单独控制控制系统中的所有执行机构。

⑩ 自动控制:根据工艺流程自动往复完成左右车的送料工作。

10.3.4 实验项目设计任务

① 调研实际高炉卷扬机系统,进一步了解控制的细节。

② 基于实验条件和实际需求设计硬件系统。

③ 硬件选型设计:a. 根据实际需求选型;b. 根据实验条件选型。

④ 绘制电气原理图和接线图。

⑤ 设计PLC控制程序。

⑥ 设计触摸屏人机界面。

⑦ 设计调试方案,进行软件仿真调试。

⑧ 利用实验条件,对整个系统进行分步实物调试。

10.3.5 实验项目报告

① 总结和分析项目设计和调试过程中的知识点、思路、方法和问题,以及解决问题的方案。

② 撰写项目设计报告,其中须采用思维导图的方式表述项目各个部分的设计思路。

③ 整理、归档项目技术资料。

10.4 项目四——3层电梯PLC控制系统设计

10.4.1 实验目的

① 学习并掌握PLC控制系统的设计。

② 熟悉PLC控制系统的原理图和接线图的绘制。

③ 掌握S7-1200在实际自动化系统中的应用。

④ 掌握变频器在实际自动化系统中的应用。

⑤ 掌握触摸屏在实际自动化系统中的应用。

⑥ 熟悉PLC控制系统的仿真与实物调试。

10.4.2 实验条件(主要)

① 西门子 S7-1200 系列 CPU1215C 主机 1 台。

② 可编程半实物虚拟被控对象 1 台。

③ MM440 变频器 1 台。

④ 三相异步电动机 1 台。

⑤ 精简系列 7 寸触摸屏 1 台。

⑥ 线缆、工具及辅材若干。

10.4.3 实验项目工艺流程及控制要求

1. 工艺流程

现代社会中电梯的使用非常普遍,随着 PLC 控制技术的发展,电梯控制系统可靠性得到了极大的提高。电梯的控制方式和控制内容很多,要想通过实训的方式完成实际的电梯控制是比较困难的,本实验以轴编码器定位的 3 层电梯为例,开展实训实验。电梯的上、下行由一台电动机驱动,电动机正转,驱动电梯上升;电动机反转,驱动电梯下降;电动机采用变频调速,而变频器的运行则通过 PLC 来控制。PLC 利用采集到的呼叫信号和轴编码器信号,通过计算来控制电梯的运行。本实验采用的轴编码器分辨率为 1 024 个脉冲每转。如果电梯每层相隔 200 000 个脉冲,则需要提前 10 000 个脉冲减速,且电梯运行前必须强制复位,因此三层电梯脉冲个数的分配情况,如图 10-4 所示。

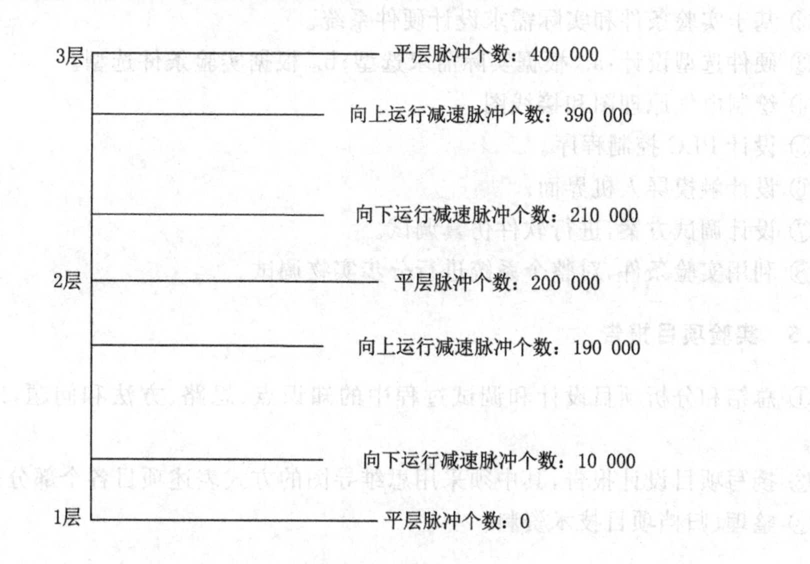

图 10-4 三层电梯脉冲个数的分配

2. 控制要求

① 电梯停在 1 层或 2 层,3 层呼叫时,则电梯上行至 3 层。

② 电梯停在 2 层或 3 层,1 层呼叫时,则电梯上行至 1 层。

③ 电梯停在 1 层,2 层呼叫时,则电梯上行至 2 层。

④ 电梯停在 3 层，2 层呼叫时，则电梯上行至 2 层。

⑤ 电梯停在 1 层，2、3 层同时呼叫时，则电梯上行至 2 层停止 20 s，然后继续自动上行至 3 层。

⑥ 电梯停在 3 层，1、2 层同时呼叫时，则电梯下行至 2 层停止 20 s，然后继续自动下行至 1 层。

⑦ 电梯上行途中，下行召唤无效；电梯下降途中，上行召唤无效。

⑧ 轿厢所停位置层召唤时，电梯不响应召唤。

⑨ 具有上行、下行定向指示，上行或下行延时启动。

⑩ 电梯具有快车速度(50 Hz)、爬行速度(6 Hz)，当平层信号到来时，电梯从爬行速度(6 Hz)减速到 0。

⑪ 具有轿厢所停位置楼层数码管显示。

⑫ 触摸屏设计界面美观生动，能够实时电梯的工作过程、相关数据和报警。

⑬ 所有的参数设置可在触摸屏中操作。

⑭ 多种控制方式：手动控制和自动控制。

⑮ 手动控制：可以通过触摸屏单独控制系统中的所有执行机构。

⑯ 自动控制：根据电梯的工作流程自动往复完成载客/货工作。

10.4.4 实验项目设计任务

① 调研实际电梯系统，进一步了解控制的细节。

② 基于实验条件和实际需求设计硬件系统。

③ 硬件选型设计：a. 根据实际需求选型；b. 根据实验条件选型。

④ 绘制电气原理图和接线图。

⑤ 设计 PLC 控制程序。

⑥ 设计触摸屏人机界面。

⑦ 设计调试方案，进行软件仿真调试。

⑧ 利用实验条件，对整个系统进行分步实物调试。

10.4.5 实验项目报告

① 总结和分析项目设计和调试过程中的知识点、思路、方法和问题，以及解决问题的方案。

② 撰写项目设计报告，其中须采用思维导图的方式表述项目各个部分的设计思路。

③ 整理、归档项目技术资料。

10.5 项目五——水箱恒温控制系统设计

10.5.1 实验目的

① 学习并掌握 PLC 控制系统的设计。

② 熟悉 PLC 控制系统的原理图和接线图的绘制。

③ 掌握 S7-1200 在实际自动化系统中的应用。

④ 掌握触摸屏在实际自动化系统中的应用。

⑤ 熟悉 PLC 控制系统的仿真与实物调试。

10.5.2 实验条件(主要)

① 西门子 S7-1200 系列 CPU1215C 主机 1 台。

② 可编程半实物虚拟被控对象 1 台。

③ 精简系列 7 寸触摸屏 1 台。

④ 线缆、工具及辅材若干。

10.5.3 实验项目工艺流程及控制要求

1. 工艺流程

水箱恒温控制装置的组成如图 10-5 所示,它由恒温水箱、搅拌电动机 M_1、加热装置 H、电磁阀 YV_1 和 YV_2、储水箱、冷却风扇电机 M_3、温度传感器 T_1—T_3、流量传感器 F 等组成。该系统要求将恒温水箱中的水温控制在某一设定范围内。恒温箱内装有一个电加热器 H,其功率为 2 kW,用于对恒温箱中的水进行加热,可采用 PWM 控制方式对加热器的输出功率进行调节。在恒温水箱的入水口、恒温箱和储水箱中分别安装了温度传感器 T_1—T_3,用来检测各个部分的温度;在恒温箱中还安装了两个液位检测开关 SH 和 SL,分别反映

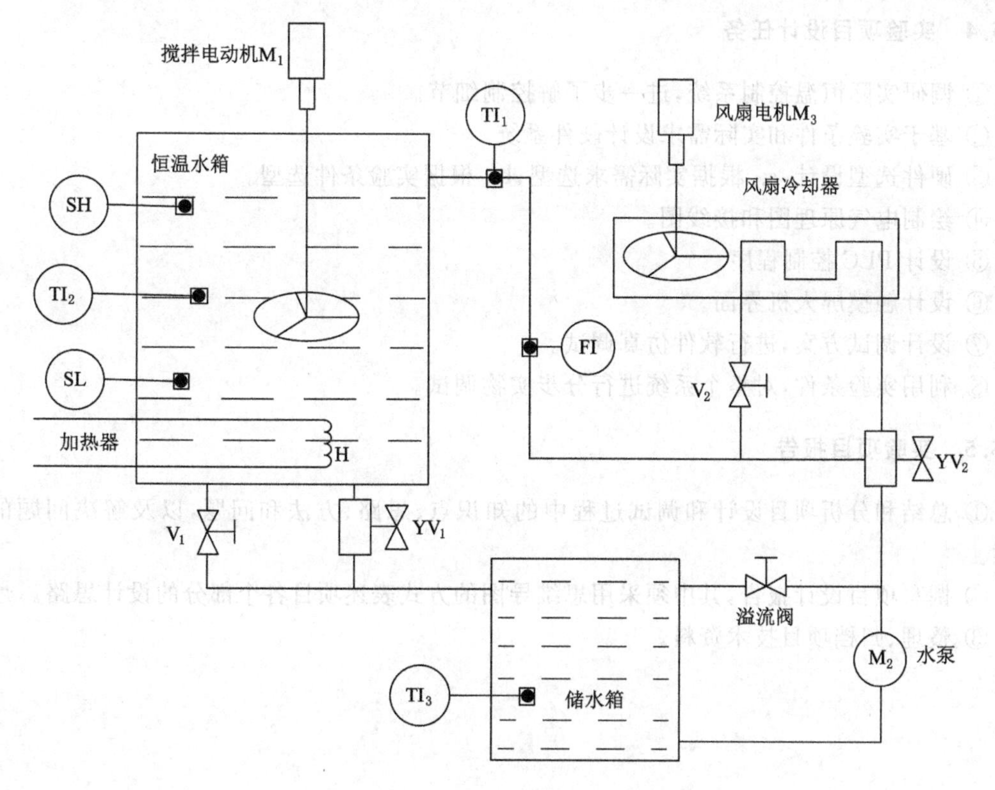

图 10-5 恒温控制系统的组成

水箱水位的高低。恒温水箱中的水可以通过电磁阀 YV_1 或手动阀 V_1 将水放到储水箱中。储水箱中的水可通过电磁阀 YV_2 引入到风扇冷却器；风扇电机 M_3 吹风冷却后，再通过手动阀 V_2 送入恒温箱；同时储水箱的水也可以直接通过电磁阀 YV_2 引入。水由水泵 M_2 提供动力，使水在系统中循环，水的流量由流量计 F 检测。

2. 控制要求

① 设定温度后，启动水泵 M_2 向恒温水箱中进水，当水位上升到一定位置后，启动搅拌电动机 M_1，测量恒温水箱中的水温 T_2 并与设定值进行比较，若温差小于 3 ℃，则采用 PID 闭环调节加热。

② 当水温高于设定值 3～8 ℃时，启动水泵 M_2 进冷水。

③ 当水温高于设定值 8 ℃以上时，采用进冷水与风扇冷却两种方式同时实现降温控制；此时水泵 M_2 和冷却风扇电机 M_3 都启动，同时打开电磁阀 YV_2。

④ 若进水时没有流量，或者进行加热或冷却时水温无变化都应报警。

⑤ 触摸屏设计界面美观生动，能够实时显示恒温控制系统的工作过程、相关数据和报警。

⑥ 所有的参数设置可在触摸屏中操作。

⑦ 多种控制方式：手动控制和自动控制。

⑧ 手动控制：可以通过触摸屏单独控制控制系统中的所有执行机构。

⑨ 自动控制：根据设定的水温自动完成水温的调节。

10.5.4 实验项目设计任务

① 调研实际恒温控制系统，进一步了解控制细节。

② 基于实验条件和实际需求设计硬件系统。

③ 硬件选型设计：a. 根据实际需求选型；b. 根据实验条件选型。

④ 绘制电气原理图和接线图。

⑤ 设计 PLC 控制程序。

⑥ 设计触摸屏人机界面。

⑦ 设计调试方案，进行软件仿真调试。

⑧ 利用实验条件，对整个系统进行分步实物调试。

10.5.5 实验项目报告

① 总结和分析项目设计和调试过程中的知识点、思路、方法和问题，以及解决问题的方案。

② 撰写项目设计报告，其中须采用思维导图的方式表述项目各个部分的设计思路。

③ 整理、归档项目技术资料。

参考文献

[1] 樊占锁，王兆宇，张越. 彻底学会西门子 PLC 变频器触摸屏综合应用[M]. 北京：中国电力出版社，2012.

[2] 范永胜，王岷. 电气控制与 PLC 应用[M]. 3 版. 北京：中国电力出版社，2014.

[3] 廖常初. S7-1200PLC 编程及应用[M]. 3 版. 北京：机械工业出版社，2017.

[4] 廖常初. S7-1200/1500PLC 应用技术[M]. 北京：机械工业出版社，2017.

[5] 廖常初. S7-1200PLC 应用教程[M]. 北京：机械工业出版社，2017.

[6] 刘华波，刘丹，赵岩岭，等. 西门子 S7-1200PLC 编程与应用[M]. 北京：机械工业出版社，2017.

[7] 刘振方，李国顺. 电气控制与 PLC 实验实训[M]. 北京：国家行政学院出版社，2018.

[8] 侍寿永. 西门子 S7-1200PLC 编程及应用教程[M]. 北京：机械工业出版社，2018.

[9] 万英. 西门子变频器与 PLC 综合应用入门[M]. 北京：中国电力出版社，2017.

[10] 王仁祥. 常用低压电器原理及其控制技术[M]. 2 版. 北京：机械工业出版社，2009.

[11] 王淑芳. 电气控制与 S7-1200PLC 应用技术[M]. 北京：机械工业出版社，2017.

[12] 王永华. 现代电气控制及 PLC 应用技术[M]. 5 版. 北京：北京航空航天大学出版社，2019.

[13] 吴繁红. 西门子 S7-1200PLC 应用技术项目教程[M]. 北京：电子工业出版社，2017.

[14] 邹金慧，祝晓红，车国霖. 电气控制与 PLC 实训教程[M]. 北京：清华大学出版社，2012.